Zickert

Leiterplatten

Gerald Zickert

Leiterplatten

Stromlaufplan, Layout und Fertigung

3., aktualisierte Auflage

HANSER

Der Autor:

Prof. Dr.-Ing. Gerald Zickert

Westsächsische Hochschule Zwickau, Fakultät Elektrotechnik

MIX
Papier aus verantwortungsvollen Quellen
FSC® C083411

Bibliografische Information der Deutschen Nationalbibliothek:
Die Deutsche Nationalbibliothek verzeichnet diese Publikation in der Deutschen Nationalbibliografie; detaillierte bibliografische Daten sind im Internet über http://dnb.d-nb.de abrufbar.

Internet: www.hanser-fachbuch.de

Lektorat: Frank Katzenmayer
Herstellung: Frauke Schafft
Coverkonzept: Marc Müller-Bremer, www.rebranding.de, München
Titelbild: © shutterstock.com/Gorodenkoff
Satz: Eberl & Kösel Studio, Kempten
Druck und Bindung: CPI books GmbH, Leck
Printed in Germany

Print-ISBN 978-3-446-47583-0
E-Book-ISBN 978-3-446-47858-9

Vorwort

Das vorliegende Lehrbuch entstand im Zusammenhang mit den Vorlesungen *Leiterplattenentwurf* und *Aufbau- und Verbindungstechnik* im Hauptstudium der Studiengänge Informationstechnik und Kraftfahrzeugelektronik.

Die Elektronik ist unser ständiger Begleiter sowohl im beruflichen wie im privaten Umfeld. Wesentlicher Teil elektronischer Geräte ist die Leiterplatte, die mit großem Abstand das häufigste Verbindungselement der Elektronik darstellt.

Der Entwurf einer Leiterplatte beginnt mit dem Stromlaufplan, der in symbolischer Form bereits alle Bauelemente und deren Verbindungen untereinander und nach außen enthält. Mit diesen Informationen werden unter Nutzung eines Leiterplatten-Layoutsystems die Bauelemente angeordnet und Verbindungen in Form von Leitern gelegt. Dabei sind zahlreiche Restriktionen in Bezug auf die künftige Fertigung zu beachten. Der Entwurf mündet in die Erstellung der Fertigungsdaten.

Auf Basis dieser Daten werden zunächst die Leiterplatten strukturiert und für die Weiterverarbeitung vorbereitet. Danach werden die elektronischen Bauelemente bestückt und gelötet. Damit diese Fertigungsschritte kostengünstig und fehlerfrei ausgeführt werden können, müssen sie bereits beim Entwurf berücksichtigt werden, weshalb der Konstrukteur auch fertigungstechnische Kenntnisse benötigt.

Die Nutzung eines CAD-Systems ist selbstverständlich und wird produktneutral und ohne Einschränkung auf die Bedienung eines speziellen Systems dargestellt.

Ziel dieses Lehrbuches ist es, vor allem Grundlagen des Leiterplattenentwurfes durchgängig von der Aufgabenstellung über Layout und Fertigung bis zur funktionsfähigen Leiterplatte zu vermitteln. Ein durchgängiges und leicht verständliches Beispiel dient der Illustration.

Ich danke dem Carl Hanser Verlag und besonders Frau Christina Kubiak und Herrn Frank Katzenmayer für die Betreuung dieser dritten Auflage.

Zwickau, April 2023 *Gerald Zickert*

Inhalt

Inhalte auf plus.hanser-fachbuch.de:

- Kontrollfragen/-antworten
- Glossar

Den Zugangscode finden Sie auf der ersten Seite des Buches.

1 Grundlagen der Konstruktion

In diesem Kapitel wird der Begriff Konstruktion sowohl allgemeingültig als auch angewendet auf den Bereich der Elektrotechnik beschrieben. In zunächst sehr allgemeiner Form wird dargestellt, womit sich ein Konstrukteur beschäftigt.

Die *Konstruktion* beinhaltet den Entwurf eines technischen Erzeugnisses, das eine Anlage, eine Maschine oder aber eine Leiterplatte sein kann. Im Mittelpunkt steht dabei in jedem Fall die Anfertigung technischer Zeichnungen zur Dokumentation des Entwurfsergebnisses.

1.1 Technische Zeichnungen

Technische Zeichnungen werden bereits seit mehreren Jahrhunderten für Erläuterung und Ausführung technischer Vorhaben genutzt. Populäre Beispiele dafür sind die Konstruktionszeichnungen von *Leonardo da Vinci* [siehe CIAN88]. Leonardo da Vincis Bekanntheitsgrad basiert jedoch nicht nur auf seinen bemerkenswerten Konstruktionen, sondern auch auf seinen zeichnerischen Fähigkeiten als Künstler. Er war, anders als viele andere Konstrukteure seiner Zeit, fähig, seine Entwürfe zu zeichnen – technische Zeichnungen anzufertigen. Auch aus diesem Grund sind seine Ideen bis in unsere Zeit erhalten geblieben.

Heutige technische Zeichnungen beruhen auf standardisierten und z.T. international einheitlichen Zeichenregeln. Das ermöglicht, auf viele realitätsgetreue Darstellungen zu verzichten und stattdessen vereinfachte oder symbolische Darstellungen (z.B. in Stromlaufplänen) anzuwenden.

! Eine *technische Zeichnung* ist die bildliche Darstellung eines technischen Erzeugnisses einschließlich ergänzender textlicher Angaben in der für technische Zwecke erforderlichen Art und Vollständigkeit. ■

Die erforderliche Art beinhaltet das Einhalten von Darstellungsregeln. Zur erforderlichen Vollständigkeit gehören gegebenenfalls Referenzkennzeichnungen, technische Daten, Übersichten und Ähnliches [DIN 199-1].

Eine Zeichnung kann als *Originalzeichnung* einer dauerhaft gespeicherten Zeichnung, deren Informationsinhalt als verbindlich erklärt wurde, oder als *Skizze* einer im Regelfall freihändig erstellten, nicht unbedingt maßstäblichen Zeichnung ausgeführt sein [DIN EN ISO 10209].

Eine besondere Form technischer Zeichnungen sind *Pläne*. Sie zeigen Objekte und deren relative Positionen zueinander. Sie sind üblicherweise maßstabsgerecht ausgeführt [DIN EN 61082-1].

Die technische Zeichnung ist ein *Informationsträger* und damit ein wichtiges Verständigungsmittel zwischen den technischen Abteilungen eines Unternehmens. Die Zeichnung entsteht in der Konstruktion auf der Basis einer „technischen Idee“. In der Technologie-Abteilung wird nach dieser Zeichnung die Fertigung vorbereitet und ein Arbeitsplan erstellt. Dieser Arbeitsplan wird mit der Zeichnung an die Fertigung übergeben.

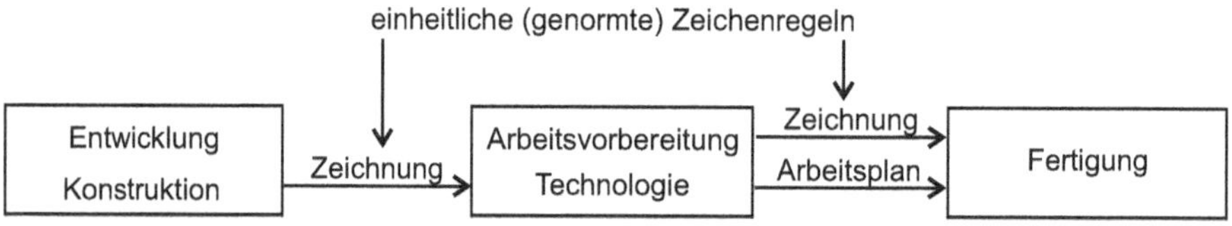

Bild 1.1 Technische Zeichnung im Unternehmen

Selbst bei diesem stark vereinfachten Ablauf müssen bereits mehrere Fachgebiete mit der technischen Zeichnung arbeiten und dabei Vereinfachungen und symbolische Darstellungen richtig interpretieren.

Ohne gegenseitige Vereinbarungen - den *Zeichenregeln* - wäre eine Verständigung nicht möglich. Die genormten Zeichenregeln bilden die Zeichnungsnormen, die als Informationsquelle für die Anfertigung eindeutiger, vollständiger und verständlicher Zeichnungen in der für technische Zwecke erforderlichen Art und Vollständigkeit genutzt werden können.

> *Technische Unterlagen der Elektrotechnik* dienen der Erläuterung der Funktion elektrischer Schaltungen oder deren Leitungsverbindungen. Sie vermitteln ebenfalls Angaben für das Fertigen, Errichten und Erhalten elektrischer Einrichtungen. ■

Sie beinhalten die zeichnerische Darstellung elektrischer Bauteile, meist durch Schaltzeichen (Symbole), und zeigen die Art, in der diese Bauteile zueinander in Beziehung stehen und wie sie miteinander elektrisch, aber auch mechanisch oder thermisch verbunden sind.

1.2 Ablauf und Methoden der Konstruktion

Die Arbeitsschritte des Entwurfsprozesses, dessen Einbettung in den Konstruktionsprozess in der Elektrotechnik sind wichtige Arbeitsinhalte des Leiterplattenentwicklers.

1.2.1 Entwurfsprozess

Im Zentrum der Konstruktion steht der Entwurfsprozess (Bild 1.2). Dies ist ein zyklischer und sich der Lösung schrittweise nähernder (iterativer) Prozess der Bestimmung und ständigen Detaillierung einer Struktur (Synthese) bei gleichzeitiger Prüfung auf Erfüllung der geforderten Funktion (Analyse).

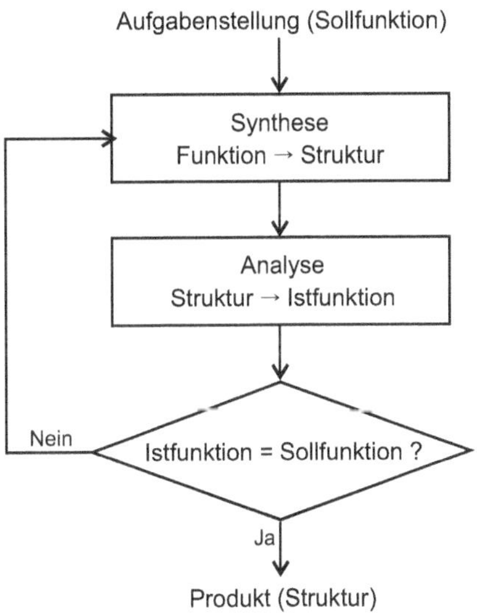

Bild 1.2 Entwurfsprozess

Das ist am Beispiel des Softwareentwurfes leicht nachvollziehbar. Basierend auf einer Aufgabenstellung (Sollfunktion) wird ein Programm (Struktur) im ersten Entwurf geschrieben. Das ist die Synthese. Danach folgt ein erster Test des Programms auf Erfüllung der geforderten Funktion. Das ist die Analyse. Meist ist das Programm in diesem Entwurfsstadium noch fehlerhaft, weshalb in der nächsten Iteration weiter an der Struktur gearbeitet wird. Dieser Zyklus wird durchlaufen, bis das Programm fehlerfrei arbeitet.

Die *Synthese* kann auch als Abbildung einer Funktion in eine Struktur verstanden werden. Diese Abbildung ist mehrdeutig, da es für eine Aufgabe meist mehrere Lösungen gibt. Der Entscheidungsspielraum wird jedoch durch Anforderungen des Auftraggebers, durch Vorschriften und Normen sowie durch weitere Randbedingungen eingeschränkt.

Die *Analyse* ist die Abbildung einer Struktur in eine Funktion und ist im Allgemeinen eindeutig.

1.2.2 Konstruktionsprozess

In der Norm VDI 2221 werden der Konstruktionsprozess und die Konstruktionsphasen ausführlich beschrieben. Die *Konstruktionsphasen* lassen sich zu fünf Schwerpunkten zusammenfassen:

- Klären der Aufgabenstellung und Formulieren der Soll-Gesamtfunktion,
- Auflösen der Gesamtfunktion in ein Netz von Teilfunktionen,
- Erarbeitung der Wirkprinzipien für jede Teilfunktion,
- Gestaltung unter Berücksichtigung von Randbedingungen,
- Detaillierung und Erstellung der Dokumentation.

Zu den Randbedingungen gehören neben den Vorschriften und Normen die Umgebungs- und Einbaubedingungen, aber auch wirtschaftliche Gesichtspunkte.

1.2.3 Elektrokonstruktion

Der zunächst allgemein beschriebene Konstruktionsprozess lässt sich auf den Bereich der *Elektrotechnik/Elektronik* anwenden. Es handelt sich ebenfalls um einen mehrschrittigen Prozess der Lösungssuche, welcher mit der Klärung der Aufgabenstellung beginnt und dessen Ziel die detaillierte Dokumentation des konstruierten Gerätes ist (Bild 1.3).

Die *Aufgabenstellung* wird als Ergebnis der Aufgabenklärung zwischen Auftraggeber und Auftragnehmer vereinbart. Der Auftraggeber erstellt hierzu das Lastenheft als Ausschreibungsgrundlage mit einer Zusammenstellung aller Anforderungen an das Konstruktionsergebnis. Als Grundlage für die Realisierung erarbeitet der Auftragnehmer nach Auftragserteilung das Pflichtenheft, in dem er die Umsetzung der Forderungen aus der Aufgabenstellung beschreibt. Häufig ist hierzu bereits ein Grobentwurf in Form einer Vorstudie notwendig, da grundlegende Fragen der Realisierung bereits in dieser Phase geklärt werden müssen. Das Lastenheft wird zum Bestandteil des Pflichtenheftes. Angaben zu Inhalt und Gliederung dieser Unterlagen können der VDI/VDE 3694 entnommen werden.

Eine zweckmäßige *Ablauforganisation* unter Nutzung von Methoden des Projektmanagements sichert die planmäßige Bearbeitung des komplexen Arbeitsgebietes, welches Schnittstellen zu zahlreichen Fachgebieten aufweist und vom ständigen technologischen Wandel geprägt ist. Eine besondere Bedeutung haben in diesem Zusammenhang die Terminplanung und die Kostenplanung sowie deren strikte Kontrolle.

Randbedingungen aus der Aufgabenstellung schränken den Entscheidungsspielraum des Konstrukteurs ein. Die wichtigste Forderung ist die Beachtung des anerkannten Standes der Elektrotechnik, auf den zahlreiche Gesetze verweisen. Die Einhaltung von gesetzlichen Vorschriften und von Sicherheitsnormen hilft, Unfälle und Havarien mit hohen Folgekosten zu vermeiden. In diesem Zusammenhang ist ebenfalls die Betrachtung der Zuverlässigkeit und der Qualität des konstruierten Produktes von großer Bedeutung.

Die *Umgebungs- und Einbaubedingungen* beinhalten neben den Anschlussbedingungen und Platzverhältnissen auch klimatische, mechanische und elektromagnetische Einflüsse sowie die notwendige Überspannungsfestigkeit.

Wirtschaftliche Gesichtspunkte werden außer vom Preis auch durch Erfahrungen mit Herstellern und Lieferanten geprägt. So werden in diesem Fall durch den Auftraggeber mittels Freigabelisten einzelne Hersteller oder Produkte vorgeschrieben, für die bereits positive Erfahrungen vorliegen.

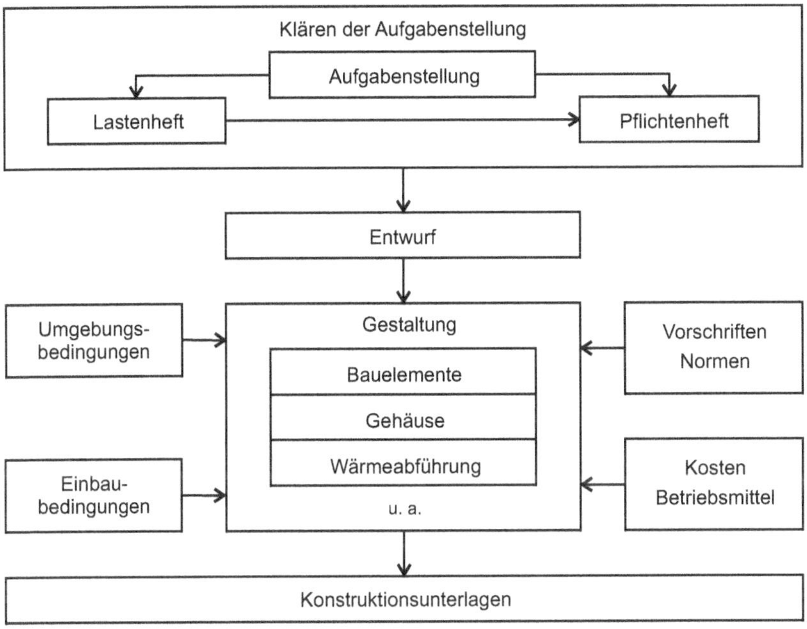

Bild 1.3 Konstruktionsprozess

Die *Gestaltung* des Gerätes umfasst ein komplexes Tätigkeitsfeld, für das Informationen aus zahlreichen Fachgebieten notwendig sind und gemäß der Aufgabenstellung in Übereinstimmung gebracht werden müssen (Bild 1.4). Die Konstruktion ist ein integratives Arbeitsgebiet, da Wissen in Zusammenhängen anzuwenden ist.

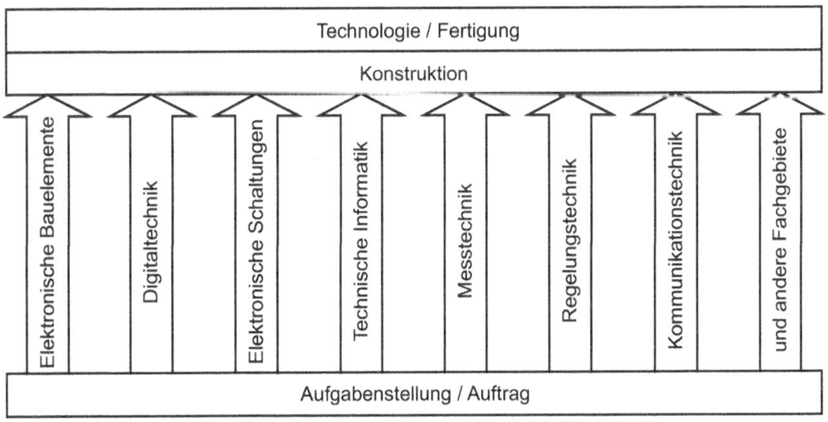

Bild 1.4 Arbeitsgebiete der Konstruktion

Zur Tätigkeit des Konstrukteurs gehört wesentlich mehr als „nur" die Anfertigung von technischen Zeichnungen. Dennoch sind Zeichnungen und Pläne ein wichtiges Verständigungsmittel in den technischen Abteilungen eines Unternehmens. Sie dokumentieren das Arbeitsergebnis des Konstrukteurs und sind Grundlage für die anschließende Fertigung des konstruierten Gerätes.

1.3 Normung

Nationale und internationale Normen sind wichtige Arbeitsgrundlagen für den Konstrukteur. Sie enthalten viele wichtige Informationen und unterstützen den Konstruktionsprozess.

1.3.1 Begriff und Inhalt technischer Normen

Normen sind ein Mittel zur Ordnung und sind Grundlage für eine sinnvolle Zusammenarbeit, denn in einer Gesellschaft kann nicht jeder nach seinem Belieben handeln. Je größer die Gemeinschaft ist, desto detaillierter müssen die Regeln (Normen) sein, die dieses Zusammenleben ordnen [KLEIN08].

Der Begriff Normung ist in DIN 820-3 definiert: Normung ist die *„... planmäßige, durch die interessierten Kreise gemeinschaftlich im Konsens durchgeführte Vereinheitlichung von materiellen und immateriellen Gegenständen zum Nutzen der Allgemeinheit."*

Die *Normungsarbeit* erfolgt auf nationaler, regionaler oder internationaler Ebene. Hierzu gehören auch das Anwenden ihrer Ergebnisse und deren laufendes Anpassen an den jeweiligen Stand der Entwicklung. Eine Norm wird von einem Dokument geprägt, das im Wesentlichen im Konsens erstellt und von einer anerkannten Körperschaft angenommen worden ist. Sie legt entsprechende Regeln, Anleitungen oder Kenndaten für Tätigkeiten oder deren Ergebnisse für die allgemeine und wiederkehrende Anwendung fest [KLEIN08].

Die Normung wird ungerechterweise oft als Einschränkung der Gestaltungsfreiheit in der Konstruktion verstanden, obwohl die Anwendung von Normen neben einer größeren Rechtssicherheit weitere entscheidende Vorteile bietet:

- **Information**

  Die Normung bietet Lösungen für wiederkehrende Aufgaben wie die Ermittlung der notwendigen Leiterbreite für eine bestimmte Stromstärke.
- **Rationalisierung**

  Der Einsatz von Normteilen verringert die Typenvielfalt und erlaubt die kostengünstige Herstellung in großen Stückzahlen. Gleichzeitig wird die Lagerhaltung vereinfacht und die Austauschbarkeit, z. B. von Baugruppen aus dem 19-Zoll-Aufbausystem, ermöglicht.
- **Ordnung**

  Vereinheitlichte Darstellungsmittel, z. B. durch Zeichnungsnormen, ermöglichen die Verständigung zwischen unterschiedlichen Fachgebieten. Genormte Mess- und Prüfverfahren machen die Ergebnisse vergleichbar.

- **Qualität**

  Durch genormte Qualitätsanforderungen werden Mindestvorgaben durchgesetzt und Qualitätsangaben einheitlich.
- **Sicherheit**

  Genormte Sicherheitsanforderungen, z. B. für die sicherheitsgerechte Konstruktion, schützen vor Unfällen und Havarien, bieten Lösungen für diese Anforderungen und machen Sicherheitsangaben kompatibel.

1.3.2 Rechtliche Stellung der Normen

Die Normen des deutschen Normenwerkes gelten als Empfehlungen, sie sind keine Gesetze, der Gesetzgeber verlangt keinen Erfüllungsnachweis und sie stehen jedermann zur Anwendung frei [DIN 820-1].

Sie sind zwar einerseits Empfehlungen, gelten jedoch andererseits als anerkannte Regeln der Technik. In mehreren Gesetzen wird auf die Einhaltung dieser Regeln verwiesen oder es wird aus einer Rechtsvorschrift die Anwendungspflicht abgeleitet. Normen sind eine wichtige Informationsquelle für einwandfreies technisches Verhalten im Normalfall. Sie sind bei zivil- und strafrechtlichen Auseinandersetzungen geeignet, den Verantwortlichen zu entlasten, da deren Anwendung die Vermutung begründet, dass einwandfreies technisches Verhalten vorliegt [DIN 820-1].

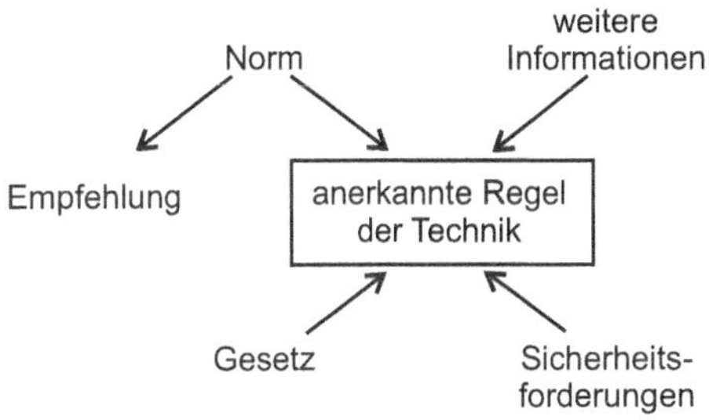

Bild 1.5 Anerkannte Regel der Technik

Normen können nicht alle Sonderfälle und alle neuen Erkenntnisse sofort berücksichtigen, weshalb weitere Informationen aus anderen Quellen, z. B. Veröffentlichungen, Fachtagungen oder Messeveranstaltungen, auszuwerten sind. In Sonderfällen sind weiter gehende oder weniger umfangreiche Maßnahmen möglich, sofern die Sicherheit nachweislich erhalten bleibt. Dies erlaubt die Übernahme neuer Verfahren, die im Normenwerk noch nicht enthalten sind.

„Durch das Anwenden von Normen entzieht sich niemand der Verantwortung für eigenes Handeln.“ [DIN 820-1]

Aus der Verantwortung, die der Konstrukteur einer elektrischen Anlage oder eines Gerätes für die Sicherheit hat, resultiert die Forderung, diese so sicher zu machen, wie es nach dem Stand der Technik, der in Normen beschrieben wird, möglich ist.

1.3.3 Normungsgremien

Es haben sich zahlreiche Organisationen gebildet, die die Normungsarbeit auf nationaler, europäischer oder internationaler Basis ausführen. Darüber hinaus gibt es weitere Normungsgremien als Vertreter von Firmenverbänden, die auf dem jeweiligen Fachgebiet tätig sind.

Deutschland

- **Deutsches Institut für Normung (DIN)**

  Träger der Normung in Deutschland ist das Deutsche Institut für Normung. Es ist ein eingetragener und als gemeinnützig anerkannter Verein mit Sitz in Berlin. Mitglied können Unternehmen und Verbände sowie alle an der Normung interessierten Körperschaften, Behörden oder Organisationen werden. Die Arbeitsergebnisse des DIN sind die DIN-Normen.
- **Deutsche Kommission Elektrotechnik Elektronik Informationstechnik (DKE)**

  Historisch bedingt haben sich in Deutschland zwei Organisationen entwickelt, die die Normungsarbeit einerseits auf nichtelektrischen Gebieten (DIN) und andererseits auf dem Gebiet der Elektrotechnik (VDE[1]) ausführen. Die DKE wurde als gemeinsames Organ des DIN und des VDE gebildet, sie wird juristisch vom VDE getragen und ist gleichzeitig die „elektrotechnische Abteilung“ des DIN. Die Arbeitsergebnisse der DKE sind DIN-Normen. Sie werden zusätzlich als VDE-Bestimmung gekennzeichnet, wenn sie Sicherheitsvorschriften für die Anwendung des elektrischen Stromes enthalten.

Europa

- **Europäisches Komitee für Normung (CEN)**
- **Europäisches Komitee für Elektrotechnische Normung (CENELEC)**

  Ziel der europäischen Normung ist, bestehende nationale Normen zu harmonisieren und neue regionale Normen zu entwickeln. Die europäischen Normungsgremien sind nichtstaatliche und gemeinnützige Vereinigungen mit Sitz in Brüssel. Die Arbeitsergebnisse sind EN-Normen, die nach unveränderter Übernahme als DIN-EN-Norm geführt werden.

Internationale Organisationen

- **International Organization for Standardization (ISO)**
- **International Electrotechnical Commission (IEC)**

  ISO und IEC erarbeiten internationale ISO- bzw. IEC-Normen als Empfehlungen, die von den nationalen Normungsgremien der Mitgliedsländer übernommen werden sollen.

[1] Verband der Elektrotechnik Elektronik Informationstechnik

Deutschland ist Mitglied beider Organisationen. Nach unveränderter Übernahme sind dies die DIN-ISO- oder DIN-IEC-Normen.

- **American National Standards Institute (ANSI)**

  Das ANSI ist der wichtigste Träger der Normung in den USA und vertritt die USA in der ISO.

Fachverbände

- **Fachverband Elektronik-Design (FED)**

  Der FED ist ein Interessenverband von Unternehmen der Elektronikindustrie. Er stellt IPC-Richtlinien bereit und ist ein Forum für den Informationsaustausch zwischen den beteiligten Unternehmen.
- **Association Connecting Electronics Industries (IPC[2])**

  Association Connecting Electronics Industries ist ein weltweit tätiger Fachverband der Leiterplatten- und Elektronikindustrie, der zahlreiche Normen zur Elektronikfertigung erarbeitet hat.
- **National Electrical Manufacturers Association (NEMA)**

  Amerikanischer Fachverband der Elektroindustrie, der zahlreiche Normen auf dem Gebiet der Elektrotechnik entwickelt hat.
- **EIA (Electronic Industries Alliance)**

  Die EIA ist ein amerikanischer Industrieverband, der zahlreiche Normen für Geräteschnittstellen veröffentlicht hat.
- **IEEE (Institute of Electrical and Electronics Engineers)**

  Es handelt sich um einen Berufsverband von Ingenieuren aus den Bereichen Elektrotechnik, Elektronik und Informationstechnik, der zahlreiche Normen auf dem Gebiet der Elektrotechnik und Elektronik herausgegeben hat.

1.4 Rechnerunterstützte Konstruktion

Die rechnerunterstützte Konstruktion (Computer Aided Design - CAD), das „Konstruieren am Bildschirm“, wird heute in allen wichtigen Industriebranchen vom Maschinenbau bis zur Kartografie eingesetzt. Eine Vorreiterrolle hatten sicherlich die Branchen Automobil- und Maschinenbau, allein schon wegen der dort vorhandenen Betriebsgrößen. Mittlerweile ist aber die Einführung auch in mittelständischen Betrieben und in Ingenieurbüros weit vorangeschritten.

[2] Gegründet unter dem Namen „Institute for Printed Circuits“

1.4.1 Smart Engineering

Zunächst sollen das Umfeld der rechnerunterstützten Konstruktion sowie die Einordnung in ein Gesamtkonzept (Bild 1.6) beleuchtet werden.

Unter *Smart Engineering* werden informationstechnische Methoden und Werkzeuge verstanden, die integriert und miteinander vernetzt in allen Betriebsbereichen eines Unternehmens eingesetzt werden.

Zu den Anwendungsgebieten zählen im Besonderen:

- **Enterprise Resource Planning (ERP)**
  Hier werden unterschiedliche Funktionen, Aufgaben und Daten in eine gemeinsame Datenhaltung integriert. ERP ist aus der Produktionsplanung und -steuerung (PPS) hervorgegangen und beinhaltet diese.
- **Produktionsplanung und -steuerung (PPS)**
  Diese enthält die organisatorische Planung, Steuerung und Überwachung der Produktionsabläufe von der Angebotserarbeitung bis zum Versand. Die wichtigsten Hauptfunktionen sind die Produktionsprogrammplanung, die Mengenplanung, die Termin- und Kapazitätsplanung sowie die organisatorische Fertigungssteuerung.
- **Product Lifecycle Management (PLM)**
  Das ist die ganzheitliche unternehmensweite Verwaltung und Steuerung aller Produktdaten und Prozesse über den gesamten Lebenszyklus, von der Entwicklung und Produktion über den Vertrieb bis zur Wartung.
- **Produktdatenmanagement (PDM)**
  Daten und Dokumente der Produktentwicklung werden gespeichert, verwaltet und an nachgelagerte Phasen übergeben.
- **Computer Aided Engineering (CAE)**
  Hierzu zählen die Computeranwendungen in den ingenieurtechnischen Arbeitsbereichen (z. B. Konstruktion und Fertigungsvorbereitung).
- **Computer Aided Design (CAD)**
  Dies umfasst die Teilaufgaben Zeichnen und Entwerfen technischer Objekte, Manipulieren und Ändern vorliegender Zeichnungen oder Modelle sowie die Simulation technischer Objekte am Computer.
- **Computer Aided Planning (CAP)**
  Das ist die Rechnerunterstützung in der Fertigungsvorbereitung, beispielsweise bei der Arbeitsplanerstellung, der Technologie für Fertigung und Montage und der Prüfvorbereitung.
- **Computer Aided Manufacturing (CAM)**
  Dieser Teilbereich beinhaltet die rechentechnische Unterstützung bei Steuerung und Überwachung des Fertigungsprozesses mit den Teilen Bearbeitungssystem, Materialflusssystem und Leitsystem. Meistens steht die Steuerung von Werkzeugmaschinen, Handhabegeräten sowie von Transport- und Lagersystemen im Mittelpunkt.
- **Computer Aided Quality Assurance (CAQ)**
  Hierbei handelt es sich um die rechnerunterstützte Planung und Durchführung der Qualitätssicherung. Im Zusammenhang mit der Einführung eines Qualitätssicherungssystems wächst die Bedeutung dieses Teilbereiches.

Das Konzept beinhaltet das informationstechnische Zusammenwirken aller rechentechnischen Einrichtungen und die gemeinsame Nutzung einer zu allen Bereichen kompatiblen Datenbasis, einer strukturierten Sammlung von Daten.

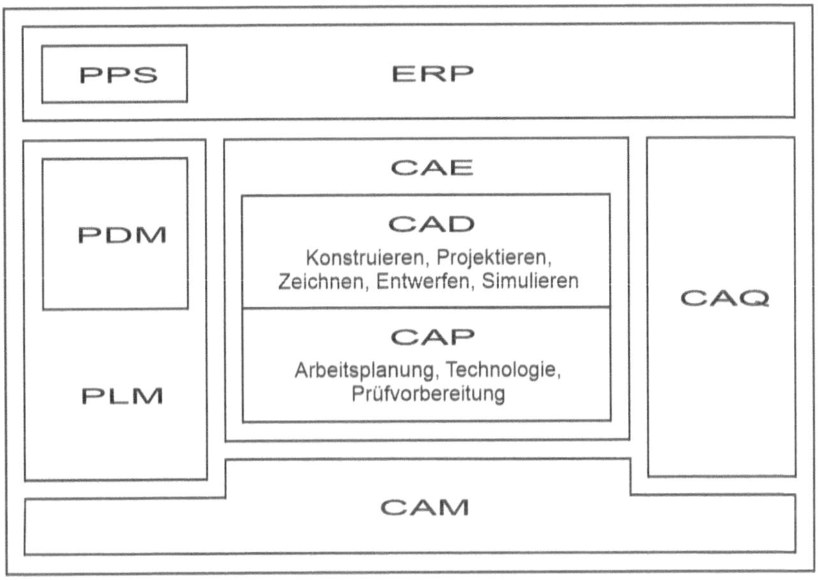

Bild 1.6 Konzept

Für den Leiterplattenentwickler ist aus den genannten Bereichen die rechnerunterstützte Konstruktion von besonderer Bedeutung.

1.4.2 Inhalte der rechnerunterstützten Konstruktion

Die rechnerunterstützte Konstruktion (Bild 1.7) beinhaltet mehr als „nur" das Zeichnen am Bildschirm. Das Konstruieren am Computer enthält die folgenden Bereiche:

- *Entwerfen und Zeichnen* technischer Objekte am Bildschirm, meist durch Anordnung von Grundformen, die auf das jeweilige Einsatzgebiet ausgerichtet sind,
- *Ändern und Manipulieren* vorliegender Zeichnungen oder Modelle unter Anwendung der Operationen Verschieben, Drehen, Kopieren, Eigenschaften ändern u. a.,
- *Simulation und Test* technischer Modelle zur Überprüfung der Funktionsfähigkeit, zur Betrachtung von Funktionsabläufen und zur Ermittlung der Reaktion auf mechanische, thermische o. a. Belastungen,
- *Vorbereitung der Fertigung* durch Bereitstellung von Informationen, aus denen die Fertigungsdaten generiert werden können.

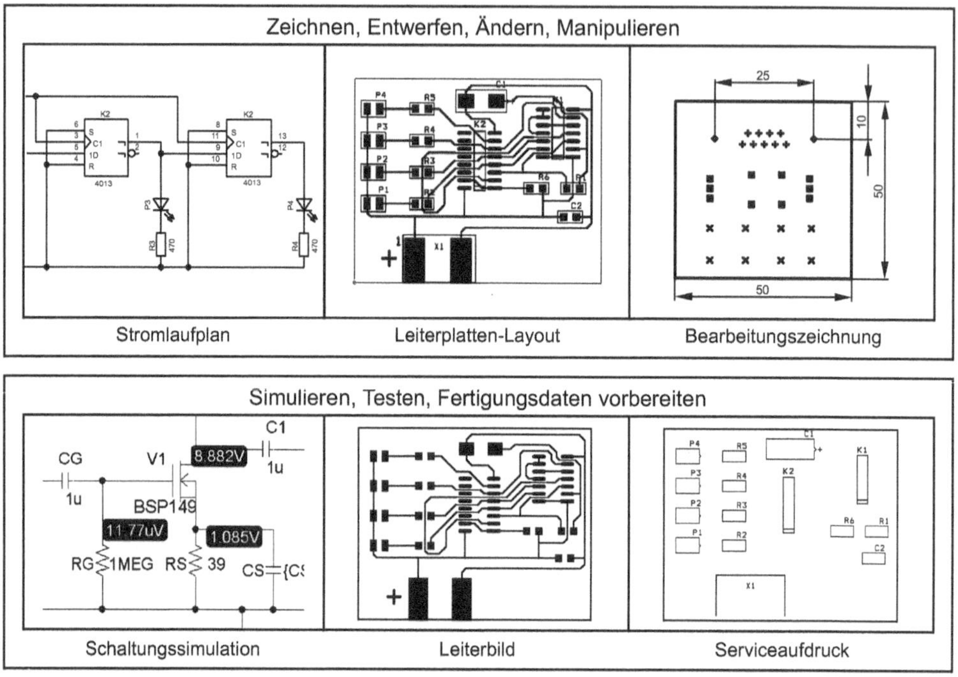

Bild 1.7 Rechnerunterstützte Konstruktion

Die *Grundelemente*, aus denen eine Zeichnung oder ein Modell zusammengestellt wird, sind von dem Einsatzgebiet der rechnerunterstützten Konstruktion abhängig. Zu den Grundelementen zählen z. B.:

- Linien, Kreise, Texte, Schraffuren, Bemaßungen für Bearbeitungszeichnungen,
- Quader, Zylinder, Extrusionen, Rotationskörper für dreidimensionale Modelle,
- Schaltzeichen, Linien, Texte für Stromlaufpläne,
- Footprints[3], Padstacks[4], Leiter für Leiterplattenlayouts.

Die Entscheidung für oder gegen den Einsatz von CAD-Systemen ist vom Verhältnis des langfristig erzielbaren Nutzens zu den zusätzlichen Aufwendungen abhängig. In den meisten - aber nicht allen - Fällen werden die Vorteile überwiegen.

- **Schnelligkeit**

  Im Umfeld der sich ständig verkürzenden Beibehaltungszeit müssen neue Produkte immer schneller auf den Markt gebracht werden, wofür die Beschleunigung auch des Konstruktionsprozesses Bedingung ist. Die Rechnerunterstützung ermöglicht schnellere Angebotsabgabe, beschleunigten Änderungsdienst und beschleunigten Informationsaustausch mit Kunden und Lieferanten.

---

3) Lötflächenanordnung eines elektronischen Bauelementes

4) Repräsentation von Lötflächen auf den Lagen eines Leiterplattenlayouts

- **Qualität**

  Der Umgang mit dem Computer erfordert und ermöglicht exaktes und planmäßiges Arbeiten. In kurzer Zeit können mehrere Varianten getestet werden, um die optimale Lösung zu finden. Das Konstruktionsergebnis kann noch vor der Fertigung simuliert und auf Belastungen untersucht werden. Dieses ermöglicht eine hohe Sicherheit und Fehlerfreiheit, wesentlich verbesserte Dokumentation und qualifiziertere Angebote.
- **Flexibilität**

  Die Konstruktionsergebnisse bleiben gespeichert und Änderungen sind leicht ausführbar. Damit ist für ähnliche Aufgaben keine Neukonstruktion notwendig und auf wechselnde Anforderungen kann noch innerhalb des Konstruktionsprozesses schnell reagiert werden.

Der Computer kann jedoch den schöpferisch denkenden Menschen nicht ersetzen. Auch wenn sich seine Einsatzbereiche ständig erweitern, wird er nicht alle im Konstruktions- und Entwurfsprozess anfallenden Arbeiten übernehmen können. Ebenso hat sich auch die Vision von einem „papierlosen Konstruktionsbüro" bisher nicht erfüllt.

Es ist möglich, dass zusätzliche Einschränkungen die genannten Vorteile mindern oder unwirksam machen. Zu diesen Problemen zählen die folgenden Schwerpunkte:

- **Qualifikation**

  Für den Umgang mit CAD-Systemen ist ein hoher Qualifikationsaufwand notwendig, der oft im eigenen Hause nicht verfügbar ist. Dies verursacht Kosten und Arbeitszeitausfall während der Qualifikation. Außerdem muss die Einarbeitungszeit überbrückt und für ständige Weiterbildung gesorgt werden.
- **Kompatibilität**

  Die verschiedenen Abteilungen eines Unternehmens arbeiten üblicherweise mit unterschiedlichen Programmsystemen und deshalb mit inkompatiblen Datenformaten. Konvertierungen sind meist aufwändig und mit Datenreduktionen verbunden. Das hat zur Folge, dass Daten nicht zwischen den Abteilungen ausgetauscht werden können, was Mehrfacherfassungen zur Folge hat. Zusätzlich wirkt erschwerend, dass viele Daten noch nicht rechentechnisch erfasst sind und somit noch nicht in digitaler Form vorliegen können.
- **Anwendbarkeit**

  Nicht alle Aufgaben des Konstrukteurs können rechnerunterstützt ausgeführt werden. Dies betrifft besonders die schöpferischen Entwurfsschritte der Funktionsfindung und Prinziperarbeitung. Dagegen ist der Computereinsatz für algorithmierbare Tätigkeiten wie die Dokumentationserstellung von großem Nutzen.

Weitere Informationen – auch zum Umfeld der rechnerunterstützten Konstruktion – sind in [ZICK22] enthalten.

1.4.3 Rechnerunterstützte Konstruktion in der Elektrotechnik

In der rechnerunterstützten Elektrokonstruktion (Elektro-CAD) gelten einige Besonderheiten, die die eingesetzten Programmsysteme von anderen Systemen, z. B. aus dem Maschinenbau, unterscheiden. Aber auch innerhalb der Elektrotechnik gibt es wesentliche Unterschiede zwischen den einzelnen Fachgebieten.

Auch der *Leiterplattenentwurf* ist ohne rechentechnische Unterstützung heute nicht mehr vorstellbar. Die betreffenden CAD-Systeme sind als Werkzeuge für den Elektronikentwickler an dessen typischen Arbeitsablauf angepasst. Ein System, welches für den Leiterplattenentwurf gestaltet wurde (Layoutsystem) unterstützt den Konstrukteur von der Eingabe des Stromlaufplanes über die Gestaltung des Layouts bis zum Erzeugen der benötigten Produktionsdaten.

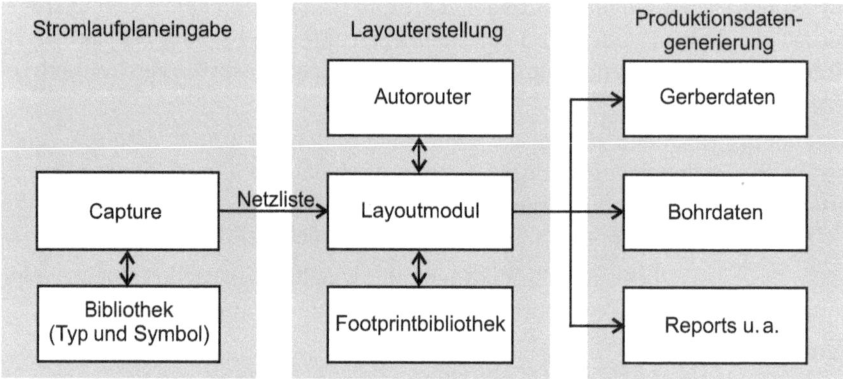

Bild 1.8 CAD-System für den Leiterplattenentwurf (Layoutsystem)

Der Leiterplattenentwurf beginnt mit der Erfassung (Capture) des Stromlaufplanes, der das wichtigste planerische Ausdrucksmittel in der Elektrotechnik ist.

Zu den Besonderheiten beim *Erstellen von Stromlaufplänen* zählen:

- zweidimensionale Arbeit - keine maßstäbliche Zeichnung, sondern ein Plan wird erzeugt,
- geometrisch einfache Gestaltung, keine Geometrieberechnungen,
- kein Maßstab, kein Bezug zu realen Größen und Formen,
- Eingeben von Strompfaden im Raster,
- Platzieren von Schaltzeichen aus der Bibliothek,
- Linien verbinden Bauteilanschlüsse nicht nur grafisch, sondern auch logisch,
- umfangreiche Schaltungen werden durch Projekt- oder Stromlaufplanhierarchien beherrscht.

Bis zu diesem Punkt, der hauptsächlich die Eingabe von Stromlaufplänen am Bildschirm beinhaltet, bringt der CAD-Einsatz noch nicht den erwarteten Nutzen. Dieser wird erst realisiert, wenn die arbeitsaufwändig eingegebenen Daten ausgewertet, weiterverarbeitet und zur Fertigungsvorbereitung genutzt werden.

Es schließt sich deshalb das Modul für die *Layouterstellung* an. Auch dieses Modul weist einige Besonderheiten auf:

- zweidimensionale Arbeit,
- Nutzung von Ebenen (Layer) für reale Layer der Leiterplatte und als Entwurfslagen,
- reale Größen und Formen werden präzise eingehalten,

- Platzieren von Footprints aus der Bibliothek,
- Anschlüsse werden mit Leitern kreuzungsfrei verbunden,
- umfangreiche Unterstützung durch automatisch arbeitende Funktionen (z.B. Autorouter).

Aus den während der Layouterstellung entstandenen Informationen können danach *Produktionsdaten* generiert werden. Diese Daten und deren Formate sind stark vom Fertigungsprozess abhängig und orientieren sich häufig an den Vorgaben der Maschinenhersteller. Von der Genauigkeit der Dateninhalte ist die Fertigungsqualität unmittelbar abhängig.

Zusätzlich sind oft noch weitere Module für den Schaltungstest, für die Analyse der elektromagnetischen Verträglichkeit oder für eine thermische Simulation enthalten.

Damit kann zusammenfassend gesagt werden:

CAD-System für den Leiterplattenentwurf (Layoutsystem) = Stromlaufplaneingabe + Layouterstellung + Produktionsdatengenerierung. ■

In diesem Kapitel wurde erläutert, was unter *Entwurfsprozess* und seiner Ausprägung in der Elektrotechnik zu verstehen ist. Ein solcher Prozess beginnt mit dem Klären der Aufgabenstellung und führt über Entwurf und Gestaltung unter Beachtung von mehreren Randbedingungen, die den Entscheidungsspielraum des Konstrukteurs einschränken, bis zur Erstellung der Konstruktionsdokumentation.

Normen sind eine wichtige Informationsquelle im Entwurfsprozess, ihre rechtliche Bedeutung wurde beschrieben.

Ein wichtiges Werkzeug für den rechnerunterstützten Entwurf einer Leiterplatte ist das *Layoutsystem*, welches Unterstützung von der Eingabe des Stromlaufplanes über die Layouterstellung bis zur Produktionsdatengenerierung bietet. ■

Das folgende Kapitel wird sich dem Stromlaufplan, der die Schaltung funktional dokumentiert und gleichzeitig der Ausgangspunkt des Leiterplattenentwurfes ist, widmen. Zur Übung folgen aber noch ein paar Aufgaben.

Aufgabe 1.1

Welche Eigenschaften unterscheiden eine technische Zeichnung von einer sonstigen zeichnerischen Darstellung?

Erläutern Sie hierzu allgemein den Inhalt und die Ausführungsform einer technischen Zeichnung. ■

Aufgabe 1.2

Nennen Sie die Hauptkomponenten des Konstruktionsprozesses. Welche Restriktionen müssen bei der Konstruktion beachtet werden? ■

Aufgabe 1.3

Worin besteht der Unterschied zwischen Lastenheft und Pflichtenheft? ■

Aufgabe 1.4

Erläutern Sie, was unter einer Norm zu verstehen ist. Welche Vorteile ergeben sich aus der Anwendung von Normen? Darf von Normen abgewichen werden? ■

2 Regeln für das Anfertigen von Stromlaufplänen

Als erster Schritt des Leiterplattenentwurfes muss in das Layoutsystem eingegeben werden, welche Bauelemente benutzt werden sollen und wie deren Anschlüsse miteinander zu verbinden sind. Am gebräuchlichsten für diese Aufgabe ist der Stromlaufplan, da er genau diese Angaben enthält und zusätzlich die Schaltung funktional dokumentiert. Für die Erfassung des Stromlaufplanes enthält jedes Layoutsystem ein passendes Modul, welches häufig „CAPTURE“ genannt wird.

> **!** Der Stromlaufplan dokumentiert die Schaltung funktional und ist der Ausgangspunkt für den Leiterplattenentwurf. ■

Im Mittelpunkt dieses Kapitels steht deshalb der Stromlaufplan als die zentrale planerische Unterlage der Elektrotechnik. Weitere Unterlagen der Elektrokonstruktion sind in [ZICK22] beschrieben.

■ 2.1 Grundlegende Gestaltungshinweise

Die folgenden Hinweise für die Gestaltung von Stromlaufplänen sind allgemeingültig und damit auch für weitere technische Unterlagen zutreffend.

2.1.1 Formatsystem und Faltungsregeln

Formatsystem (DIN EN ISO 216)

Die Blattgrößen werden nach einfachen Regeln, den *Grundsätzen des Formatsystems* gebildet:

- Die Fläche des Ausgangsformates (A0) beträgt 1 m^2.
- Die Ableitung weiterer Formate erfolgt durch Halbieren.
- Die Formate sind geometrisch ähnlich, sie haben das gleiche Seitenverhältnis.
- Das Seitenverhältnis beträgt eins zu Wurzel aus zwei.

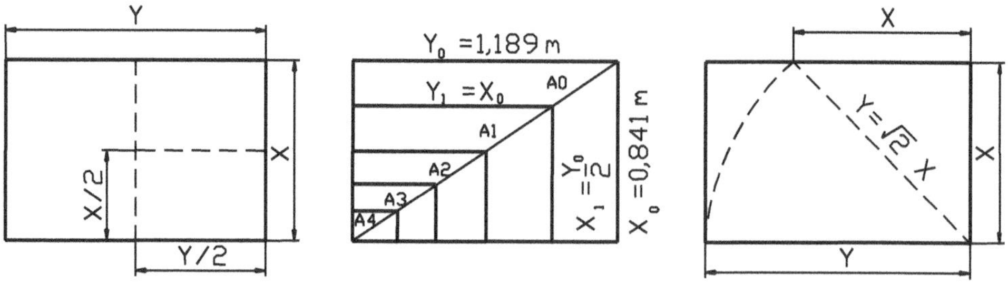

Bild 2.1 Grundsätze des Formatsystems

Daraus ergeben sich folgende Abmessungen für das beschnittene Blatt (Fertigblatt). Zusätzlich sind die Maße der Zeichenfläche (ohne Zeichnungsrand) und die Abmessungen des unbeschnittenen Blattes (mit zusätzlichem Rand) angegeben.

Tabelle 2.1 Papier-Endformate der A-Reihe [DIN EN ISO 5457]

Blattgrößen Reihe A	Beschnittenes Blatt (Maße in mm)	Zeichenfläche (Maße in mm)	Unbeschnittenes Blatt (Maße in mm)
A 0	841 × 1189	821 × 1159	880 × 1230
A 1	594 × 841	574 × 811	625 × 880
A 2	420 × 594	400 × 564	450 × 625
A 3	297 × 420	277 × 390	330 × 450
A 4	210 × 297	180 × 277	240 × 330

Anwendung in der Elektrotechnik

Das Format ist so auszuwählen, dass die Schaltung in ihrem Umfang unter Berücksichtigung von Verständlichkeit und Lesbarkeit auf dem Blatt platziert werden kann. Hierbei hat sich jedoch zunehmend die Aufteilung umfangreicher Schaltungen auf mehrere Seiten durchgesetzt. Diese Seiten können in gleicher Wertigkeit „nebeneinander“ liegen oder Bestandteil einer Projekthierarchie sein.

Damit werden in der Elektrotechnik das Format A3 (oft auf A4 verkleinert gedruckt) und das Format A4 am häufigsten genutzt.

Faltung auf Ablageformat (DIN 824)

Je nach Art der Zeichnungsablage stehen drei *Faltungssysteme* zur Verfügung:

- Form A mit herausgefaltetem Heftrand,
- Form B mit angeklebtem Heftrand,
- Form C ohne Heftrand für die Aufbewahrung, z. B. in Klarsichthüllen.

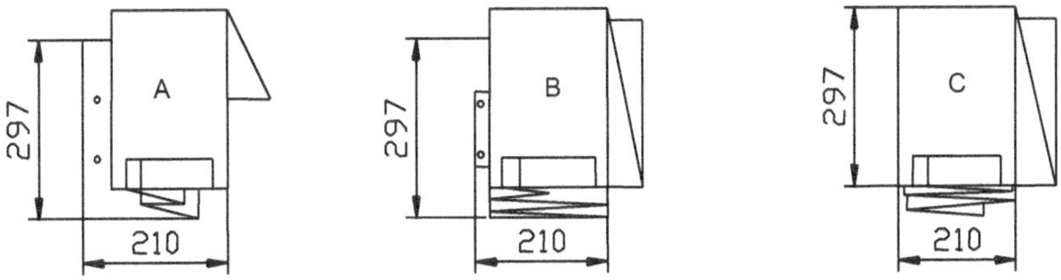

Bild 2.2 Varianten der Faltung

Die *Faltungsregeln* ergeben sich aus einfachen und sinnvollen Grundsätzen:

- Das Schriftfeld ist ohne Entfalten sichtbar (liegt oben).
- Das Entfalten ist ohne Ausheften möglich (Formen A und B).
- Es wird auf das Format A4 gefaltet, evtl. mit Heftrand.
- Die Faltung wird erst längs, dann quer ausgeführt.

In der Elektrotechnik wird neben dem Format A4 vorzugsweise das Format A3 mit der Faltung nach Bild 2.3 angewendet.

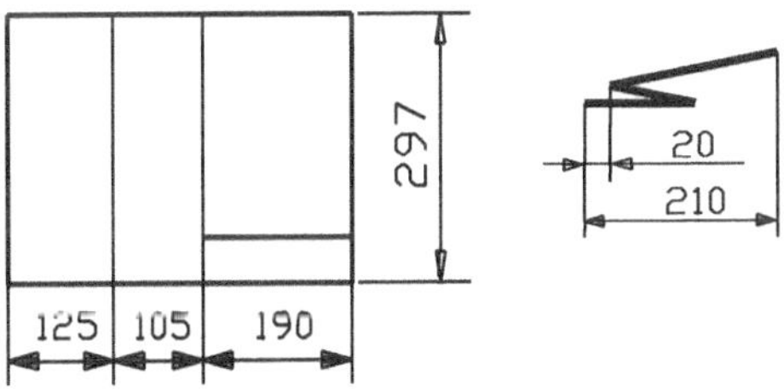

Bild 2.3 Faltung für A3 nach Form A

2.1.2 Standardschriftfeld

In DIN EN ISO 7200 werden beispielhaft zwei Schriftfeldvarianten zur Anwendung in allen Arten von Dokumenten auf allen Gebieten der Ingenieurwissenschaften angegeben. Neben diesen Beispielen werden nur wenige und sinnvolle Vorgaben gemacht, was einen großen Gestaltungspielraum ermöglicht.

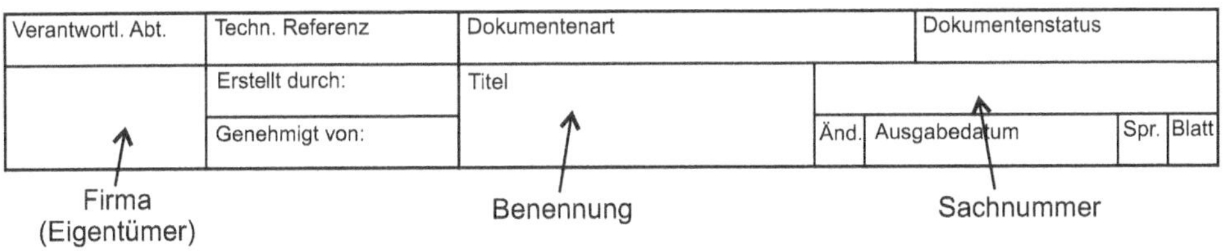

Bild 2.4 Schriftfeld nach DIN EN ISO 7200 in Kompaktform

Dieses Standardschriftfeld ist auch für den Bereich des Leiterplattenentwurfes anwendbar, berücksichtigt jedoch nicht dessen spezifische Anforderungen. Hierzu zählt, dass es sich häufig um eine Dienstleistung handelt, womit zwei Unternehmen (Auftraggeber und Auftragnehmer) im Schriftfeld mit Firmennamen und unterschiedlichen Zeichnungsnummern eingetragen werden. Der vorhandene Spielraum ermöglicht aber passende Schriftfelder zu gestalten.

2.1.3 Linienarten

Grundsätzlich werden die Pläne der Elektrotechnik in *schwarzer Farbe* auf weißem Hintergrund und mit überwiegend *einheitlicher Linienbreite* angefertigt. Die Linienbreite ist in Abhängigkeit von Größe und Inhalt der Zeichnung aus der Reihe (... /0,25/0,35/0,5/0,7/1,0/1,4/2,0/ ...) auszuwählen, wobei schmale, breite und sehr breite Linien zueinander im Breitenverhältnis 1 : 2 : 4 liegen sollen. Zusätzlich wird zwischen Volllinie, Strichlinie und Strich-Punkt-Linie unterschieden.

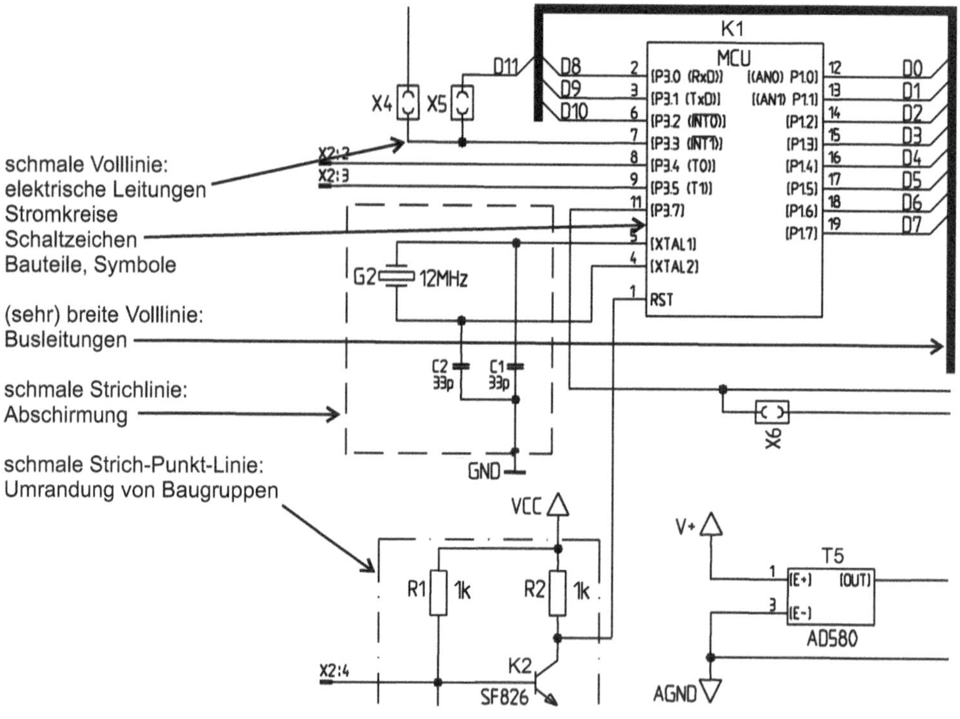

Bild 2.5 Anwendung der Linienarten

2.2 Grafische Symbole für Schaltunterlagen

Schaltzeichen sind Symbole, Grafiken o. Ä. zur Darstellung elektrischer oder elektronischer Bauelemente und Einrichtungen.

2.2.1 Grundsätze der Symbolik

Die Symbolik stellt dabei die elektrische Eigenschaft ohne Berücksichtigung der Geometrie oder des mechanischen Aufbaus dar. Die wichtigsten Symbole sind in DIN EN 60617 enthalten. Zusätzlich ist es möglich, mit Elementen der genormten Symbole neue Schaltzeichen zu bilden.

Sind für eine *Anwendung* mehrere Symbole angegeben, werden bei der Auswahl nachstehende Regeln beachtet:

- Es wird die einfachste Form gewählt, die für die beabsichtigte Aufgabe ausreichend ist.
- Soweit angegeben, wird die bevorzugte Form genutzt.
- Die Symbolverwendung muss im gesamten Zeichnungssatz einheitlich sein.

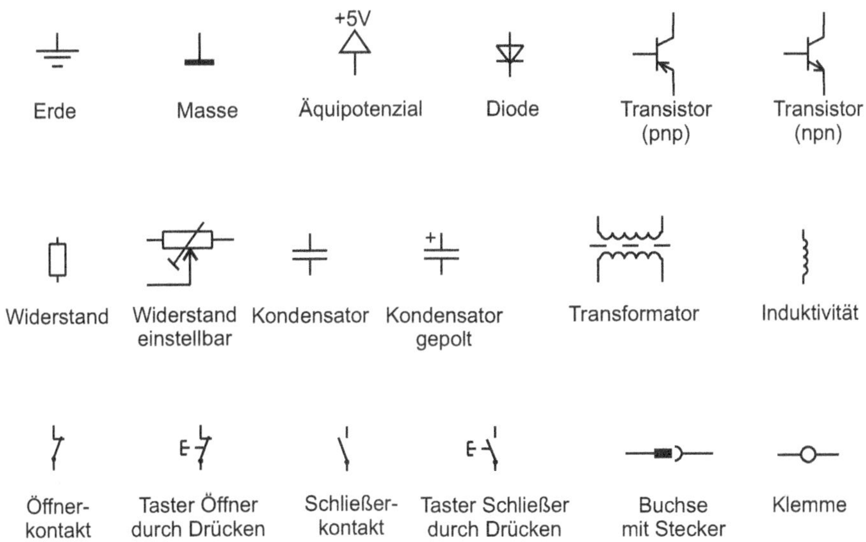

Bild 2.6 Beispiele für Symbole

Hinsichtlich der *Ausführung* ist das Folgende zu beachten:

- Die Darstellung erfolgt im ausgeschalteten bzw. stromlosen Zustand.
- Die Symbole werden im gesamten Zeichnungssatz in gleicher Größe dargestellt. Hiervon abweichend, ist es möglich, durch Vergrößerung auf besonders wichtige Symbole hinzuweisen oder durch Verkleinerung das Symbol als nachrangig darzustellen.

- Symbole werden vorzugsweise senkrecht oder waagerecht angeordnet. Für Brückenschaltungen ist auch die Drehung in 45°-Schritten möglich. Jedes Symbol kann gespiegelt werden.
- Die Linien, Texte und Flächen werden schwarz dargestellt. Die Linien haben überwiegend die gleiche Linienbreite.

2.2.2 Binäre Elemente

Durch die Anwendung einfacher Bildungsregeln nach DIN EN 60617-12 ist es möglich, binäre Elemente selbst zu gestalten bzw. vorgegebene Darstellungen korrekt zu interpretieren.

Die *grundlegende Form* des Symbols für ein binäres Element ist ein Rechteck. Im Rechteck wird die logische Funktion angegeben, links sind die Eingänge, rechts sind die Ausgänge.

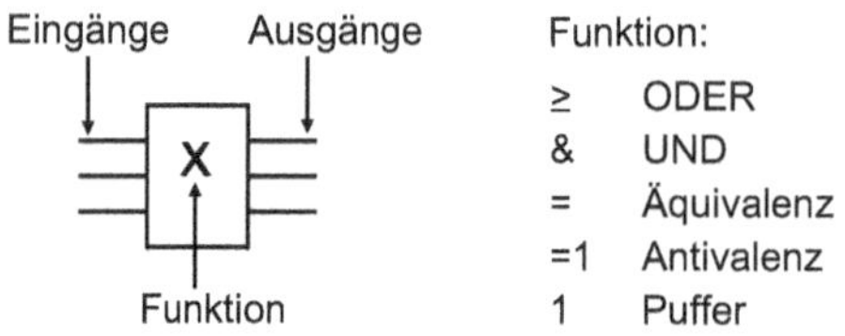

Bild 2.7 Grundform

Es werden *grafische Anschlusskennzeichnungen* verwendet, wenn es eine Signalwandlung zwischen externem und internem Pegel gibt.

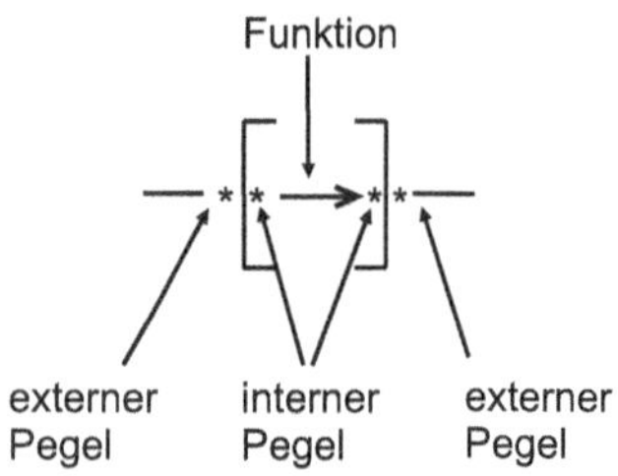

Bild 2.8 Externer und interner Pegel

Für die Anschlusskennzeichnung stehen mehrere Möglichkeiten zur Verfügung.

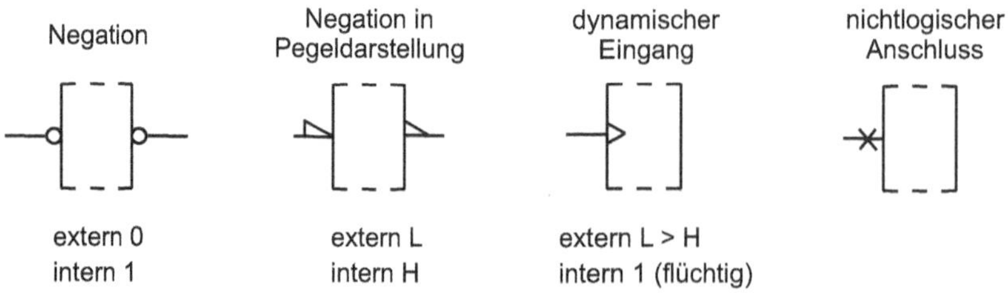

Bild 2.9 Beispiele für grafische Anschlusskennzeichnungen

Zusätzlich zu diesen grafischen Anschlusskennzeichnungen wird die Funktion des jeweiligen Anschlusses durch eine Buchstabenkennzeichnung, das *Funktionsanschlusskennzeichen*, angegeben.

Tabelle 2.2 Beispiele für Funktionsanschlusskennzeichnungen

Buchstaben-kennzeichnung	Beschreibung	Buchstaben-kennzeichnung	Beschreibung
R, S	Rücksetz-, Setzeingang	EN	Freigabe-Eingang (Enable)
J, K	Eingänge am J-K-Trigger	→, ←	Schiebeeingang (re., li.)
D	Eingang am D-Trigger	+, −	Zähleingang (vor, zurück)

Zusätzlich können Abhängigkeiten zwischen den Anschlüssen gekennzeichnet werden.

Kombination von Elementen

Unter bestimmten Bedingungen können zur Platzersparnis oder zur besseren Übersichtlichkeit die Darstellungen binärer Elemente miteinander und ineinander kombiniert werden. Diese Kombination ist jedoch nicht für alle binären Schaltungen, sondern nur für komplexe und in dieser Kombination handelsübliche Schaltkreise möglich.

Wenn zwischen den Elementen *keine Logikverbindung* besteht und sie nebeneinander im Signalfluss liegen, können sie „vertikal" aneinandergesetzt werden. Haben die Elemente die gleiche Funktion, muss diese nur im ersten Element angegeben werden.

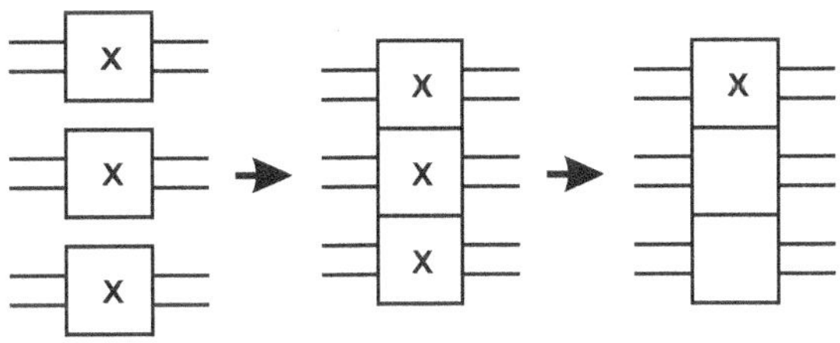

Bild 2.10 Kombination von Elementen (vertikal)

Wenn zwischen den Elementen *mindestens eine Logikverbindung* besteht und sie damit im Signalfluss hintereinander liegen, können sie „horizontal" aneinandergesetzt werden und so einen gemeinsamen Block bilden.

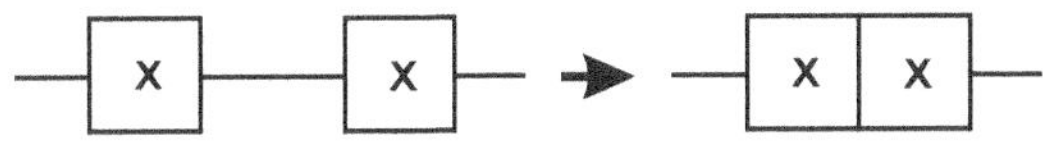

Bild 2.11 Kombination von Elementen (horizontal)

Haben die miteinander kombinierten Elemente ein gemeinsames Steuersignal, so wird dieses an einen zusätzlichen *Steuerblock* gelegt, der vorzugsweise am oberen Ende der Kombination platziert wird. Das Element, das dem Steuerblock am nächsten liegt, ist das niederwertigste Element[1] der Anordnung.

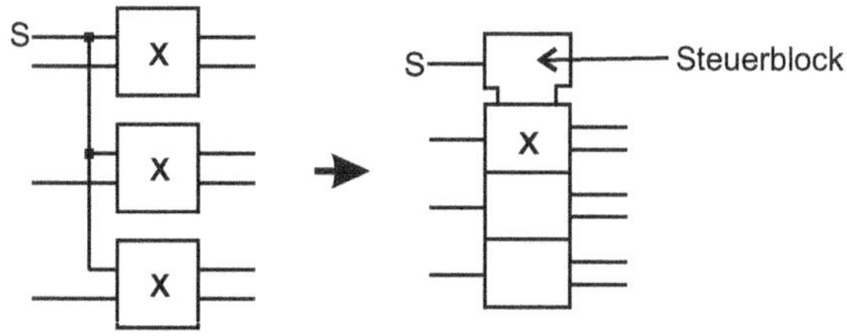

Bild 2.12 Steuerblock

Ist ein gemeinsamer, von allen Elementen der Kombination abhängiger Ausgang vorhanden, wird dieser am *Ausgangsblock* dargestellt. Der Ausgangsblock wird am Ende der Anordnung, gegenüber dem evtl. vorhandenen Steuerblock, angeordnet. Alternativ kann er auch im Steuerblock platziert werden.

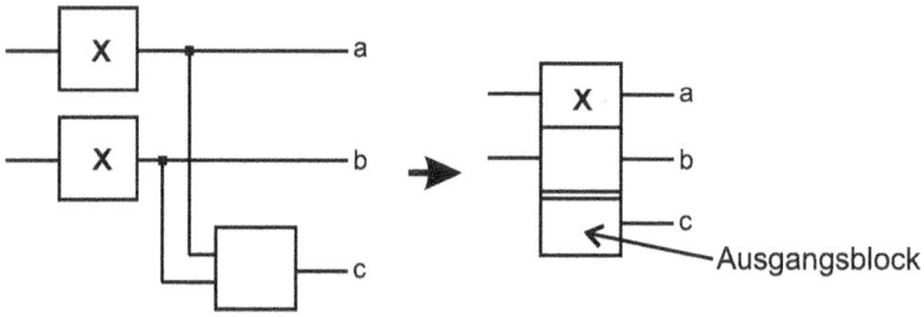

Bild 2.13 Ausgangsblock

Kennzeichnung von Abhängigkeiten

Diese Kennzeichnung erlaubt die Darstellung von Beziehungen zwischen Eingängen und zwischen Ausgängen ohne explizite Angabe der entsprechenden logischen Elemente und Verbindungen. Die Kennzeichnung von Abhängigkeiten wird nur bei komplexen und handelsüblichen Schaltkreisen angewendet.

Hierzu erfolgt die

- Kennzeichnung der *steuernden Anschlüsse* (Ein-, Ausgänge) mit einem Buchstaben für die Funktion und einer Kennzahl und die
- Kennzeichnung der *gesteuerten Anschlüsse* (Ein-, Ausgänge) mit der gleichen Kennzahl (mehrere durch Komma getrennt).

Die Abhängigkeiten werden zusätzlich zu eventuellen Funktionsanschlusskennzeichen angegeben.

---

[1] Im binären Zahlensystem $2^0 = 1$

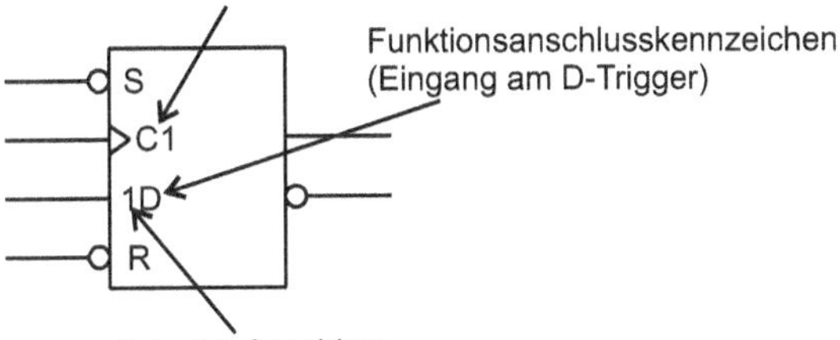

Bild 2.14 Kennzeichnung einer Abhängigkeit

Für die Art, wie ein steuernder Anschluss auf einen anderen Anschluss einwirkt, werden Buchstaben am steuernden Anschluss benutzt. Die Kennzahl stellt die Verbindung zwischen steuerndem und gesteuertem Anschluss her.

Tabelle 2.3 Arten der Abhängigkeit

Buchstabe	Art der Abhängigkeit	Signal am steuernden Anschluss	Wirkung am gesteuerten Anschluss
G	UND	1 0	normale Funktion 0 wird erzwungen
V	ODER	1 0	1 wird erzwungen normale Funktion
N	NOT	1 0	Komplement normale Funktion
Z	Verbindung	1 0	1 0
X	Transmission	1 0	verbunden unterbrochen
S	Setz	1 0	Setzpriorität normale Funktion
R	Rücksetz	1 0	Rücksetzpriorität normale Funktion
A	Adresse	1 0	Adresse gewählt Adresse nicht gewählt
C	Steuerung[1]	1 0	Aktion wird ausgelöst Aktion gesperrt
EN	Freigabe[2]	1 0	Aktion wird vorbereitet Aktion gesperrt
M	Modus[3]	1 0	alternative Aktion möglich Aktion gesperrt

[1] Kennzeichnet Zeitsteuer- oder Takteingänge

[2] Gibt an, welche Anschlüsse durch den Freigabeeingang gesteuert werden

[3] Kennzeichnet den Eingang, der den Betriebsmodus einstellt

Zur Illustration soll die Darstellung von Abhängigkeiten an einem Beispiel erläutert werden. Hierzu wird ein voreinstellbarer 4-Bit-Dezimalzähler betrachtet. Bei dem Symbol für diesen Schaltkreis werden die Modus-, UND- sowie die Steuerungsabhängigkeit angewendet.

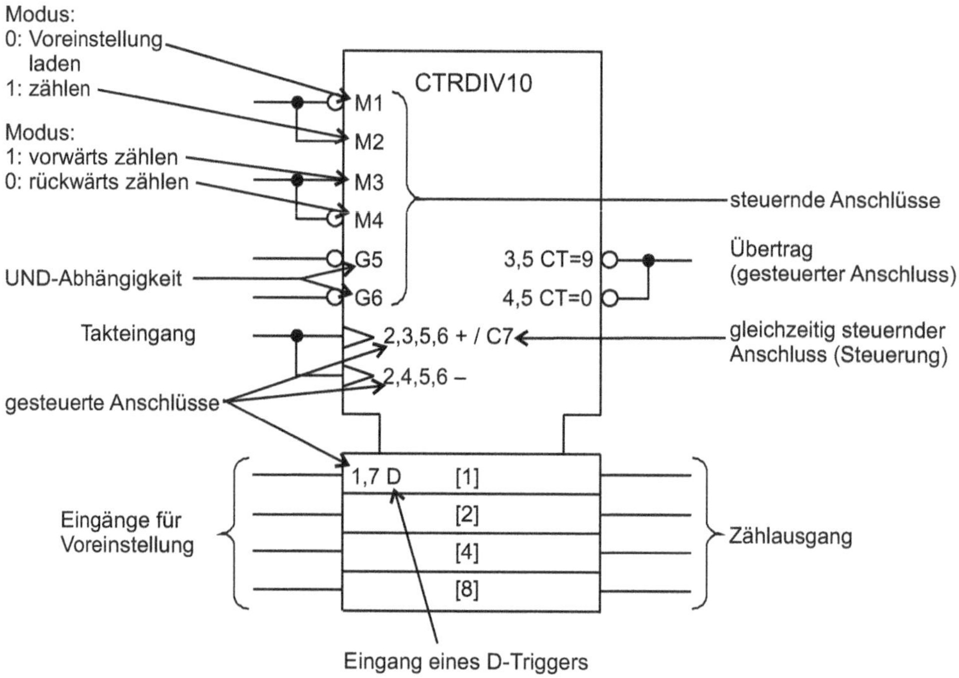

Bild 2.15 Anwendung von Abhängigkeiten

Es ist erkennbar, dass mit der Modusabhängigkeit zwischen zwei alternativen Betriebsarten umgeschaltet werden kann. Zum Beispiel wird das Signal für die Abhängigkeiten M1/M2 negiert für M1 und unnegiert für M2 verwendet. Damit ergibt sich die folgende Funktion:

- Signal 0 an diesem Anschluss

  → negiert für M1 verwendet, also 1-Signal am steuernden Anschluss

  → mit 1 gekennzeichnete gesteuerte Anschlüsse (Voreinstellung) sind wirksam

  → Voreinstellung wird geladen

  → unnegiert für M2 verwendet

  → mit 2 gekennzeichnete gesteuerte Anschlüsse (Takteingang) sind gesperrt

  Damit ist der Schaltkreis auf Laden der Voreinstellung geschaltet. Die Zählfunktion ist gesperrt. Die Voreinstellung wird mit dem nächsten Takt (Abhängigkeit C7) übernommen.

- Signal 1 an diesem Anschluss

  → negiert für M1 verwendet, also 0-Signal am steuernden Anschluss

  → mit 1 gekennzeichnete gesteuerte Anschlüsse (Voreinstellung) sind gesperrt

→ unnegiert für M2 verwendet

→ mit 2 gekennzeichnete gesteuerte Anschlüsse (Takteingang) sind wirksam

Damit ist der Schaltkreis auf Zählen geschaltet. Die Zählrichtung und den Übertrag bestimmen die Abhängigkeiten mit der Kennzeichnung M3 und M4.

Die UND-Abhängigkeiten G5 und G6 beeinflussen ebenfalls die Wirksamkeit des Takteinganges und den Anschluss für den Übertrag.

In Bild 2.16 sind weitere Symbole binärer Schaltkreise als Beispiele dargestellt.

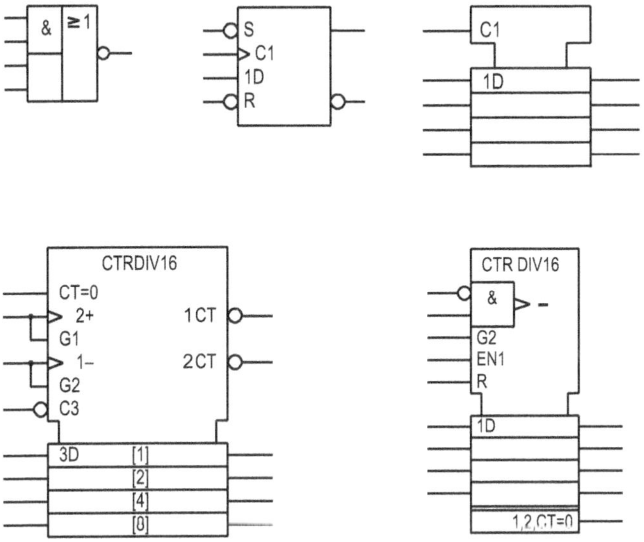

Bild 2.16 Beispiele binärer Schaltkreise

2.2.3 Analoge Elemente

Die *grundlegende Form* des Symbols für ein analoges Element ist ein Rechteck. Im Rechteck wird die analoge Funktion angegeben, links sind die Eingänge, rechts sind die Ausgänge. Innerhalb des Rechteckes wird die Funktion eingetragen.

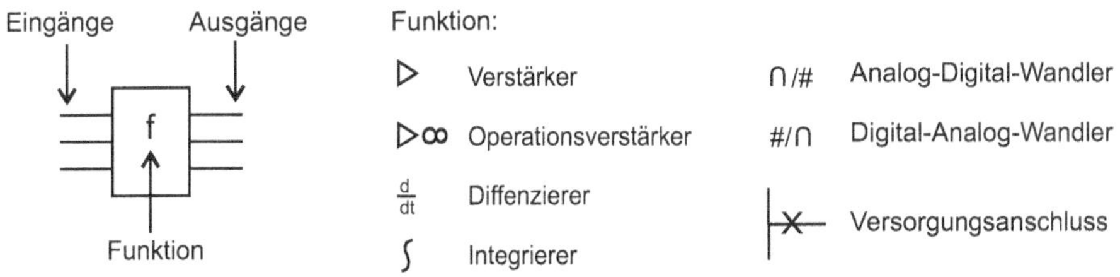

Bild 2.17 Grundform

Analoge Elemente sind wegen ihrer unterschiedlichen Funktionalität sehr vielgestaltig, weshalb in Bild 2.18 nur einige Beispiele zu sehen sind. Weitere Hinweise zu analogen Elementen können DIN EN 60617-13 entnommen werden.

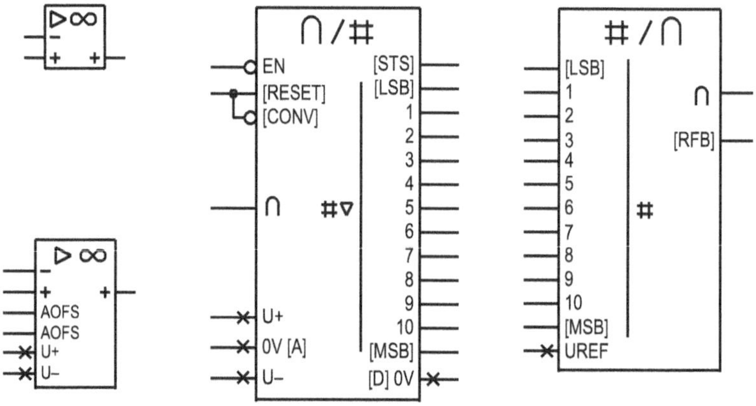

Bild 2.18 Beispiele analoger Schaltkreise

Das Rechteck als grundlegende Form gilt auch für Operationsverstärker. Dreiecke sind als äußere Kontur für die Symbole analoger Elemente in der DIN EN 60617-13 nicht vorgesehen. Kommentierende Anschlussbeschreibungen und nicht genormte Bezeichnungen werden in eckigen Klammern ergänzt.

2.2.4 Bibliotheken im CAD-System

Der Kern des CAD-Systems für den Leiterplattenentwurf (Layoutsystem) wird durch die Bibliotheken gebildet. Eine *Bibliothek* ist eine Sammlung zusammengehöriger Daten, für die Bezüge untereinander und zu anderen Bibliotheken existieren. Zur Verwaltung der Bibliotheken stehen auf den Inhalt angepasste Editoren zur Verfügung.

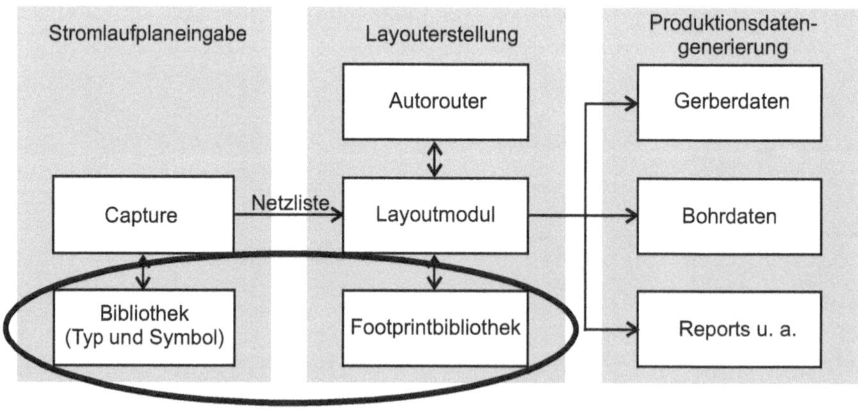

Bild 2.19 Bibliotheken im Layoutsystem

Um eine möglichst redundanzfreie Datenhaltung zu erreichen, setzt sich im Layoutsystem ein Bauelement aus

- Daten für die Gestaltung des Stromlaufplanes (Symbolbibliothek),
- Daten für die Gestaltung der Leiterplatte (Footprintbibliothek) und
- organisatorischen Daten und Zusammenhängen zwischen Symbol und Footprint (Typbibliothek)

zusammen.

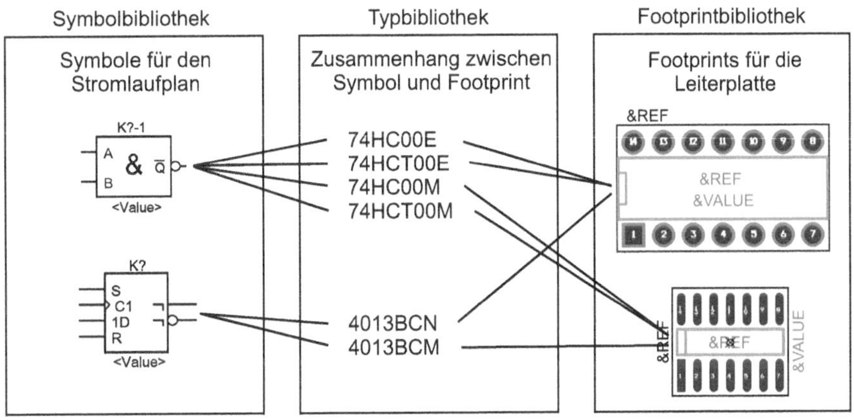

Bild 2.20 Bibliotheken im Layoutsystem

Diese Teilung der Bibliotheken in drei Komponenten erlaubt, Symbole und Footprints nur jeweils einmal zu speichern, aber mehrfach für unterschiedliche Typen von Bauelementen zu nutzen. Hierzu enthält die Typbibliothek Verweise auf die Symbole und Footprints.

Symbolbibliothek

Die Entwicklung einer Leiterplatte beginnt im Layoutsystem mit dem Stromlaufplan. Die Symbolbibliothek stellt dem Konstrukteur die dafür benötigten Stromlaufplansymbole zur Verfügung. Das Symbol wird im Stromlaufplan platziert und mit den notwendigen Beschriftungen und Verbindungen versehen. Für die Gestaltung fehlender Symbole kann ein Symboleditor benutzt werden.

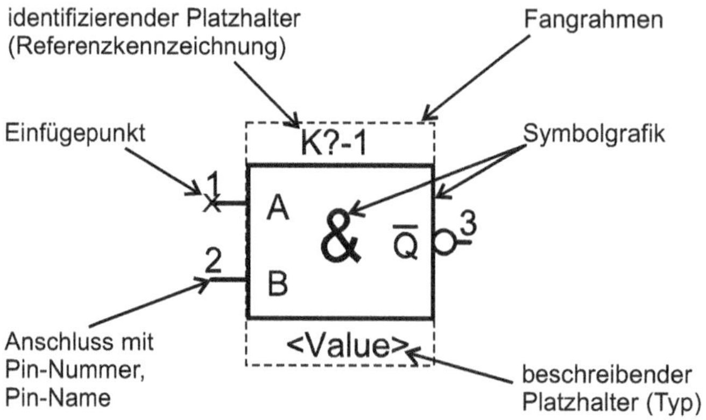

Bild 2.21 Standardsymbol

Ein *Standardsymbol* besteht aus der Symbolgrafik mit einem lokalen Koordinatenursprung (Einfügepunkt), den Anschlussdefinitionen, Textplatzhaltern für identifizierende und beschreibende Texte sowie Symboleigenschaften (Symbolname, Symbolart u. a.). Zusätzlich kann die Symbolbibliothek auch Verbindungssymbole (z. B. Potenziale) oder Grafiken enthalten. Das Raster, in dem der Einfügepunkt und die Anschlüsse platziert sind, muss mit dem Raster des Stromlaufplanes übereinstimmen, da sonst dessen Anschlüsse nicht verbunden werden können.

Footprintbibliothek

Diese Bibliothek enthält Anordnung, Größe und Form der Lötflächen sowie weitere geometrische Informationen zu den Bauteilen. Zusätzlich sind geometrische Informationen vorhanden, die für die Generierung von Fertigungsunterlagen genutzt werden können.

Die Footprintbibliothek arbeitet eng mit dem Layoutmodul zusammen und wird deshalb im Abschnitt 3.3.4 ausführlich beschrieben.

Typbibliothek

In der Typbibliothek werden Symbole und Footprints zusammengeführt und einem Typnamen zugeordnet. Der Typeintrag wird mit technologischen, organisatorischen und kaufmännischen Daten ergänzt.

Das *Mapping* (Bild 2.22) übernimmt die Aufgabe, den Anschlüssen des Stromlaufplansymbols die Pinnummer des Footprints zuzuordnen. Der Zusammenhang wird in Form einer Mappingtabelle dargestellt, die ebenfalls die Zuordnung von Pinnummern des Footprints zu Versorgungspotenzialen erlaubt. Zusätzlich können elektrische Daten und Angaben zum Pin- und Gattertausch vorhanden sein.

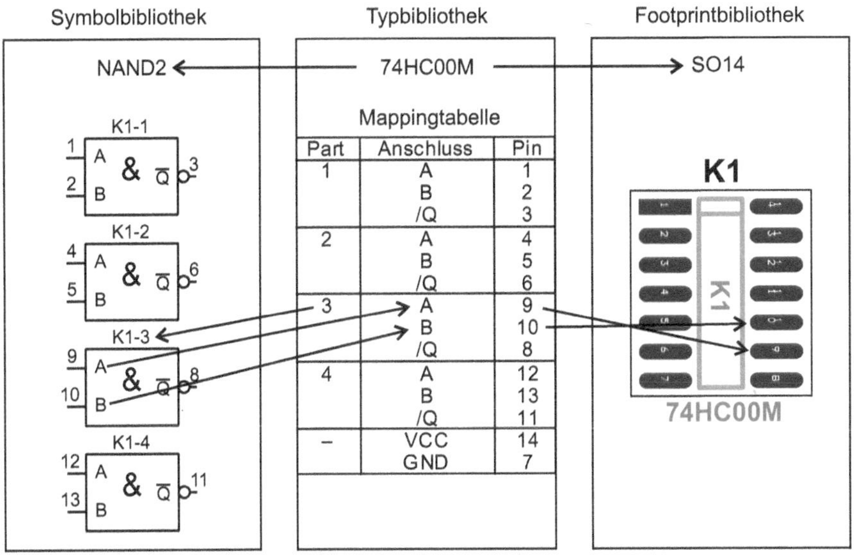

Bild 2.22 Mapping

Diese Vorgehensweise ist notwendig, da ein Schaltkreis mit z. B. vier NAND2-Gattern auch in einem anderen Gehäuse mit anderer Pinnummerierung enthalten sein kann. Ebenso kann bei anderer Technologie (CMOS als 4011) trotz gleichen Gehäuses die Pinzuordnung abweichen.

2.3 Stromlaufplan

Die Anfertigung des Stromlaufplanes ist der erste Schritt im Leiterbildentwurf und wird deshalb oft *Design Entry* genannt.

Die Entwicklung einer Leiterplatte beginnt auf der Basis einer detaillierten Aufgabenstellung zunächst mit einem noch groben Konzept für die Lösung der gestellten Anforderungen. Dieses Konzept wird vervollständigt, detailliert und mündet in eine *Schaltungsidee* aus der der Stromlaufplan entwickelt wird.

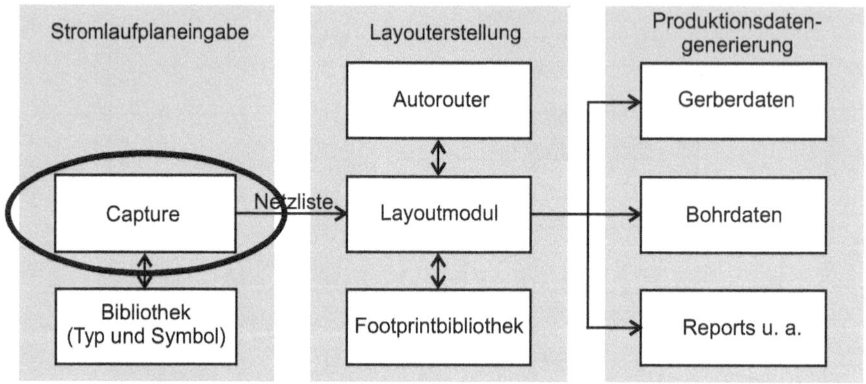

Bild 2.23 Stromlaufplan im Layoutsystem

Die weitere Darstellung des Leiterplattenentwurfes vom Stromlaufplan bis zur gelöteten Baugruppe soll anhand eines einfachen und leicht nachvollziehbaren Beispiels, einem kleinen Vier-Bit-Lauflicht[2], erfolgen.

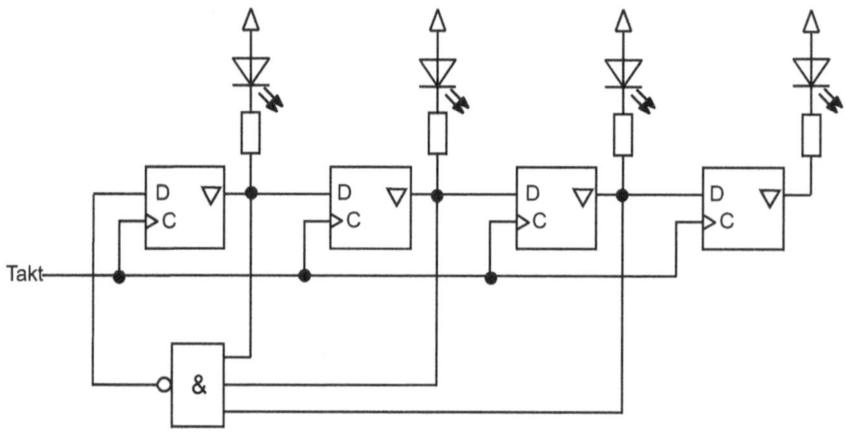

Bild 2.24 Schaltungsidee (Beispiel Lauflicht)

Anders als bei bekannten Lösungen für diese Aufgabe werden hier D-Trigger mit 3-State-Ausgang benutzt. Für das Lauflicht an den LED werden diese als Schiebekette geschaltet, und es wird mit jedem Takt ein 0-Signal durchgeschoben. Das Dreifach-NAND bildet das 0-Signal für den ersten Trigger, wenn die Ausgänge der ersten drei Trigger 1-Signal haben, das durchgeschobene 0-Bit also den letzten Trigger erreicht hat.

Diese Schaltungsidee ist noch kein Stromlaufplan. Die Darstellung ist noch unvollständig, da viele Details wie Spannungsversorgung und Taktbildung noch fehlen. Ebenso fehlt noch die Umsetzung auf der Basis realer Bauelemente mit Angabe des Typs und elektri-

[2] Die Erweiterung auf acht oder mehr Bit ist leicht möglich und kann zur individuellen Übung genutzt werden.

scher Eigenschaften. Es fehlen ebenfalls Referenzkennzeichnung, Zeichnungsrahmen und Schriftfeld.

2.3.1 Gestaltung und Inhalt

Der Stromlaufplan wird oft von Leiterplattenentwicklern in seiner Bedeutung unterschätzt und dessen korrekte Ausführung lediglich als Formalismus betrachtet. Jedoch spätestens bei der Fehlersuche oder bei einer Reparatur wird deutlich, wie wichtig ein vollständiger, korrekter und leicht verständlicher Stromlaufplan, der mit der tatsächlichen Baugruppe übereinstimmt, ist.

Der Stromlaufplan stellt Informationen über die Ausführung und die Wechselbeziehungen der Stromkreise eines Objektes (Gerät oder Anlage) bereit [DIN EN 61082-1].

Er ist die vollständige Darstellung einer Schaltung mit allen Schaltungselementen und Verbindungen. Er ist ein erläuternder Schaltplan, der die Wirkungsweise zeigt. ■

Gestaltung

Bei seiner Gestaltung ist die Übersichtlichkeit wichtiger als gerätetechnische oder räumliche Zusammenhänge (verteilte Darstellung). Er muss die Bauteile und ihr funktionales Zusammenwirken leicht nachvollziehbar darstellen, um die Wirkungsweise der Anlage in möglichst einfacher Weise erkennen zu lassen.

Der Stromlaufplan ist die wichtigste Planungsunterlage der Elektrotechnik. ■

Bild 2.25 zeigt den Stromlaufplan für einen Signalgenerator, der auf einem 8-Bit-Zähler, einem Digital-Analog-Wandler und einem Operationsverstärker beruht.

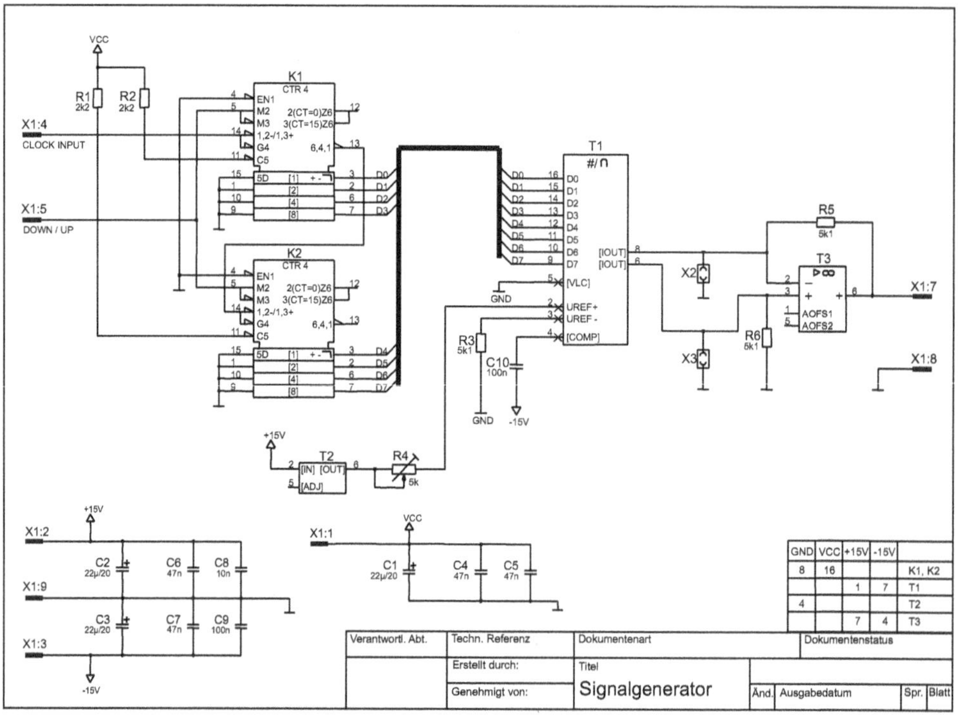

Bild 2.25 Stromlaufplan (Signalgenerator) [FRAN14]

Inhalt des Stromlaufplanes

Der Stromlaufplan ist die vollständige Darstellung einer elektrischen Schaltung mit allen Schaltungselementen. Zu den Pflichtbestandteilen eines Stromlaufplanes zählen:

- grafische Symbole für alle Bauteile und Funktionseinheiten,
- zugehörige Verbindungs- und Wirkungslinien,
- Kennzeichnung sämtlicher Bauteile und Funktionseinheiten,
- Anschlusskennzeichnungen an den Schaltzeichen,
- Schriftfeld mit den notwendigen Eintragungen.

Bei Bedarf kann der Stromlaufplan durch weitere Informationen ergänzt werden:

- zusätzliche zusammenhängende Darstellung von verteilt dargestellten Symbolen,
- Erläuterungen, technische Daten, Typenbezeichnungen und Signalnamen.

2.3.2 Anordnung der Stromkreise

Der Stromlaufplan ist die auf Stromwege verteilte Darstellung einer elektrischen Schaltung. Die Anordnung der Stromwege soll so übersichtlich erfolgen, dass die Wirkungsweise der Schaltung in möglichst einfacher Weise erkannt werden kann.

Die Signalflussrichtung muss von links nach rechts oder von oben nach unten verlaufen. Daraus resultiert, dass die Eingänge meist links und die Ausgänge rechts platziert werden. Die weitere Anordnung der Stromkreise ist von der Form der Spannungsversorgung abhängig.

Bei dem *Zweileitersystem* (z.B. 5-Volt-Gleichspannung) werden die beiden Leiter oberhalb und unterhalb des betreffenden Schaltungsteiles gezeichnet.

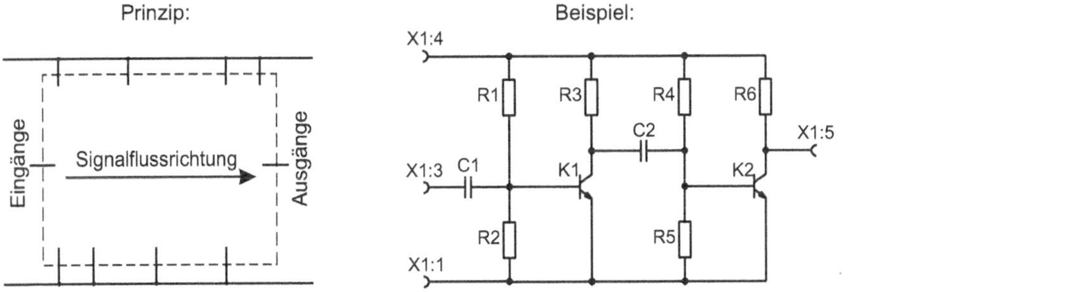

Bild 2.26 Zweileitersystem

Die *Spannungsversorgung von Schaltkreisen* kann direkt an das Schaltkreissymbol geführt werden. Meist wird die Versorgung jedoch getrennt vom Schaltzeichen unter Verwendung von Äquipotenzialen ausgeführt.

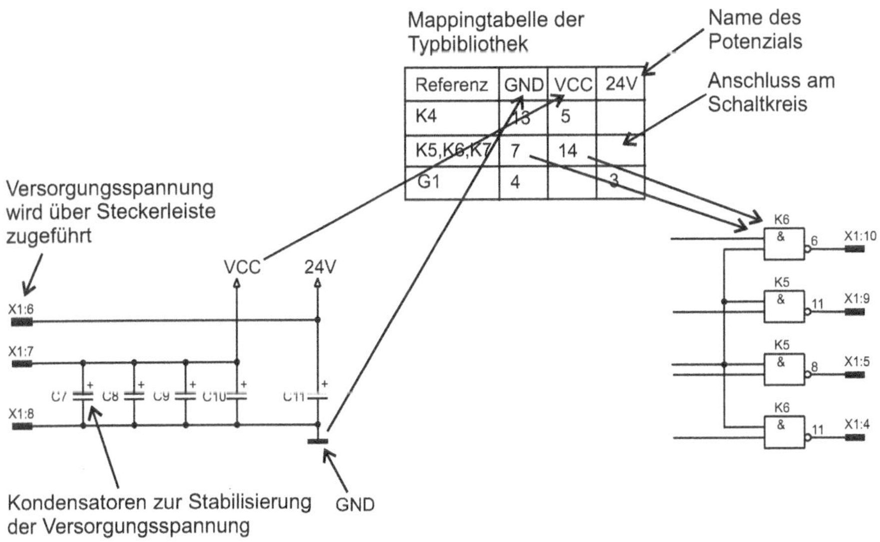

Bild 2.27 Spannungsversorgung von Schaltkreisen

Kern der Potenzialzuweisung ist die *Mappingtabelle* als Bestandteil der Typbibliothek. Mit ihrer Hilfe werden die im Stromlaufplan beschalteten Äquipotenziale über ihren Namen den entsprechenden Schaltkreisanschlüssen zugeordnet. Zur Vollständigkeit eines Stromlaufplanes gehören auch die Kondensatoren zum Stützen der Versorgungsspannung von digitalen Schaltkreisen.

2.3.3 Verteilte Darstellung

Die verteilte Darstellung wird für den Stromlaufplan bevorzugt, da sie übersichtlicher als andere Darstellungsformen ist. Symbole werden hier so angeordnet, dass die Stromwege leicht nachvollziehbar sind, wobei die klare und möglichst kreuzungsfreie Verbindungsführung Vorrang hat.

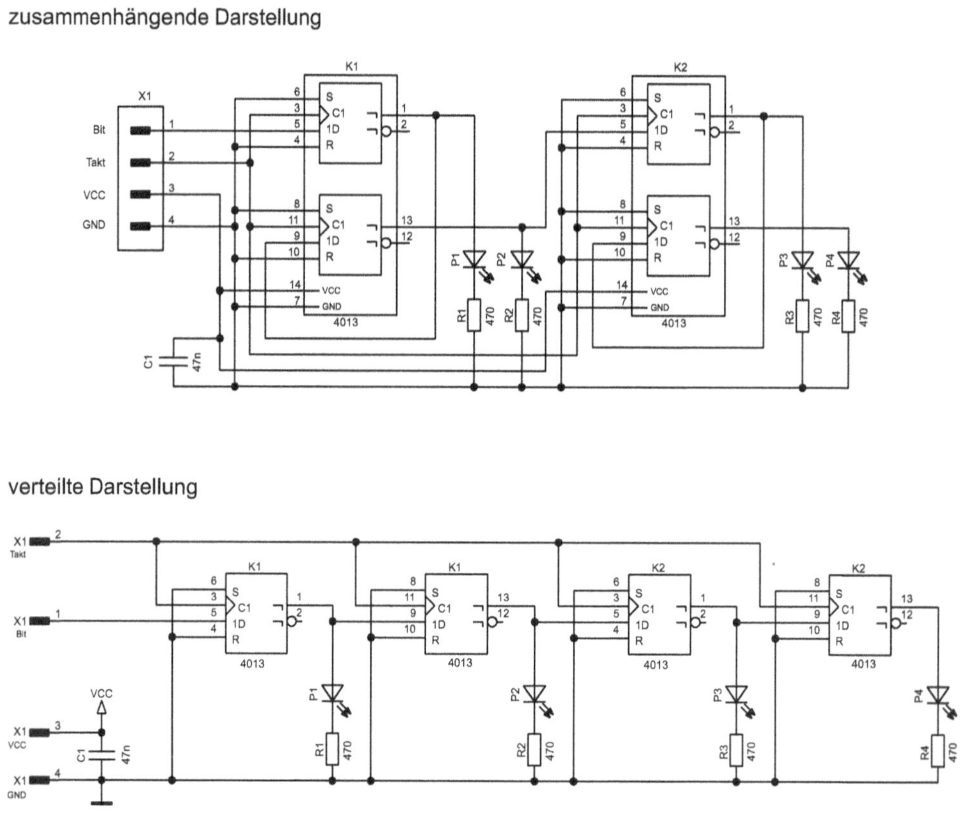

Bild 2.28 Gegenüberstellung von zusammenhängender und verteilter Darstellung

Bei verteilter Darstellung muss jedoch die Zusammengehörigkeit der im Stromlaufplan verteilten Symbole erhalten bleiben und darüber hinaus übersichtlich und leicht nachvollziehbar sein.

Die *Zusammengehörigkeit* der Symbole wird durch die gemeinsame Referenzkennzeichnung gewährleistet. Alle Teile des verteilt dargestellten Betriebsmittels haben deshalb das gleiche Referenzkennzeichen.

Zur Verbesserung der Übersichtlichkeit ist es weiterhin möglich, eine zusätzliche zusammenhängende Darstellung auf der Zeichnung anzugeben. Dafür sind besonders die Innenbeschaltungen von Schaltkreisen geeignet. Das wird zwar nur selten angewendet, erleichtert aber das Lesen der Schaltung, wenn selten benutzte Bauteile eingesetzt wurden.

2.3.4 Referenzkennzeichen

Für Konstruktion, Fertigung, Inbetriebnahme, Betrieb und Reparatur wird ein für alle Fachgebiete einheitliches Kennzeichnungssystem benötigt. Dieses System soll die funktionsbezogene, produktbezogene und ortsbezogene Strukturierung von Geräten und Anlagen ermöglichen. Durch die Einordnung in ein oder mehrere Strukturierungskriterien (Aspekte) können Anlagen, technische Einrichtungen und Bauteile sowie deren Darstellung in den Dokumenten eindeutig identifiziert werden.

Die Anwendung der Referenzkennzeichnung nach DIN EN IEC 81346 ermöglicht:

- **Kennzeichnungen von Bauteilen, Geräten und Anlagen,**
- **Strukturierungen nach unterschiedlichen Aspekten und**
- **Beziehungen zwischen Bauteilen im Gerät und in den Dokumenten.**

Im Rahmen der Konstruktion ist die Kennzeichnung von Bauteilen von besonderer Bedeutung, da mit deren Hilfe die Beziehung zwischen den Bauteilen im Gerät oder auf der Leiterplatte und den Symbolen im Stromlaufplan oder den Einträgen in der Stückliste hergestellt werden kann.

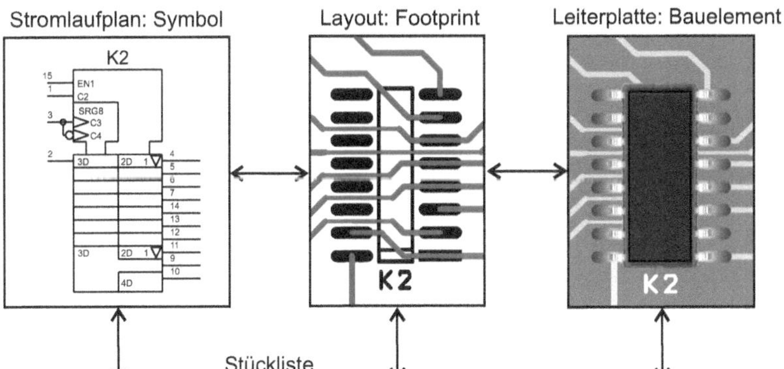

1 Stück	4094	648868	K2	

Bild 2.29 Bezugnahmen zwischen Schaltungsunterlagen und Leiterplatte

Die Referenzkennzeichnung, ergänzt durch die Anschlusskennzeichnung, erfolgt mit mehreren aspektbezogenen Teilen, wobei jeder Teil aus einem Vorzeichen und Datenstellen besteht. Zusätzlich ist die Anschlusskennzeichnung nach DIN EN 61666 möglich.

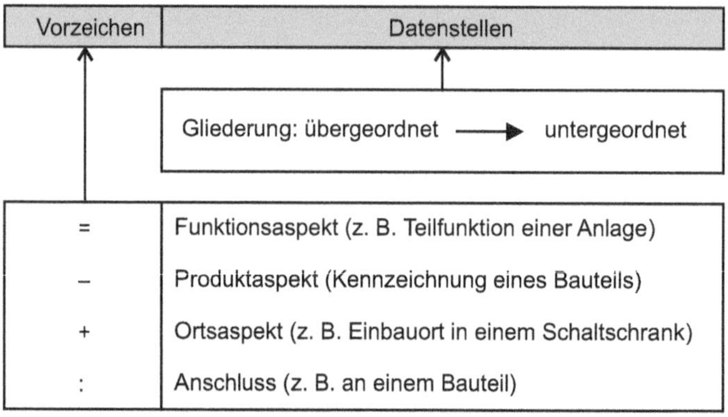

Bild 2.30 Aspekte der Referenzkennzeichnung und Anschlusskennzeichnung

Für den Leiterplattenentwurf sind jedoch lediglich der Produktaspekt und die Anschlusskennzeichnung von Bedeutung, weshalb nur diese beiden Kennzeichnungen näher erläutert werden.

Referenzkennzeichnung mit dem Produktaspekt

> **!** Eine Referenzkennzeichnung wird links neben oder über dem Schaltzeichen platziert, wobei die zweifelsfreie Zuordnung gesichert sein muss. ■

Bei Eindeutigkeit des Aspektes kann auf das Vorzeichen verzichtet werden. Dies ist besonders in den Unterlagen der Elektronik üblich, da hier nur mit dem Produktaspekt gearbeitet wird. Die Referenzkennzeichnung besteht damit noch aus dem Kennbuchstaben und einer Zählnummer.

Kennbuchstabe Zählnummer

Der *Kennbuchstabe* soll das Bauteil nach Zweck oder Aufgabe (inhärente Funktion) charakterisieren. Tabelle 2.4 enthält einige Kennbuchstaben, die für den Bereich der Elektrotechnik relevant sind.

Tabelle 2.4 Kennbuchstaben für die Klassifizierung nach Zweck und Aufgabe [DIN EN IEC 81346-2]

Kennbuchstabe	Zweck oder Aufgabe	Beispiele
B	Erfassung einer Eingangsvariablen zur Weiterverarbeitung	Sensor, Positionsschalter, Messwandler
C	Speichern von Energie oder Information	Kondensator, Arbeitsspeicher
E	Aussenden von Strahlung oder Wärmeenergie	Lampe zur Beleuchtung
F	direkter Schutz eines Energie- oder Signalflusses	Sicherung
G	Bereitstellen eines Energie- oder Signalflusses	Signalgenerator, elektrische Batterie
K	Verarbeitung von Signalen oder Informationen	Schaltrelais, Binärelement, Analogelement, Regler, Filter, Transistor
M	Ausübung von mechanischer Bewegung oder Kraft zu Arbeitszwecken	Elektromotor, Elektromagnet
P	Bereitstellung wahrnehmbarer Informationen	Signallampe, LED zur Anzeige, Amperemeter, Voltmeter
Q	kontrolliertes Schalten oder Variieren eines Energie- oder Signalflusses	Lastschütz, Leistungstransistor, Thyristor
R	Begrenzung oder Stabilisierung des Energie- oder Signalflusses	Widerstand, Diode, Drosselspule
S	Umwandlung einer manuellen Betätigung in ein Signal	Steuerschalter, Taster
T	Energie- oder Signalumwandlung unter Beibehaltung der Art	Transformator, Gleichrichter, Signalwandler, Verstärker
W	Leiten oder Führen von Signalen, Material oder Energie	Leitung, Lichtwellenleiter
X	Verbinden von Objekten	Stecker, Buchse, Klemme
A, I, O	darf nicht genutzt werden	
D, J, L, V, Y und Z	für spätere normative Festlegungen reserviert	

Einige der genannten Kennbuchstaben (z. B. R für Induktivität und Diode oder K für Transistor) sind sicher ungewöhnlich, aber hinsichtlich der Klassifizierung nach Zweck und Aufgabe zweifellos konsequent.

Es hat sich allerdings gezeigt, dass die Kennbuchstaben nach dieser DIN EN IEC 81346-2 in der Praxis des Leiterplattenentwurfes oft unbekannt sind und nur selten angewendet werden. Es existieren neben ungenormten Bezeichnungen (z. B. IC1, LED1) noch die Kennbuchstaben nach der zurückgezogenen DIN 40719-2. Aus diesem Grund werden im Folgenden diese Kennbuchstaben ergänzend noch angegeben.

Tabelle 2.5 Kennbuchstaben für die Art des Betriebsmittels [DIN 40719-2 (zurückgezogen)]

Kennbuchstabe	Bauteile
A	Baugruppe, Teilbaugruppe
B	Umsetzer elektrische in nichtelektrische Größen
C	Kondensator
D	binäres Element, Speicher
E	Beleuchtung, Sonstiges
F	Sicherung
G	Generator, Stromversorgung
H	Meldeeinrichtung
K	Relais
L	Induktivität, Drossel
M	Motor
N	Verstärker, Regler, Operationsverstärker
P	Mess- und Prüfeinrichtung
Q	Starkstromschaltgerät
R	Widerstand
S	Schalter, Taster
T	Transformator
U	Umsetzer zwischen elektrischen Größen, Modulator, Demodulator
V	Halbleiter, Transistor, Thyristor, Diode
W	Leitung, Antenne
X	Anschluss- und Steckverbindung, Klemmenleiste
Y	elektrisch betätigte mechanische Einrichtung
Z	Filter, Begrenzer

Mindestens sollte mit den Kennbuchstaben für die Referenzkennzeichnung systematisch umgegangen und eindeutige Kennzeichnungen verwendet werden, die nicht zu Verwechslungen oder Missverständnissen führen.

In den Schaltungsbeispielen dieses Buches werden die Kennbuchstaben nach DIN EN IEC 81346-2 angewendet.

Die *Zählnummer* soll zwischen mehreren Elementen mit gleichem Kennbuchstaben unterscheiden und sollte vorzugsweise von links oben nach rechts unten nummeriert vergeben werden, wobei das auf die Symboldarstellung im Stromlaufplan oder auf die Bestückung der Leiterplatte bezogen sein kann.

Zusätzlich können *technische Daten* oder *Typenbezeichnungen* in der Nähe des Schaltzeichens angegeben werden. Diese Bezeichnungen können unter der Referenzkennzeichnung oder unter dem Symbol stehen.

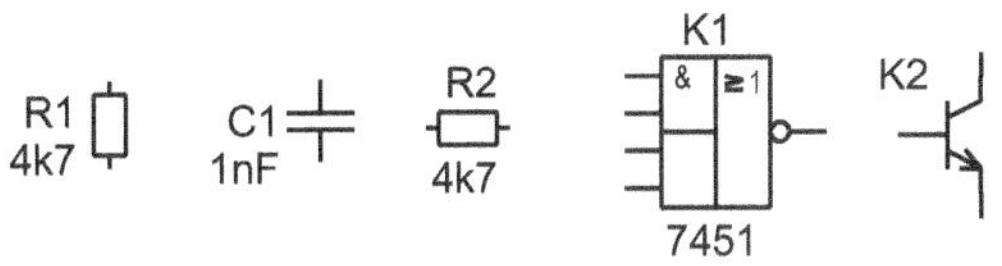

Bild 2.31 Beispiele für die Kennzeichnung von Schaltzeichen

2.3.5 Anschlusskennzeichnung

Bauteile haben in der Regel mehrere Anschlüsse mit unterschiedlichen Funktionen. Damit Verwechslungen ausgeschlossen sind, werden die Anschlüsse eindeutig gekennzeichnet.

: Anschlusskennzeichnung

Der Doppelpunkt an der Produkt-Anschlusskennzeichnung nach DIN EN 61666 kann entfallen, wenn er nicht als Trennzeichen benötigt wird und die Bezeichnung eindeutig als Anschlusskennzeichnung erkennbar ist. Dies ist der Fall, wenn die Kennzeichnung direkt am Anschluss eines Schaltzeichens im Stromlaufplan platziert ist.

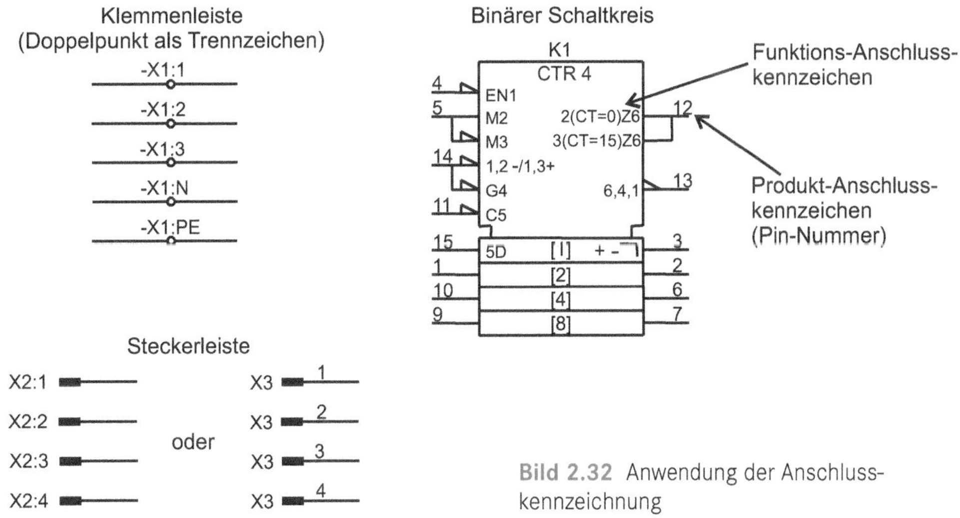

Bild 2.32 Anwendung der Anschlusskennzeichnung

Bei der Wahl der Anschlusskennzeichnung sollen vorzugsweise

- die auf den Bauteilen angegebenen Beschriftungen,
- die vom Hersteller zugeteilten Bezeichnungen (z. B. im Datenblatt) oder
- die in anderen Vereinbarungen getroffenen Regeln (z. B. Zählweise der Anschlüsse an einem Schaltkreis)

benutzt werden.

An Symbolen binärer oder analoger Schaltkreise wird oft zusätzlich zu dem hier beschriebenen produktbezogenen Anschlusskennzeichen ein funktionskennzeichnendes Anschlusskennzeichen vergeben (siehe Tabelle 2.2).

2.3.6 Angaben an Verbindungen

Es ist stets möglich, Verbindungslinien in den Schaltungsunterlagen der Elektrotechnik zu kennzeichnen, z. B. mit einer Signalkennzeichnung. Diese Kennzeichnung muss dann oberhalb von horizontalen bzw. links neben vertikalen Linien platziert sein.

Wenn eine Verbindungslinie über große Teile der Schaltung führt, darf sie unterbrochen werden. Gleichfalls werden die Linien unterbrochen, wenn sie Blattgrenzen überschreiten und die Potenziale oder Signale auf einem anderen Blatt fortgesetzt werden. In diesen Fällen muss die Verbindung gekennzeichnet werden.

Zur eindeutigen Bestimmung der Zusammengehörigkeit werden die beiden Abbruchstellen mit den gleichen Bezeichnungen versehen. Mögliche Formen dieser Bezeichnung sind

- Potenzialbezeichnungen (z. B. 15V, VCC, GND),
- Signalkennzeichnungen (z. B. Takt, Quittung) oder
- allgemeine alphanumerische Kodierungen (z. B. B3).

Existieren genormte Bezeichnungen, sollten diese bevorzugt werden.

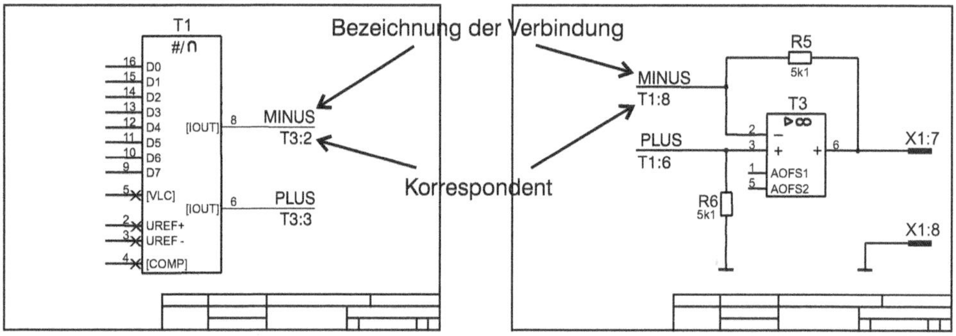

Bild 2.33 Verbindung über Blattgrenzen

Die Kennzeichnung kann bei Notwendigkeit durch die Angabe des jeweils anderen Korrespondenten ergänzt werden.

2.4 Stückliste

Die Stückliste ist ein vollständiges und genormtes Verzeichnis für eine Baueinheit, das alle zugehörenden Einzelteile unter Angabe von Referenzkennzeichnung, Anzahl, Bezeichnung und weiteren organisatorischen und technischen Daten enthält [ISO 7573].

Stückliste als Bestellunterlage

Je Zeile der Liste sind in diesem Fall alle Einzelteile gleichen Typs mit Mengenangabe enthalten. Die Sortierung erfolgt nach organisatorischen Gesichtspunkten, z. B. nach dem Lieferanten.

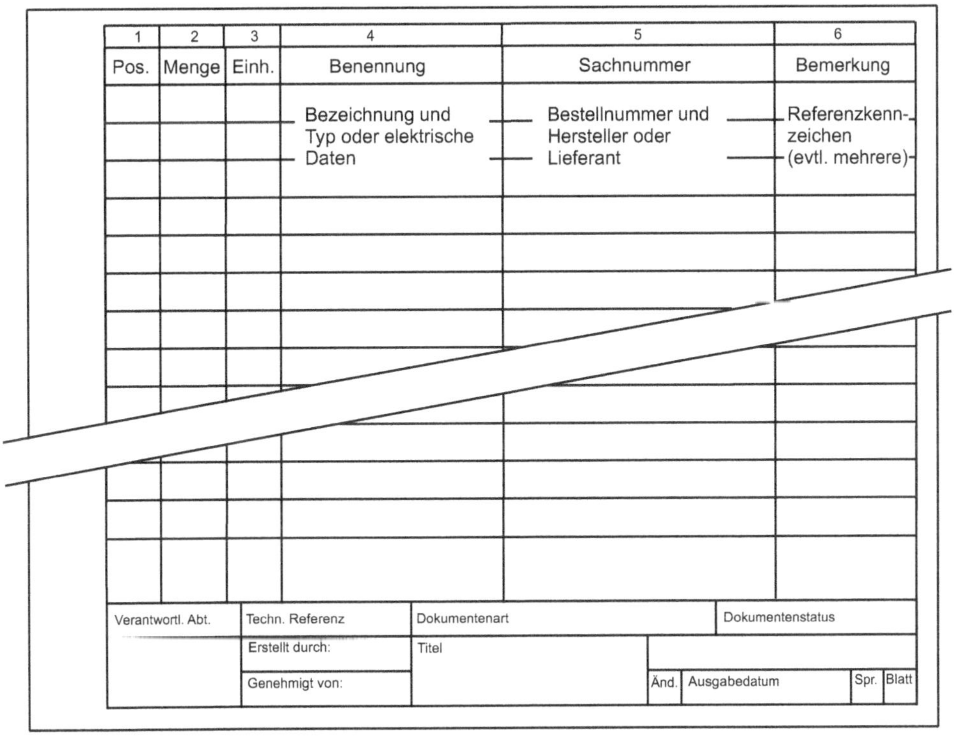

Bild 2.34 Stückliste als Bestellunterlage

Die Reihenfolge der Spalten kann auch anders gewählt werden. Nicht benötigte Spalten können entfallen oder durch andere Inhalte ersetzt werden. Damit lässt sich die Stückliste flexibel an unterschiedliche Anforderungen anpassen.

Wegen der Zusammenfassung aller Einzelteile gleichen Typs in einer Zeile müssen in Spalte 6 mehrere Referenzkennzeichnungen eingetragen werden. Das Sortieren der Stückliste nach dem Referenzkennzeichen ist deshalb nicht möglich, was die Suche nach einem bestimmten Teil in umfangreichen Listen erschwert. Aus diesem Grund werden oft weitere oder andere Listen erzeugt, die eine solche Sortierung erlauben.

Stückliste als Ergänzung des Stromlaufplanes

Es wird je Zeile der Liste nur ein Bauteil mit seiner Referenzkennzeichnung genannt, eine Mengenangabe ist überflüssig. Die Sortierung nach der Referenzkennzeichnung ist damit möglich, weshalb die Bauteilliste besser als Ergänzung insbesondere zum Stromlaufplan geeignet ist.

1	2	3	4
Referenz	Benennung	Footprint	Bemerkung
	Leiterplatte		
C1	47µF/10V	SMD_6032	
C2	47nF	SMD_0805	
K1	4093	SO14	
K2	4094	SO16	
P1	SMD-LED rot	SMD_0805_KA	
P2	SMD-LED rot		
P3		SMD_0805	
	270	SMD_0805	
R5	270	SMD_0805	
R6	1k2	SMD_0805	
X1	Anschluss	X_2POLS_DIREKT	

Verantwortl. Abt.	Techn. Referenz	Dokumentenart	Dokumentenstatus
	Erstellt durch:	Titel	
	Genehmigt von:	Lauflicht	Änd. Ausgabedatum Spr. Blatt

Bild 2.35 Stückliste zur Ergänzung des Stromlaufplanes (Lauflicht)

> In der Elektrokonstruktion werden vorzugsweise die Formate A3 (evtl. mit Faltung auf das Ablageformat A4) und A4 benutzt.
>
> Für das Schriftfeld gibt es eine Form, die die Belange der Elektrotechnik berücksichtigt.
>
> Es wird in schwarzer Farbe in überwiegend einheitlicher Linienbreite gezeichnet. Mit von der schmalen Volllinie abweichenden Linienarten werden besondere Eigenschaften dargestellt.

Schaltzeichen (Symbole oder andere Grafiken) stellen die elektrische Funktion der Bauteile dar.

Alle Schaltzeichen erhalten eine Referenzkennzeichnung. Der Produktaspekt setzt sich aus dem Kennbuchstaben für die Funktion des Bauteiles und einer Zählnummer zusammen. Für den Kennbuchstaben existieren genormte Vorgaben.

Anschlüsse erhalten eine Anschlusskennzeichnung.

Der *Stromlaufplan*

- ist ein erläuternder Schaltplan und soll die Wirkungsweise übersichtlich zeigen,
- beinhaltet die vollständige Darstellung mit allen Elementen und Verbindungen,
- nutzt die verteilte Darstellung der Bauteile.

Die Energie- oder Signalflussrichtung verläuft von links nach rechts oder von oben nach unten.

Die Zusammengehörigkeit verteilt dargestellter Bauteile wird durch das gleiche Referenzkennzeichen an allen Bestandteilen erreicht.

Die *Stückliste* ist das Verzeichnis aller Einzelteile einer Baugruppe. Sie dient als Bestellunterlage oder ergänzt die Schaltungsunterlagen mit technischen Daten und Bestellinformationen.

■

Bild 2.36 zeigt die Anwendung der Gestaltungshinweise für das kleine Beispiel Lauflicht (Bild 2.24), welches durchgängig die Leiterplattenentwicklung bis zur fertigen Baugruppe illustrieren soll[3]. Ausgehend von der Schaltungsidee wurde der Schaltplan mit Spannungsversorgung, Taktbildung und Anschlüssen vervollständigt. Die zunächst noch fiktiven Bauteile wurden durch reale Bauteile ersetzt, wobei anstelle der vier D-Trigger eine Schiebekette eingesetzt und das NAND3 durch mehrere NAND2 nachgebildet wurde. Die Erweiterung auf acht Bit ist damit noch leichter möglich.

Die kleine Tabelle, die sich links unten auf dem Blatt befindet, zeigt die Verbindung der Potenziale mit den nicht sichtbaren Versorgungsanschlüssen der Schaltkreise. Diese Information befindet sich in der Mappingtabelle (Bild 2.22) und ist im Stromlaufplan sonst nicht sichtbar.

Bild 2.35 zeigt eine von mehreren Möglichkeiten für die Gestaltung der Stückliste für dieses Beispiel.

Im folgenden Kapitel werden Leiterplatten hinsichtlich ihres Aufbaus und die Gehäuseformen typischer Bauelemente beschrieben. Vorher sollten aber noch die folgenden Aufgaben bearbeitet werden.

---

[3] Es ist leicht möglich, das Lauflicht auf acht Bit und mit weiteren Schiebeketten auch darüber hinaus zu erweitern. Dies könnte eine Aufgabe für die individuelle Übung sein.

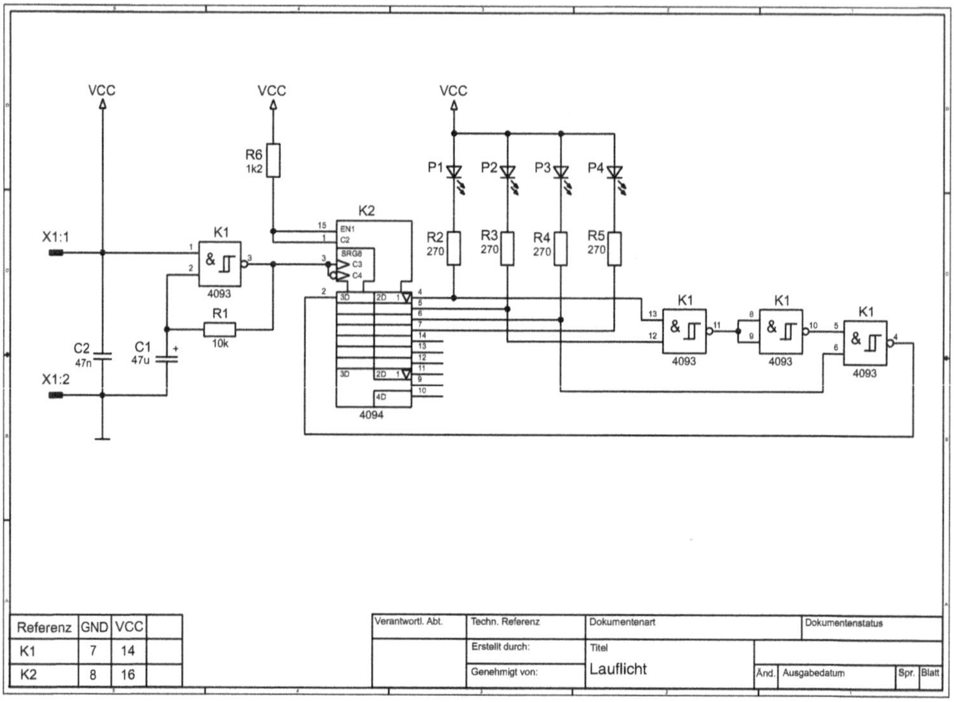

Bild 2.36 Stromlaufplan (Beispiel Lauflicht) [FRAN14]

Aufgabe 2.1

Nennen Sie die Grundsätze des Formatsystems.

Aufgabe 2.2

Erläutern Sie jeweils den grundsätzlichen Aufbau eines Symbols für ein binäres und für ein analoges Element. Geben Sie je ein Beispiel für ein binäres oder analoges Element an.

Aufgabe 2.3

Fassen Sie folgende Darstellungen durch Kombination von Elementen zu je einem Block zusammen. Unter welchen Bedingungen ist eine solche Zusammenfassung zulässig?

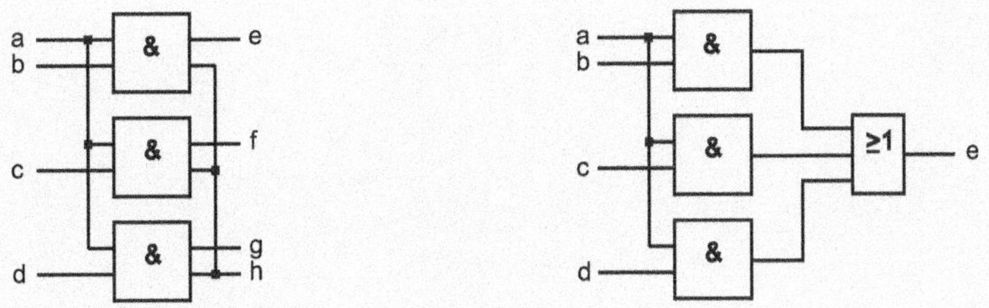

Bild 2.37 Aufgabe 2.3

Aufgabe 2.4

Nennen Sie unter Beachtung der angegebenen Abhängigkeiten die Funktion des Anschlusses an Pin 5. Beachten Sie dabei auch die Ausgänge.

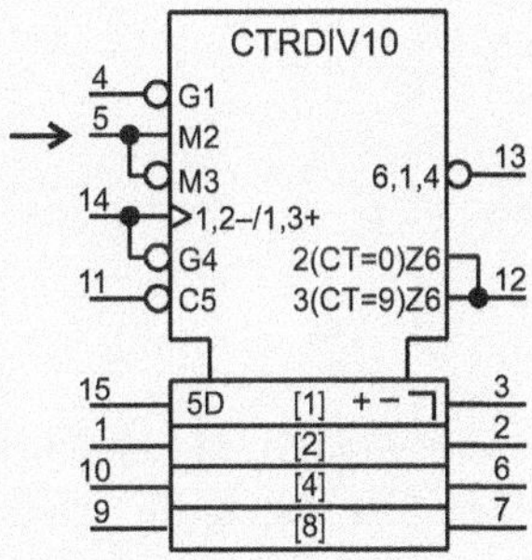

Bild 2.38 Aufgabe 2.4

Aufgabe 2.5

Welche Bibliotheken müssen zur Beschreibung von Bauelementen in einem Layoutsystem enthalten sein? Warum erfolgt diese Einteilung?

Aufgabe 2.6

Warum wird im Stromlaufplan die verteilte Darstellung bevorzugt? Durch welche Maßnahmen wird in umfangreichen Schaltungsunterlagen der Zusammenhang zwischen den Komponenten eines verteilt dargestellten Schaltkreises hergestellt?

Aufgabe 2.7

Erläutern Sie die Aufgabe der Referenzzeichnung in einem Stromlaufplan.

3 Aufbauprinzipien

In diesem Kapitel wird die Baugruppe, bestehend aus strukturierter Leiterplatte und aufgelöteten Bauelementen beschrieben. Die Schwerpunkte sind der Aufbau der Leiterplatte und die verwendeten Bauelemente hinsichtlich ihrer geometrischen Eigenschaften. Zusätzlich werden die Wärmeableitung und die Dimensionierung eines Kühlkörpers dargestellt.

3.1 Leiterplatten

Der bekannteste und am häufigsten eingesetzte Träger einer elektronischen Schaltung (Schaltungsträger) ist die Leiterplatte. Eine Leiterplatte[1] besteht aus strukturierten Metallschichten - den Leitern - für die elektrischen Verbindungen und einem Isolierstoffträger für die mechanische Funktion. Der Isolierstoffträger kann starr, zusammengesetzt aus Trägermaterial und Bindemittel oder flexibel sein.

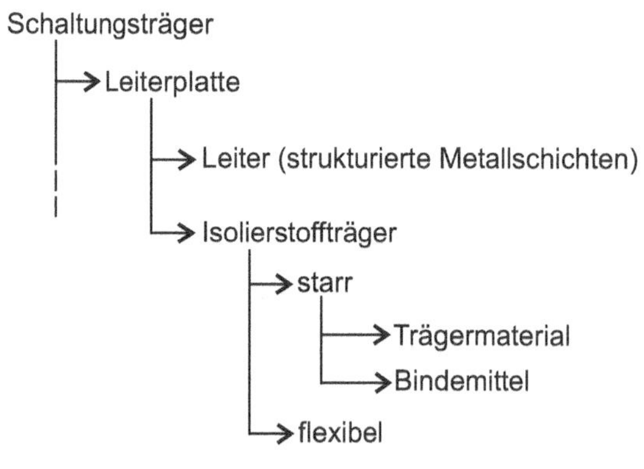

Bild 3.1 Komponenten einer Leiterplatte

[1] Auch: gedruckte Schaltung, Printed Circuit Board (PCB), Printed Wiring Board (PWB)

Mit der technischen Entwicklung der Schaltungsträger bekommen die Komponenten zunehmend weitere Funktionen. So enthält eine Leiterplatte auch optische Signalwege oder der Isolierstoffträger muss zur Wärmeableitung beitragen. Damit enthalten moderne Leiterplatten mehr als nur elektrische Leiter. Sie können außerdem dreidimensional geformt sein, womit sie auch keine „Platte“ mehr sind. Dennoch hat sich der Begriff „Leiterplatte“ etabliert und soll auch hier weiterhin benutzt werden.

3.1.1 Materialien für Leiterplatten

Leiter

Für die Leiter wird Kupfer hoher Reinheit in Materialstärken von 17 µm, 35 µm oder 70 µm verwendet. Je nach Anwendungsfall sind auch kleinere oder größere Materialstärken (z. B. Dickkupfer) möglich.

Für die Breite der Leiter und weitere Maßangaben auf der Leiterplatte wird häufig die Maßeinheit „mil“ benutzt.

1 mil = 1/1000" = 0,0254 mm = 25,4 µm

Aus technologischen Gründen sind Leiterbreiten ab 2 mil, für Standardanwendungen ab 4 mil möglich.

Isolierstoffträger

Der *starre Isolierstoffträger* ist ein Schichtpresswerkstoff, bestehend aus einem Trägermaterial und Bindemittel.

Tabelle 3.1 Isolierstoffträger

Trägermaterial	Bindemittel
Hartpapier	Phenolharz
Glasgewebe	Epoxydharz
Glasmatte	Polyesterharz
Polyamidgewebe	Polyimidharz
PTFE-Gewebe u. a.	PTFE[1] u. a.

[1] Polytetrafluorethylen

Unterschiedliche Kombinationen der beiden Materialien führen zu Isolierstoffträgern mit unterschiedlichen Eigenschaften. Zur Benennung der bekanntesten Arten wird die FR[2]-Klassifizierung nach NEMA[3] [IPC-4101C] benutzt.

2) Flame resistant

3) National Electrical Manufacturers Association

Tabelle 3.2 Beispiele starrer Isolierstoffträger

Klassifizierung	Trägermaterial	Bindemittel	Eigenschaft
FR1	Hartpapier	Phenolharz	mechanische Anwendungen
FR2	Hartpapier	Phenolharz	veraltet
FR3	Hartpapier	Epoxydharz	leicht mechanisch bearbeitbar
FR4	Glasgewebe	Epoxydharz	Standardmaterial
FR5	Glasgewebe	Epoxydharz	höhere Temperaturbeständigkeit

FR4 ist das am häufigsten eingesetzte Material für den starren Isolierstoffträger.

Flexible Isolierstoffträger werden zur elastischen Verbindung von zwei oder mehreren starren Leiterplatten verwendet. Diese Anordnung wird dann als starrflexible Leiterplatte bezeichnet. Das typische Material für den flexiblen Isolierstoffträger ist Polyimidharz.

3.1.2 Lagenzahl

Die *einseitige Leiterplatte* ist die einfachste Form eines Schaltungsträgers. Sie erfordert bei der Layoutentwicklung die vollständige Kreuzungsfreiheit der Leiter. Lediglich das Kreuzen unter Bauelementen ist möglich. Einseitige Leiterplatten sind wegen der Kupferkaschierung auf nur einer Seite weniger stabil und neigen zur Verformung.

Bei der *doppelseitigen Leiterplatte* können die beiden Seiten mittels Durchkontaktierungen[4] miteinander verbunden werden. Damit sind Leiterkreuzungen unter Nutzung der zweiten Leiterebene möglich.

Mehrlagen-Leiterplatten (Multilayer) enthalten weitere Leiterbahnen im Inneren sowie Durchkontaktierungen durch den gesamten Lagenaufbau oder auch nur zwischen einzelnen Lagen.

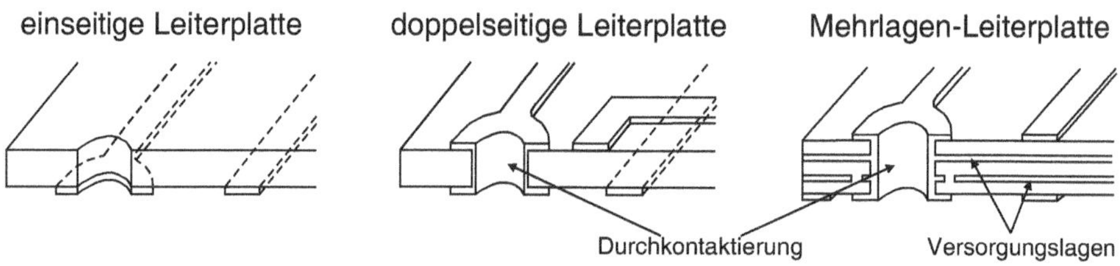

Bild 3.2 Arten von Leiterplatten

Dabei ist es besonders vorteilhaft, die Masse- und Stromversorgungspotenziale in Form von Versorgungslagen im Inneren des Multilayers zu gestalten.

4) Auch: via (lat.) – Weg

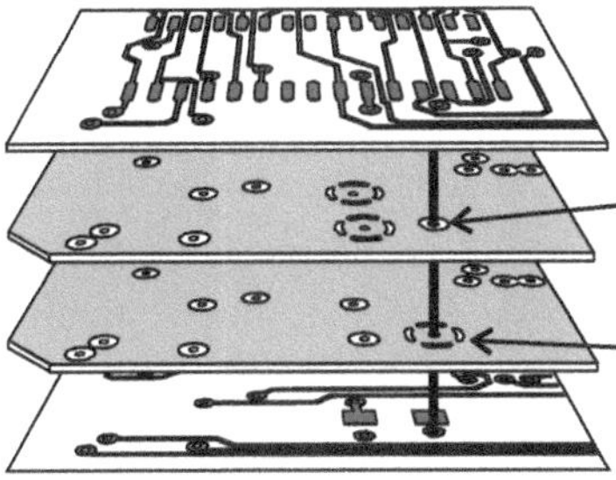

Bild 3.3 Multilayer mit zwei Versorgungslagen

Die Versorgungslagen führen im Standardfall nur je ein Potenzial und müssen deshalb nicht in Leiter strukturiert werden. Sie können flächig als Plane-Layer ausgeführt sein und enthalten lediglich Aussparungen für Durchkontaktierungen ohne Verbindung und Wärmefallen[5] für Durchkontaktierungen mit Verbindung zur betreffenden Versorgungslage.

3.2 Weitere Schaltungsträger

Auch wenn die Leiterplatte der am häufigsten eingesetzte Schaltungsträger ist und deshalb im Mittelpunkt dieses Lehrbuches steht, haben sich für unterschiedliche Anwendungsfälle auch andere Aufbauten als Schaltungsträger etabliert. Die wichtigsten Varianten werden ergänzend vorgestellt.

3.2.1 Hybrid-Schaltkreise

Ein Hybrid-Schaltkreis ist die technische Realisierung einer elektronischen Schaltung auf einem Trägersubstrat, auf das Leiterbahnen und passive Funktionselemente (z. B. Widerstände) in Schichttechnik aufgebracht werden und das mit diskreten Bauelementen und/oder integrierten Bausteinen (nackt oder gehäust) bestückt ist.

Der Schichtenaufbau kann sowohl in Dickschichttechnik als auch in Dünnschichttechnik erfolgen. Wegen ihrer einfachen und kostengünstigen Technologie wird die Dickschichttechnik deutlich häufiger eingesetzt. Die Dünnschichttechnik mit Schichtdicken bis 1 µm erlaubt dagegen größere Genauigkeiten, kleinere Strukturen und eine bessere Parameterkonstanz.

Dickschichttechnik

Auf das Basismaterial aus Keramik werden Leiter und Widerstände in Form von Edelmetallpasten im Siebdruckverfahren additiv aufgebracht. Jede Schicht wird nach ihrem Auf-

[5] Thermische Entkopplung der Durchkontaktierung von der Kupferfläche

trag getrocknet und eingebrannt. Damit der Wert des in Schichttechnik aufgebrachten Widerstandes korrekt ist, erfolgt dessen Abgleich durch Lasertrimmen[6]. Mit passend platzierten Isolierschichten dürfen sich Leiter auch kreuzen. Isolationen und Dielektrika werden ebenfalls im Siebdruckverfahren aufgebracht und bestehen meist aus einem Kunststoff.

Die oberste Schicht wird als Montage- und Kontaktebene zur Aufnahme diskreter Bauteile, integrierter Schaltkreise oder Halbleiterchips vorbereitet. Die Kontaktierung kann durch Löten oder Drahtbonden erfolgen.

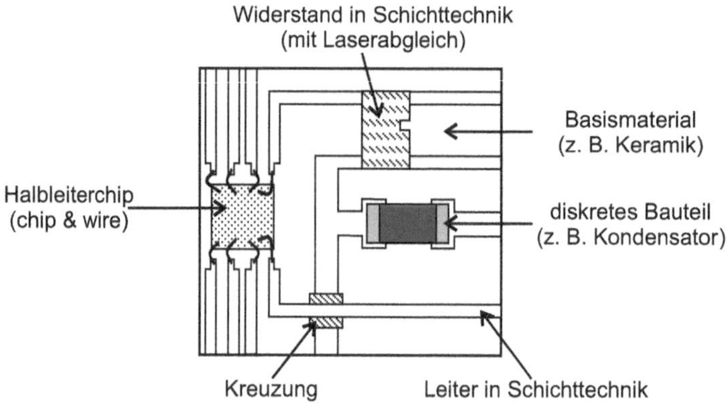

Bild 3.4 Hybrid-Schaltkreis in Dickschichttechnik

Dünnschichttechnik

Als Basismaterial wird vorzugsweise Keramik hoher Reinheit oder Glas eingesetzt. Die Schaltung entsteht darauf aus aufeinanderfolgenden Leit- und Isolationsschichten, die zunächst ganzflächig aufgebracht und nachfolgend strukturiert werden (semi-additiv). Die Leitschichten werden in einem Verdampfungs- oder Sputter[7]-Verfahren aufgetragen, was sehr homogene dünne Schichten ermöglicht. Die Isolationsschichten werden mit Kunststoff durch Schleudern oder Sprühen erzeugt. Öffnungen in der Isolationsschicht ermöglichen die Gestaltung von Durchkontaktierungen. Die oberste Schicht kann zur Aufnahme von Bauteilen aufbereitet werden.

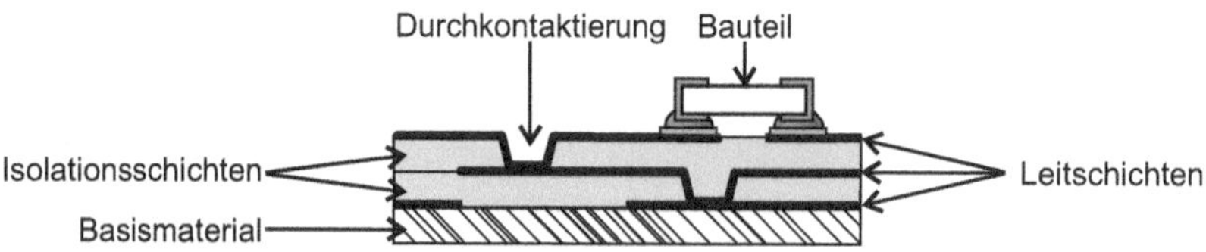

Bild 3.5 Hybrid-Schaltkreis in Dünnschichttechnik

[6] Mit einem fokussierten Laserstrahl erfolgt ein Einschnitt in das Widerstandsmaterial, um den Querschnitt des Widerstandes zu verringern und damit den Wert des Widerstandes zu erhöhen.

[7] Physikalischer Vorgang, bei dem mit energiereichen Ionen aus einem Material Atome herausgeschlagen werden, die sich danach auf dem Basismaterial absetzen

Cofired Ceramic

Diese besondere Form des Keramik-Schaltungsträgers basiert auf Folien ungebrannter Keramik. Diese Folien lassen sich für Durchkontaktierungen mechanisch oder mit Laser bearbeiten und es können Leiter und passive Bauteile (z. B. Widerstände) in Schichttechnik aufgebracht werden. Diese Folien werden danach gestapelt und gebrannt. Je nach Brenntemperatur wird zwischen *Low Temperature Cofired Ceramics* (LTCC, ca. 850 °C) und *High Temperature Cofired Ceramics* (HTCC, ca. 1800 °C) unterschieden.

Damit ist es möglich, durchkontaktierte Mehrlagen-Schaltungsträger auf Keramikbasis zu fertigen.

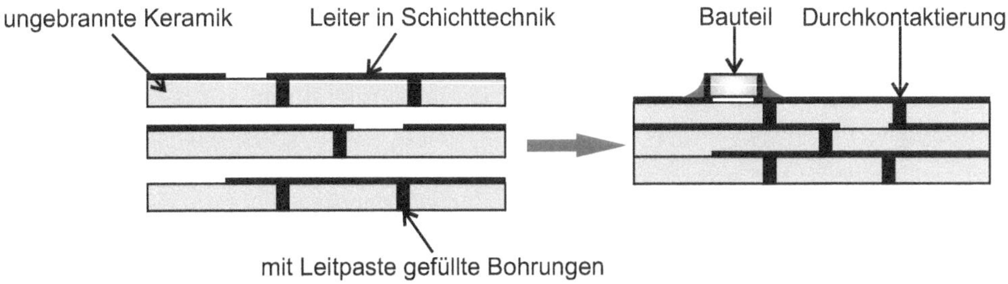

Bild 3.6 Schaltungsträger als Cofired Ceramic

3.2.2 Multi Chip Modul (MCM)

Multi Chip Module sind Strukturen, die mehrere Halbleiterchips über einen gemeinsamen Schaltungsträger miteinander und mit der Umgebung verbinden. Zusätzlich können diskrete Bauteile und gehäuste integrierte Schaltkreise vorhanden sein.

Diese Anordnung erhält ein Bauteilgehäuse oder eine andere geeignete Abdeckung. Damit das MCM vielfältig anwendbar ist und damit höhere Stückzahlen in der Fertigung möglich werden, hat es häufig hundert oder mehr Anschlüsse. Dafür sind Ball Grid Arrays besonders geeignet (siehe auch Bild 3.20).

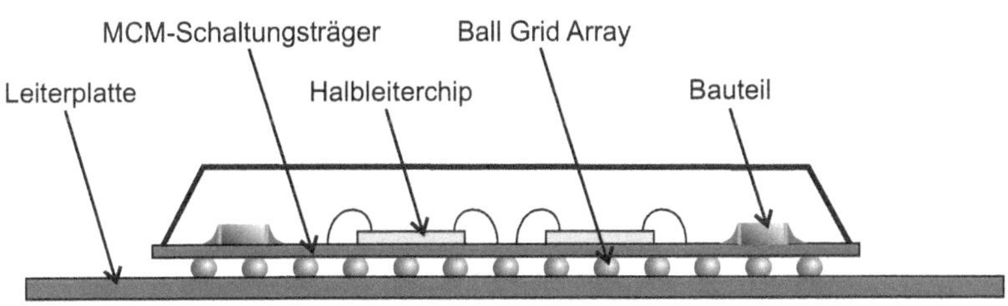

Bild 3.7 Multi Chip Modul

Je nach Aufbau können verschiedene Arten von Multi Chip Modulen unterschieden werden. Beispiele dafür sind:

- *MCM-L (Laminat)* auf Basis einer Leiterplatte,
- *MCM-C (Ceramic)*, z. B. als Cofired Ceramic,
- *MCM-D (Deposit)* mit Dünnschichttechnik.

3.2.3 Dreidimensionale Schaltungsträger

Für höhere Packungsdichten und für vielfältigere Anwendungsmöglichkeiten bietet es sich an, die Schaltungsträger nicht nur flach (zweidimensional), sondern unter Nutzung der Höhe zu gestalten. Dies kann durch Stapeln der Bauteile oder mehrerer Schaltungsträger, aber auch durch dreidimensionales Formen des Schaltungsträgers geschehen.

Die *3D-Molded Interconnect Devices* (3D-MID) stellen eine interessante Möglichkeit für dreidimensionale Schaltungsträger dar. Sie sind spritzgegossene räumliche Schaltungsträger aus hochtemperaturfestem Thermoplast mit integriertem Leiterbild. Die Integration des Leiterbildes in den Schaltungsträger, der gleichzeitig das Gehäuse der Baugruppe sein kann, ermöglicht die Kombination mechanischer und elektrischer Funktionen in ein Bauteil und eröffnet so neue Möglichkeiten der Produktgestaltung.

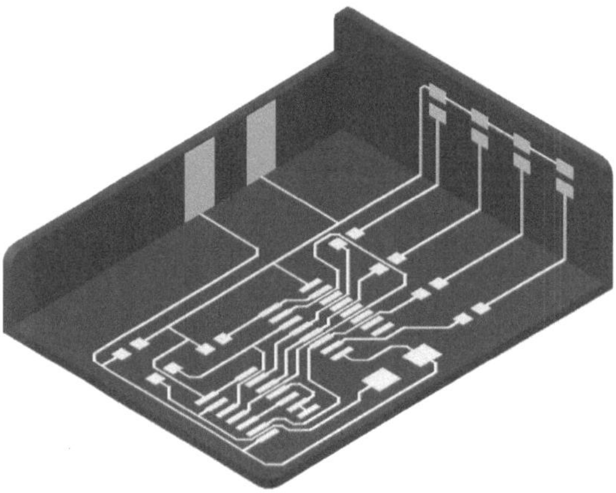

Bild 3.8 Dreidimensionaler Schaltungsträger

Die Fertigung der dreidimensionalen Schaltungsträger stellt hohe Anforderungen an den verwendeten Kunststoff, die Entwurfsverfahren und die eingesetzten Technologien:

- Der Kunststoff für den Schaltungsträger muss einerseits hochtemperaturfest sein, damit Bauteile aufgelötet werden können, und er muss sich andererseits thermoplastisch verformen lassen.
- Für dreidimensionale Schaltungsträger muss auch das Layout dreidimensional entworfen werden. Die Fertigungsdaten müssen ebenfalls dreidimensional vorliegen.
- Der Pastenauftrag für Klebstoff und Lotpaste und das Bestücken der Bauteile muss dreidimensional möglich sein. Beim Löten müssen alle Bereiche des Schaltungsträgers ohne Überhitzungen erwärmt werden.

3.3 Bauelemente

Die Bauelemente werden in diesem Kapitel hinsichtlich ihrer Gehäuseform und ihrer Anschlussgeometrie beschrieben. Besonders für die Gestaltung der Footprint-Daten sind Größe, Form und Position der Anschlüsse von zentraler Bedeutung.

Wegen der großen Vielfalt sind in den folgenden Übersichten nur die wichtigsten Gehäuseformen exemplarisch vertreten. Für eine gute Erkennbarkeit werden die Gehäuse möglichst groß dargestellt und sind zueinander nicht maßstäblich.

Zunächst wird zwischen *Bauelementen für Durchsteckmontage* und *Bauelementen für Oberflächenmontage* unterschieden.

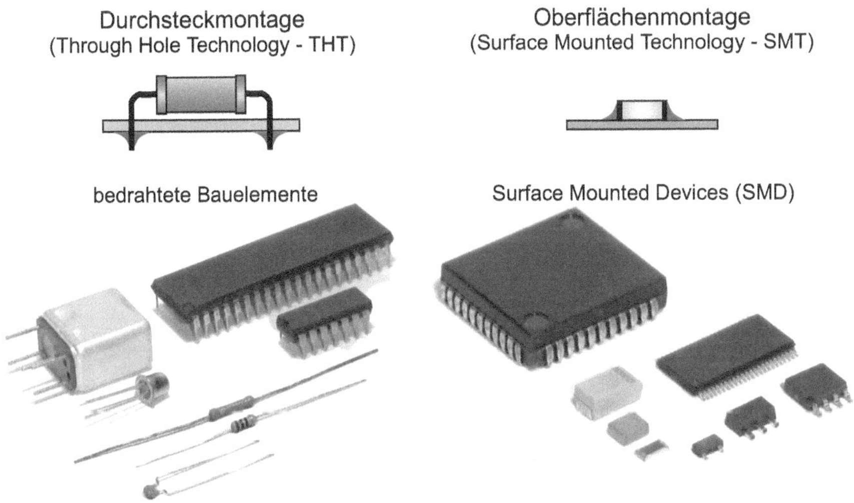

Bild 3.9 Montagevarianten für Bauelemente

3.3.1 Bauelemente für Durchsteckmontage

Die Anschlüsse dieser Bauelemente werden durch passende Bohrungen in der Leiterplatte geführt und auf der gegenüberliegenden Seite gelötet. Damit ergeben sich für die Leiterplatte eine Bauteilseite und eine Lötseite.

Axiale Anschlüsse müssen vor der Weiterverarbeitung passend gebogen werden. Für die industrielle Fertigung werden vor dem Bestücken axiale und radiale Anschlussdrähte gekürzt.

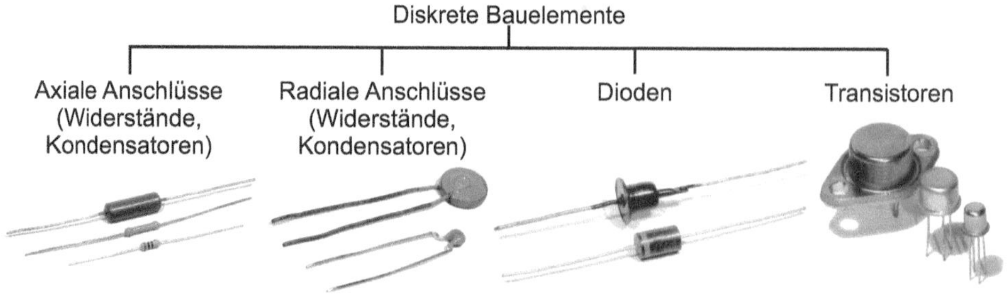

Bild 3.10 Diskrete Bauelemente für Durchsteckmontage

Die Anschlüsse von Schaltkreisen sind in einer, meistens aber zwei Reihen an den Längsseiten des Gehäuses angeordnet. Bei größeren Anschlusszahlen, z. B. an Prozessoren, kann auch die gesamte Fläche unter dem Bauelement genutzt werden.

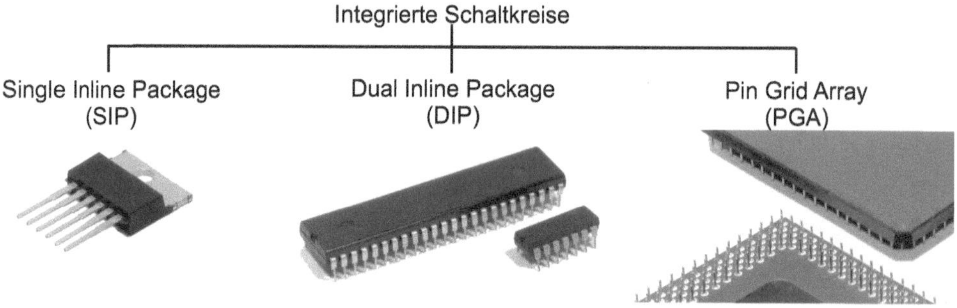

Bild 3.11 Integrierte Schaltkreise für Durchsteckmontage

Die Bedeutung der Durchsteckmontage ist rückläufig und wird durch die Oberflächenmontage ersetzt.

3.3.2 Bauelemente für Oberflächenmontage

Die auf der Oberfläche montierten Bauelemente (Surface Mounted Devices - SMD) werden auf der gleichen Seite der Leiterplatte platziert und gelötet. In diesem Fall können die Anschlüsse und die Lötflächen kleiner gestaltet werden, womit das Bauelement auf der Leiterplatte weniger Platz beansprucht. Zusätzlich sind beide Seiten der Leiterplatte für die Montage der SMD verfügbar, was höhere Packungsdichten ermöglicht. Die Unterscheidung zwischen Bauteilseite und Lötseite ist damit nicht mehr sinnvoll und wird durch oben (Top-Layer) und unten (Bottom-Layer) ersetzt.

Diskrete Bauelemente

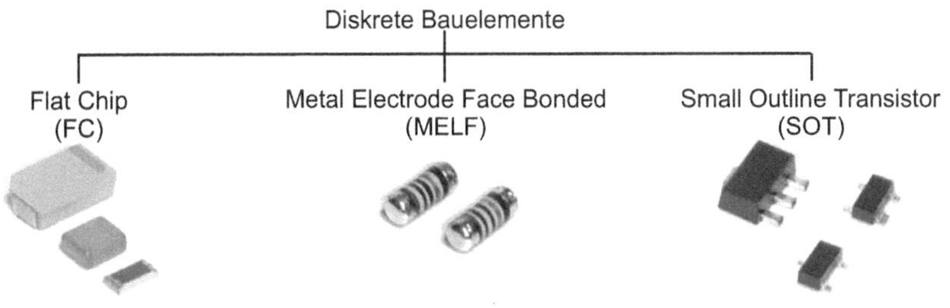

Bild 3.12 Diskrete Bauelemente als SMD

Die Bauform *Flat Chip (FC)* ist für Widerstände und Kondensatoren typisch. Für die Baugröße wird ein vierstelliger Zifferncode in der Form LLBB, der die Länge (L) und die Breite (B) beinhaltet, genutzt. Die Höhe ist nicht enthalten. Dieser Code kann sowohl metrisch als auch in Zoll gebildet werden, wobei die Angabe in Zoll gebräuchlicher ist.

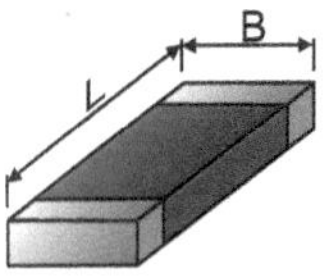

Zifferncode (Zoll) LLBB	Baugröße (L x B) Zoll	mm
0402	.04" x .02"	1.0 x 0.5
0504	.05" x .04"	1.3 x 1.0
0603	.06" x .03"	1.5 x 0.8
0805	.08" x .05"	2.0 x 1.3
1005	.10" x .05"	2.5 x 1.3
1206	.12" x .06"	3.0 x 1.5
1210	.12" x .10"	3.0 x 2.5

Bild 3.13 Flat Chip - FC

Ein Bauelement mit der Bezeichnung 0805 hat damit die Abmessungen 0,08 Zoll × 0,05 Zoll, was einer ungefähren Größe von 2,0 mm × 1,3 mm entspricht.

Die Bauform *Metal Electrode Face Bonded (MELF)* ist zylindrisch und wird vorrangig für Dioden, aber auch für Widerstände und Kondensatoren eingesetzt.

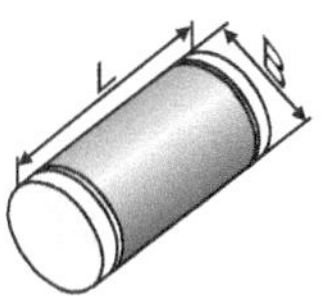

Dioden		Widerstände Kondensatoren	
MiniMELF	L x B (mm)		L x B (mm)
SOD 80	3,5 x ø 1,6	0805	2.0 x ø 1.3
SOD 87	3,5 x ø 2,5	1206	3.0 x ø 1.5
		1406	3.6 x ø 1.5
MELF	L x B (mm)		
SM1	5,0 x ø 2,5		

Bild 3.14 Metal Electrode Face Bonded - MELF

Small Outline Transistor (SOT) ist die typische Bauform für Transistoren. Je nach der zulässigen Verlustleistung und der Anschlusszahl (3 oder 4) wird zwischen mehreren SOT-Bauformen unterschieden.

	SOT 23	Transistoren bis 350 mW, Dioden 3 Anschlüsse
	SOT 143	Transistoren bis 350 mW, Dioden 4 Anschlüsse
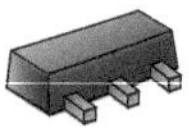	SOT 89	Transistoren bis 1 W, Dioden
	SOT 223	Transistoren über 1 W

Bild 3.15 Small Outline Transistor - SOT

Integrierte Schaltkreise

Für die Anschlüsse an SMD-Schaltkreisen werden die beiden Längsseiten, alle vier Seiten oder die Fläche unter dem Gehäuse genutzt.

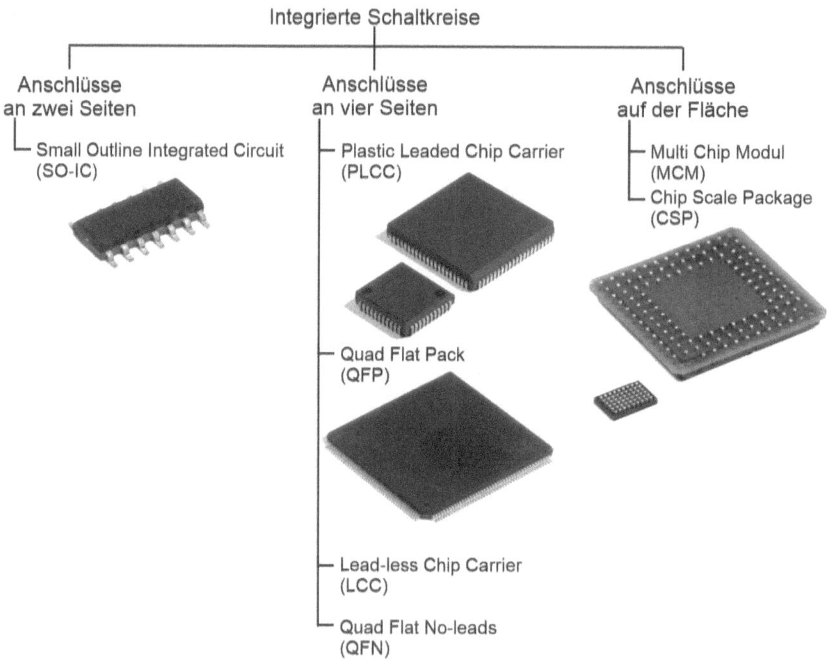

Bild 3.16 Integrierte Schaltkreise als SMD

Anschlüsse an zwei Seiten

Für die Anschlüsse an diesen SMD-Schaltkreisen werden die beiden Längsseiten des Gehäuses genutzt.

Typische *SO-Schaltkreise (SO-IC)* haben 8 bis 16 Anschlüsse in einem Raster[8] von 1,27 mm (50 mil). Die Anschlussform ist hierbei überwiegend *Gull-Wing*.

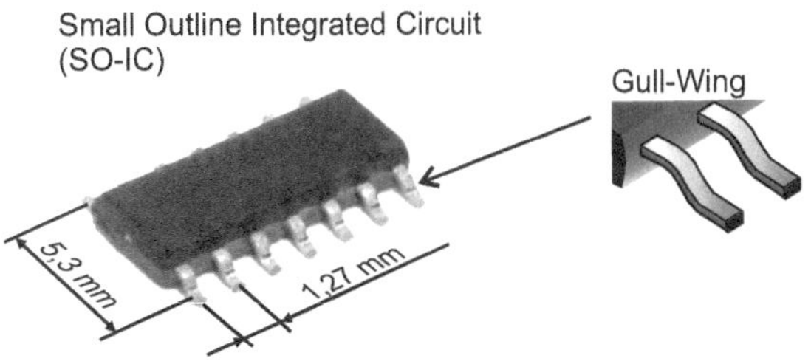

Bild 3.17 Small Outline Integrated Circuit - SO-IC

Es gibt jedoch auch zahlreiche Abweichungen von dieser überwiegend eingesetzten Bauform. So ist auch die Anschlussform J-Lead (SOJ) möglich oder die Anschlüsse liegen in einem kleineren Raster. Für dieses Raster werden dann verschiedene Maße zwischen 0,5 mm und 1 mm genutzt.

Anschlüsse an vier Seiten

An den vier Seiten der *Plastic Leaded Chip Carrier (PLCC)* befinden sich bis zu 84 Anschlüsse im Raster von 1,27 mm (50 mil). Die Anschlussform *J-Lead* ist für diese Bauform kennzeichnend und erlaubt, die Bauelemente in Schaltkreis-Sockel einzusetzen.

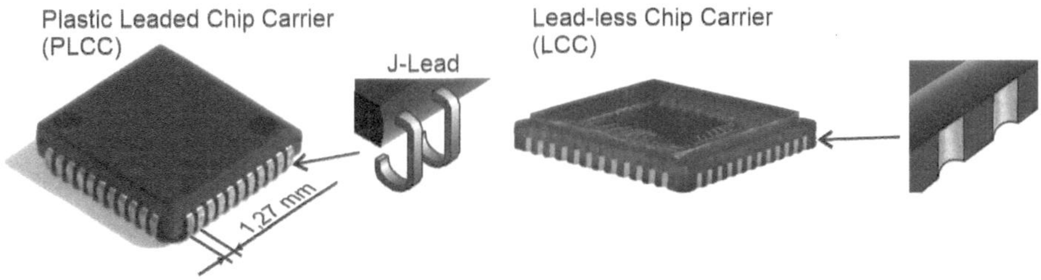

Bild 3.18 Plastic Leaded Chip Carrier - PLCC und Lead-less Chip Carrier - LCC

Alternativ zu dem Plastik-Gehäuse können auch Metall- oder Keramik-Gehäuse (MLCC bzw. CLCC) genutzt werden.

Die *Quad Flat Pack (QFP)* können mehr als 300 Anschlüsse an vier Seiten aufnehmen. Die Anschlüsse in der Anschlussform *Gull-Wing* liegen in einem Anschlussraster von 0,3 mm bis 1 mm.

---

8) Das Anschlussraster wird häufig als *pitch* (Teilung) bezeichnet.

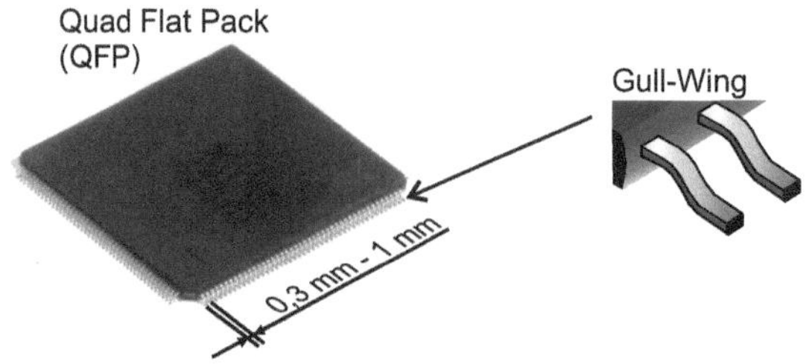

Bild 3.19 Quad Flat Pack - QFP

Die Quad Flat Pack sind ebenfalls in vielen Varianten, die von dieser Standardform abweichen, verfügbar. Dies betrifft neben unterschiedlichen Gehäusen und Anschlussformen auch zusätzliche Stoßecken (bumper) zum Schutz der Anschlüsse vor mechanischer Beschädigung bei dem BQFP. Die Bauformen *Lead-less Chip Carrier (LCC)* und *Quad Flat No-leads (QFN)* nutzen statt der Anschlusspins metallisierte Kontakte auf den Außenseiten oder auf der Unterseite des Gehäuses.

Anschlüsse auf der Fläche

Wenn noch mehr Anschlüsse benötigt werden oder das Anschlussraster größer sein soll, bietet sich die Fläche unter dem Bauteil an. Diese Möglichkeit wird vorzugsweise für Multi Chip Module und Chip Scale Packages genutzt. Die bevorzugte Anschlussform ist in diesen Fällen das *Ball Grid Array (BGA)*.

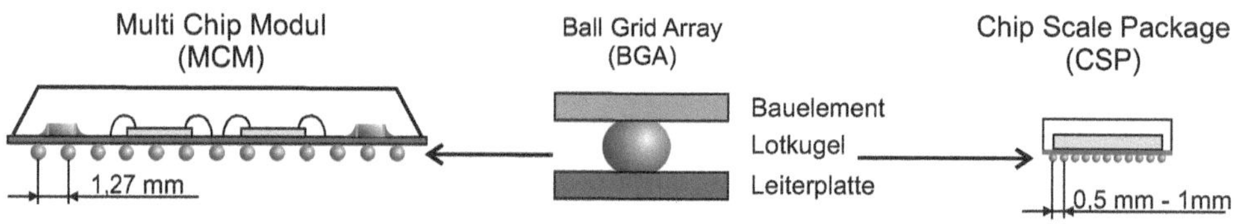

Bild 3.20 Bauformen mit Ball Grid Array - BGA

Das *Multi Chip Modul (MCM)* (siehe 3.2.2) ist eine Struktur, die aus meist mehreren Halbleiterchips und weiteren Bauelementen besteht, die über einen gemeinsamen Schaltungsträger miteinander und mit der Umgebung verbunden sind. Das Ball Grid Array des MCM kann bis zu 540 Anschlüsse im Raster bis 1,27 mm aufnehmen.

Ein *Chip Scale Package (CSP)* (Bild 3.21) ist maximal 1,2-mal größer als der nackte Halbleiterchip. Der Chip wird auf einem Zwischenträger (Elastomer) montiert. Der Zwischenträger gleicht unterschiedliche Wärmeausdehnungen aus, ermöglicht als zusätzliche Verdrahtungsebene das Aufspreizen der Anschlüsse und schützt die aktive Oberfläche des Halbleiterchips. Das Underfill, das sonst für Nacktchips nötig ist (siehe Bild 3.23), kann entfallen. Auf der Unterseite befinden sich Solder Balls, die über Leiterstrukturen (Flexible Bond Ribbon) mit den Anschlüssen des Chips kontaktiert sind. Es sind mehrere Hundert Anschlüsse im Raster von 0,5 mm bis 1 mm möglich.

Land Grid Array (LGA) nutzen als Anschlüsse metallisierte Kontaktflächen unter dem gesamten Bereich des Gehäuses. Diese Anschlussform wird bevorzugt für Prozessoren genutzt, die in Sockel mit federnden Kontakten eingesetzt werden.

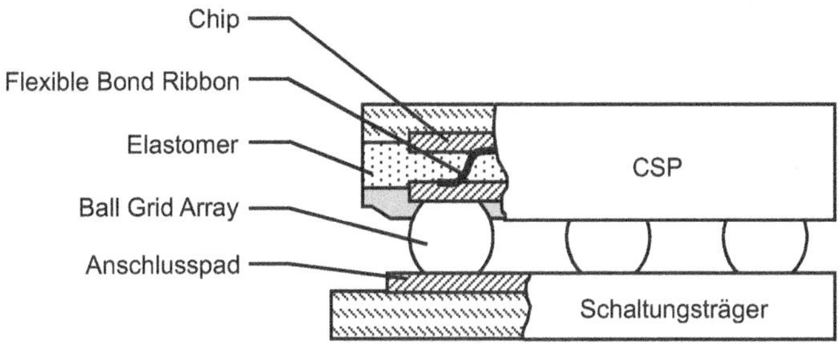

Bild 3.21 Chip Scale Package – CSP

3.3.3 Chip on Board

Große Platz- und Gewichtseinsparungen sind möglich, wenn auf das Bauteilgehäuse mit seinen Anschlüssen verzichtet wird und der Halbleiterchip stattdessen ungehäust bzw. nackt auf der Leiterplatte platziert wird. Für diese Vorgehensweise des *Chip on Board* (COB) ergeben sich zahlreiche Vorteile:

- hoher Integrationsgrad mit großem Einsparpotenzial an Platz und Gewicht,
- hohe Zuverlässigkeit,
- niedrige Induktivität der Anschlüsse, was den Einsatz für hohe Frequenzen ermöglicht,
- kompatibel zu erprobten Technologien der Bauelementehersteller.

Für die Chipmontage und dessen elektrischer Kontaktierung können unterschiedliche Technologien miteinander kombiniert werden.

Chip & Wire

Der Halbleiterchip wird direkt auf die Leiterplatte geklebt (Direct Chip Attach) und mittels Drahtbonden elektrisch angeschlossen. Danach wird die Anordnung mit einem Kunstharz vor äußeren Einflüssen geschützt (glob top).

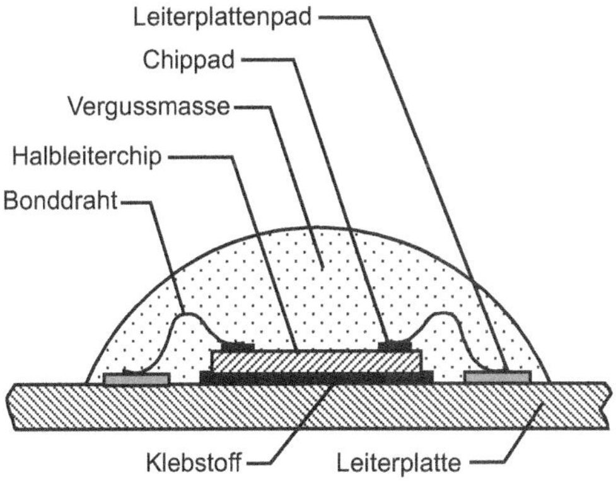

Bild 3.22 Chip & Wire

Flip Chip

Auf der Oberseite des Halbleiterchips werden zunächst Lothöcker (Bumps) für die elektrische Kontaktierung vorbereitet. Diese Anordnung wird danach mit der Oberseite nach unten auf die passende Anschlussstruktur der Leiterplatte montiert und dort aufgelötet. Zum Abschluss wird der Spalt zwischen Chip und Leiterplatte mit einem Kunstharz unterfüllt.

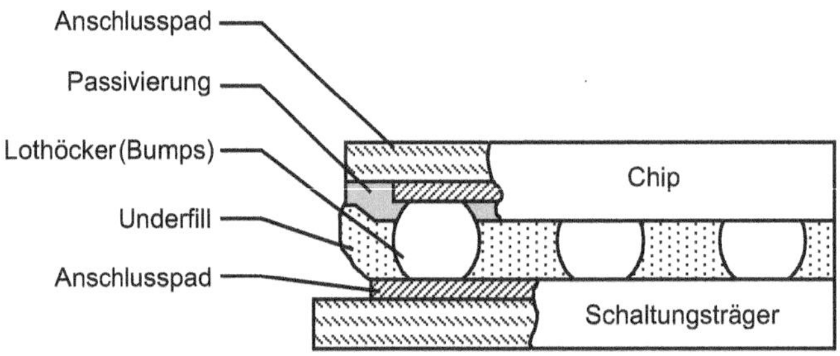

Bild 3.23 Flip Chip

Gegenüber dem Drahtbonden ist die Platzeinsparung noch größer, es können auf der Fläche des Chips mehr Anschlüsse realisiert werden und bei der Verarbeitung werden alle Anschlüsse gleichzeitig kontaktiert, was Fertigungszeit einspart.

3.3.4 Footprintbibliothek im CAD-System

Die *Footprintbibliothek* eines Layoutsystems enthält physische Bauteilinformationen (Footprints), die für den Entwurf einer Leiterplatte benötigt werden. Für die Pflege des Datenbestandes enthalten die Layoutsysteme passende Editoren.

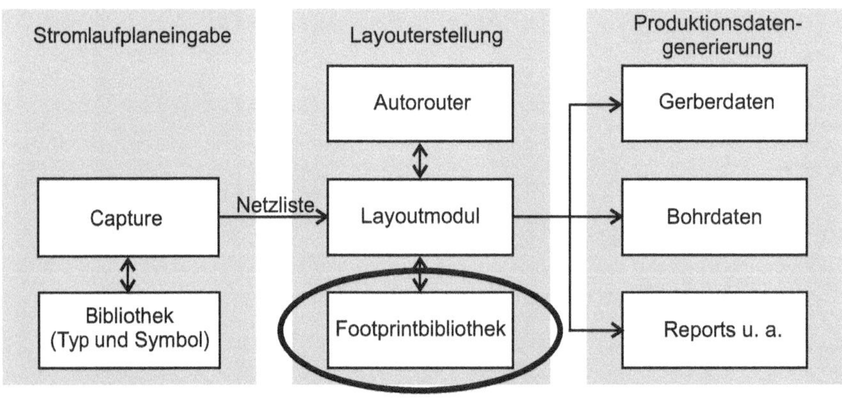

Bild 3.24 Footprintbibliothek im Layoutsystem

Das Footprint repräsentiert bei der Layouterstellung das Bauteil und ist damit der zentrale Bestandteil der mit dem Layoutmodul zu gestaltenden Leiterplatte.

Ein *Footprint* stellt die Gesamtheit der Informationen über die Abmessungen des Bauteils sowie über die Anordnung, Größe und Form der Bauteilanschlüsse dar, um das Bauteil im Layoutsystem darstellen zu können. Zusätzlich müssen alle Informationen für die Gewinnung der benötigten Fertigungsdaten enthalten sein. ■

Damit das Footprint diese Aufgaben erfüllen kann, muss es eine Reihe von Eigenschaften aufweisen, wobei die Details vom vorgesehenen Fertigungsablauf abhängig sind.

Anforderungen an das Footprint:

- präzise Abmessungen aus dem Datenblatt des Bauelementeherstellers,
- korrekte Verwendung der Anschlüsse nach dem Datenblatt des Bauelementeherstellers,
- übereinstimmende Bezeichnung der Anschlüsse mit der Symboldefinition im Stromlaufplan,
- vollständige Layernutzung für das Footprint nach den notwendigen Fertigungsunterlagen,
- richtige Abmessungen der Lötflächen nach dem Datenblatt des Bauelementeherstellers,
- vollständige Layernutzung für die Padstacks nach den notwendigen Fertigungsunterlagen,
- korrekte Abmessungen für die Komponenten der Padstacks nach den Restriktionen des Leiterplattenherstellers.

■

Nachfolgend werden die genannten Anforderungen näher erläutert.

Footprint-Komponenten

Ein Footprint (Bild 3.25) enthält grafische Informationen, Textplatzhalter und weitere logische Informationen. Die Textplatzhalter werden bei der Zuordnung zum Bauteil mit den tatsächlichen Referenz- und Typenbezeichnungen gefüllt.

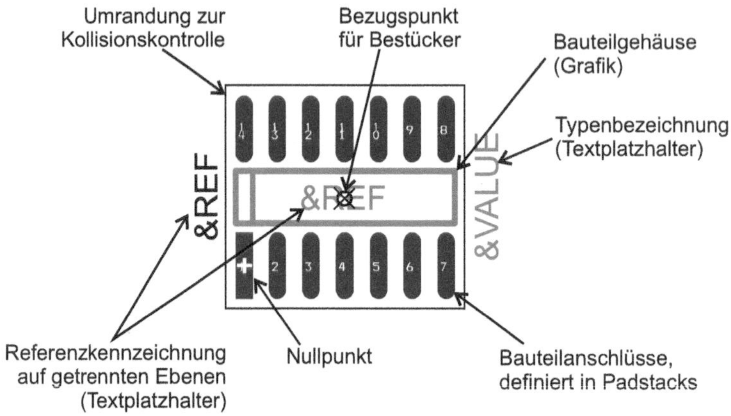

Bild 3.25 Footprint eines SO-IC

Die Grafik des Bauteilgehäuses und die Textplatzhalter können für den Bestückungsplan und den Beschriftungsaufdruck genutzt werden. Aus dem Bezugspunkt in der Mitte des Bauteils resultieren die Koordinaten für einen automatischen Bestücker. Die Umrandung wird bei der Platzierung der Bauteile auf der Leiterplatte zur Kollisionskontrolle überwacht.

Layernutzung

Die Komponenten des Footprint befinden sich auf verschiedenen Entwurfslayern. Dies ermöglicht, Fertigungsunterlagen zum Beispiel für den Beschriftungsaufdruck oder für die Lötmaske aus dem Layout zu gewinnen.

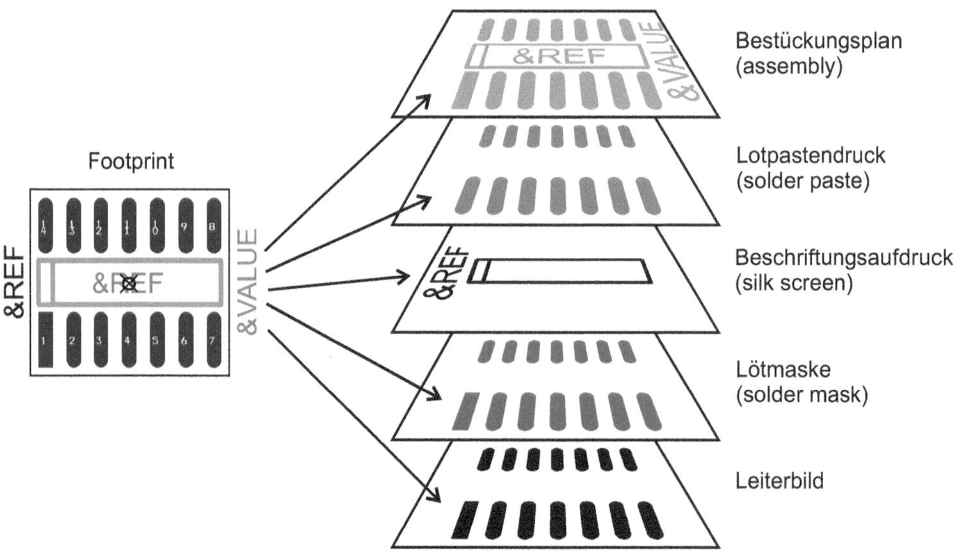

Bild 3.26 Entwurfslayer eines Footprint

Für den Bestückungsplan sind im Layer „assembly“ die Anschlussflächen (im Padstack), die Grafik des Bauteilgehäuses und Textplatzhalter für Referenz- und Typenbezeichnung enthalten. Die Öffnungen in der Schablone für den Lotpastendruck und in der Lötmaske sind ebenfalls im Padstack in den Layern „solder paste“ bzw. „solder mask“ definiert. Für den Beschriftungsaufdruck auf die Leiterplatte sind im Layer „silk screen“ die Bauteilgrafik und der Textplatzhalter für die Referenzkennzeichnung platziert.

Wenn weitere Fertigungsunterlagen, zum Beispiel für Klebepunkte, benötigt werden oder wenn es sich um ein Bauteil für Durchsteckmontage handelt, können weitere Layer benötigt werden.

Abmessungen

Im Footprint müssen im Gegensatz zum Symbol für den Stromlaufplan die Abmessungen aller Bestandteile präzise mit dem einzusetzenden Bauteil übereinstimmen. Jede Ungenauigkeit wirkt sich unmittelbar auf die Fertigungsdaten aus.

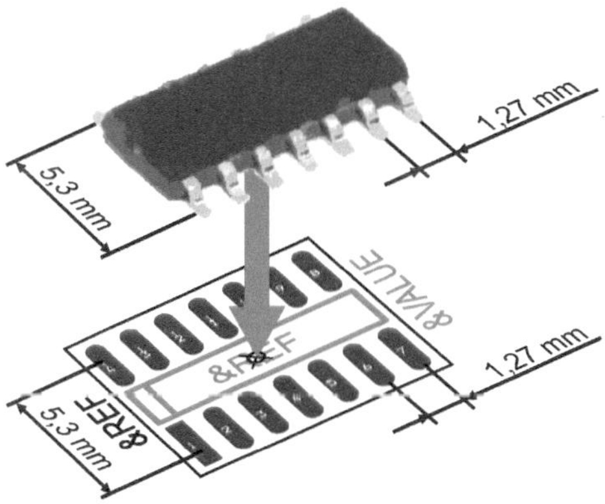

Bild 3.27 Bauteil und Footprint

Die Anforderungen an die Genauigkeit betreffen besonders die Größe und die Platzierung der Lötflächen für die Anschlüsse. Aber auch andere Bestandteile, zum Beispiel für den Beschriftungsaufdruck, wirken sich in ihrer Genauigkeit auf die Fertigung aus. So darf es beim Beschriftungsaufdruck keine Überdeckung mit den Lötflächen geben, da diese sonst mit Lack überdeckt würden.

Anschlussbezeichnung

Die Anschlussbezeichnungen müssen in Übereinstimmung mit ihrer Funktion korrekt den Anschlüssen zugeordnet werden. Die notwendigen Informationen sind in den Datenblättern der Hersteller enthalten.

Zusätzlich ist darauf zu achten, dass die gleichen Bezeichnungen wie im Stromlaufplan verwendet werden. Beispielsweise können die Anschlüsse eines Transistors im Stromlaufplansymbol (Bild 3.28) mit EBC, EBK oder sogar 123 bezeichnet sein. Die gleichen Bezeichnungen müssen dann auch am Footprint benutzt werden.

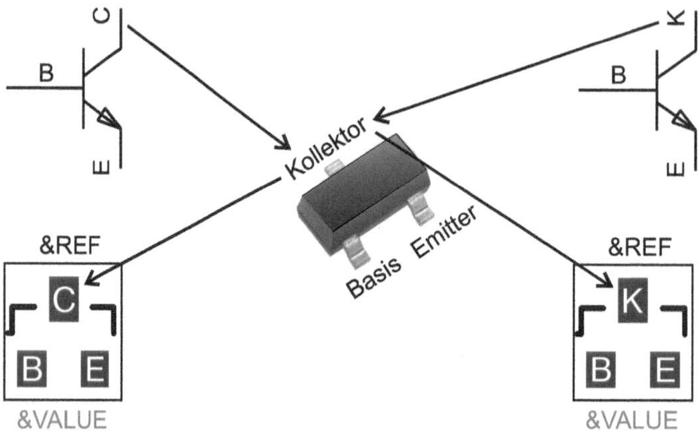

Bild 3.28 Anschlussbezeichnung am Symbol und im Footprint

In vielen Footprint-Bibliotheken sind die Bauteile deshalb in mehreren Varianten sowohl mit unterschiedlichen funktionalen Anschlusszuordnungen als auch mit verschiedenen Bezeichnungen enthalten.

Padstack

> Als *Pad* wird die Lötfläche für einen Bauteilanschluss bezeichnet.
>
> Ein *Padstack* besteht aus mehreren Pads auf verschiedenen Entwurfslayern.

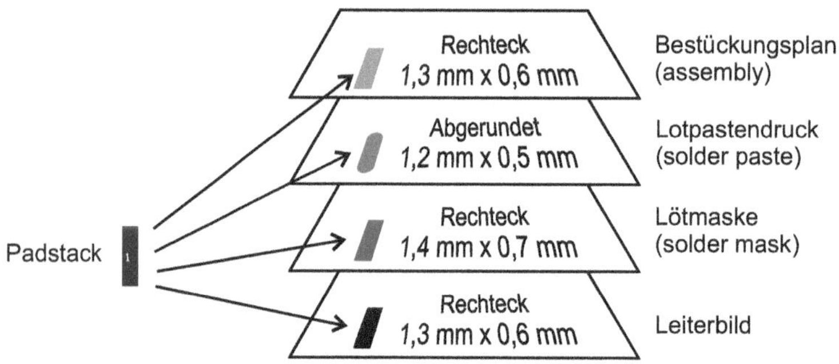

Bild 3.29 Padstack für ein SMD

Größe und Form der Pads können auf den Layern des Padstack unterschiedlich gestaltet werden. Das Pad für das Leiterbild, das die Lötfläche darstellt, ist in Form und Größe für den Lötprozess optimiert. Die Bauelementehersteller geben in ihren Produktunterlagen die dafür notwendigen Angaben.

Von diesem Pad ausgehend, werden die Öffnung in der Lötmaske etwas größer und die Öffnung in der Schablone für den Lotpastendruck etwas kleiner festgelegt. Beides ist notwendig, um Lagetoleranzen während der Fertigung auszugleichen. Die dafür notwendigen Größenangaben sind in den Design-Rules der Leiterplattenhersteller enthalten.

Padstacks von bedrahteten Bauteilen und Durchkontaktierungen können auf mehreren Leiterplattenlagen (für Multilayer) vorhanden sein und verfügen zusätzlich über eine Bohrungsdefinition.

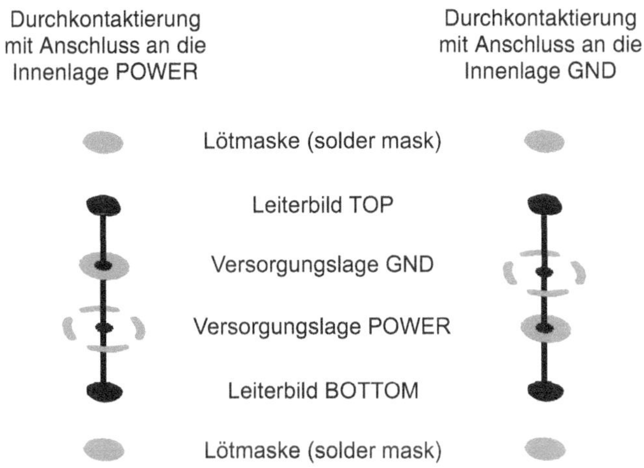

Bild 3.30 Durchkontaktierungen für Multilayer mit zwei Versorgungslagen

Für andere Lagenanordnungen werden weitere Padstacks benötigt. Die Padstacks können Bestandteil der Footprint-Bibliothek sein oder unabhängig hiervon zu einer Padstack-Bibliothek zusammengefasst werden.

■ 3.4 Wärmeabführung

Wenn Energie angewendet bzw. von einer Energieform in eine andere Form gewandelt wird, ist dies nicht ohne Verluste möglich. Diese Verluste treten meist als Wärmeenergie auf, was eine Temperaturerhöhung an den Bauteilen und im Inneren der Gehäuse zur Folge hat. Da diese Temperaturerhöhung zur Verminderung der Zuverlässigkeit oder zum Ausfall des Gerätes führen kann, ist die Ableitung der Verlustwärme notwendig und muss im Rahmen des Baugruppenentwurfes dimensioniert werden.

Dieser Abschnitt vermittelt Kenntnisse zu den Wärmeaustauschverhältnissen und zur Beurteilung der Bestandteile des Wärmestromes. Auf dieser Basis ist es möglich, einfache Dimensionierungsaufgaben für die Kühlkörperauswahl vorzunehmen.

Die Erläuterung der Wärmestrombestandteile wird jeweils an einem einfachen Beispiel gezeigt. Ergänzende Informationen können aus DIN 1341 und [WUTZ91] bezogen werden.

3.4.1 Physikalische Grundlagen

An einem einfachen Modell, bei dem sich eine verlustbehaftete Baugruppe im Inneren eines Gehäuses befindet, sollen die Wärmeabführung und deren Bestandteile dargestellt werden. Vernachlässigbare Anteile wie die Wärmeleitung in Luft sind nicht enthalten.

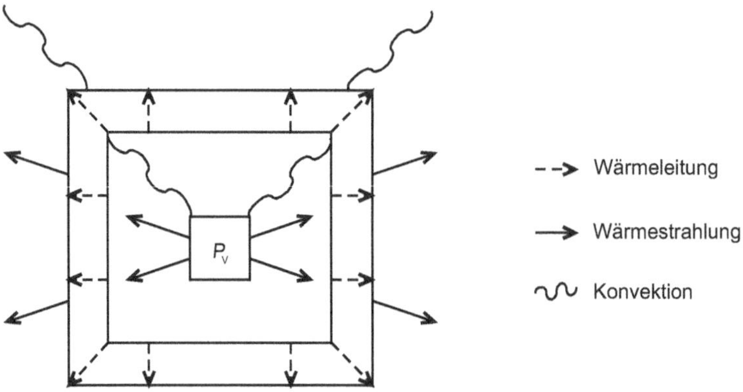

Bild 3.31 Bestandteile des Wärmestromes

Die Verlustleistung der Baugruppe führt zur Temperaturerhöhung an deren Oberfläche, wodurch ein Temperaturgefälle zur Umgebung entsteht. Damit bildet sich ein Wärmestrom von der Oberfläche der Baugruppe zur Umgebung aus.

Die Temperatur der Baugruppe wird steigen, bis das Gleichgewicht zwischen der Verlustleistung P_V und dem Wärmestrom Φ erreicht ist, also die gesamte Verlustleistung durch den Wärmestrom abgeführt wird. Im Weiteren wird dieser *stationäre Zustand* mit $P_V = \Phi$ betrachtet.

Wärmestrom

Der Wärmestrom Φ ist die in einer bestimmten Zeit Δt strömende Wärmemenge ΔQ.

$$\phi = \frac{\Delta Q}{\Delta t} \tag{3.1}$$

Der Wärmestrom setzt sich aus folgenden Anteilen zusammen:

- **Wärmeleitung**
  Die Wärmeübertragung findet zwischen unmittelbar benachbarten stofflichen Teilchen statt.
- **Konvektion**
  Durch die Lageveränderung stofflicher Teilchen wird deren Wärmeinhalt transportiert.
- **Wärmestrahlung**
  Die Übertragung erfolgt durch elektromagnetische Wellen ohne Beteiligung eines stofflichen Mediums.

Thermischer Widerstand

Der Widerstand, der dem Wärmestrom entgegengesetzt ist, wird als thermischer Widerstand R_{th} bezeichnet. Mit dem *Ersatzschaltbild* kann seine Wirkung gezeigt werden.

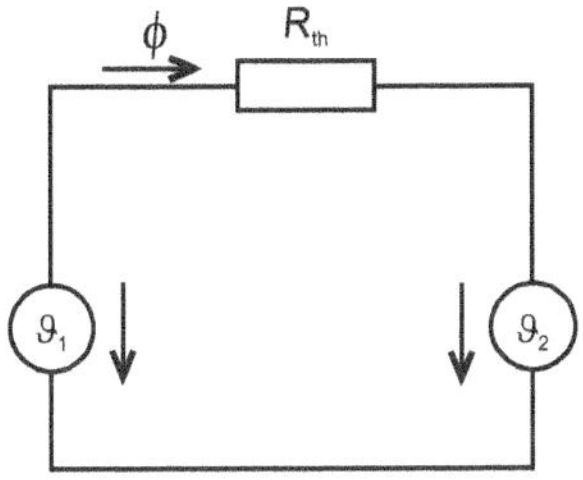

Bild 3.32 Thermischer Widerstand

Für die Darstellung gilt

$$\vartheta_1 - \vartheta_2 - \phi \cdot R_{th} = 0 \qquad (3.2)$$

ϑ_1 - Temperatur an der Oberfläche der Baugruppe

ϑ_2 - Temperatur der Umgebung

ϕ - Wärmestrom

R_{th} - thermischer Widerstand

Umgestellt ergibt sich für den thermischen Widerstand

$$R_{th} = \frac{\vartheta_1 - \vartheta_2}{\phi} \qquad (3.3)$$

Erkennbar sind die Ähnlichkeit des Ersatzschaltbildes mit dem Grundstromkreis der Elektrotechnik und die Analogie der Gleichung für R_{th} zum ohmschen Gesetz.

Wärmeleitung

Diese Komponente des Wärmestromes wird am Beispiel der *eindimensionalen Wärmeleitung durch eine ebene Wand* erläutert.

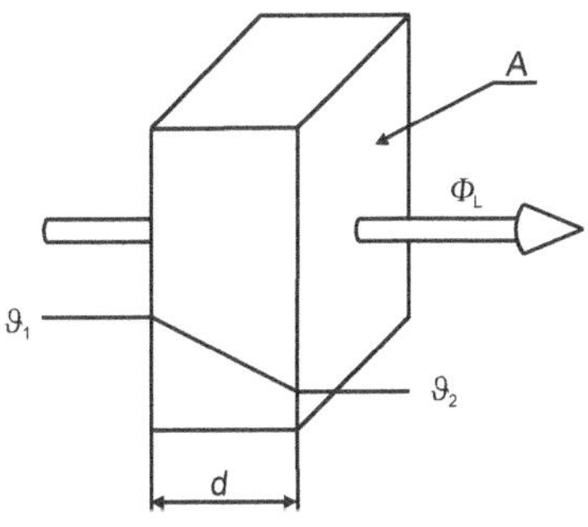

Bild 3.33 Wärmeleitung

Der Wärmestrom im stationären Zustand lässt sich mit

$$\phi_{\mathrm{L}} = \lambda \cdot \frac{A}{d} \cdot (\vartheta_1 - \vartheta_2) \tag{3.4}$$

beschreiben. Für den thermischen Widerstand bei Wärmeleitung gilt

$$R_{\mathrm{thL}} = \frac{d}{\lambda \cdot A} \tag{3.5}$$

ϕ_{L} - Wärmestrom bei Wärmeleitung
λ - Wärmeleitfähigkeit
A - Oberfläche der Wand
d - Dicke der Wand
ϑ_1 - Temperatur 1
ϑ_2 - Temperatur 2
R_{thL} - thermischer Widerstand für Wärmeleitung

Konvektion

Betrachtet wird die *freie Konvektion mit laminarer Grenzschicht an einer senkrechten Wand.*

Aufgrund der höheren Wandtemperatur erhöht sich die Temperatur der unmittelbar anliegenden Luftschicht. Die erhöhte Temperatur führt zur Verringerung der Dichte dieser Luft und die entstehenden Auftriebskräfte verursachen deren Strömung (Eigenkonvektion).

Mit zunehmender Entfernung von der Wand x sinkt die Temperatur der Luft und nimmt die Strömungsgeschwindigkeit v ab. Damit vollzieht sich die Konvektion nur innerhalb der Grenzschicht, wobei infolge Reibung die Luftströmung erst mit der Entfernung ε einsetzt.

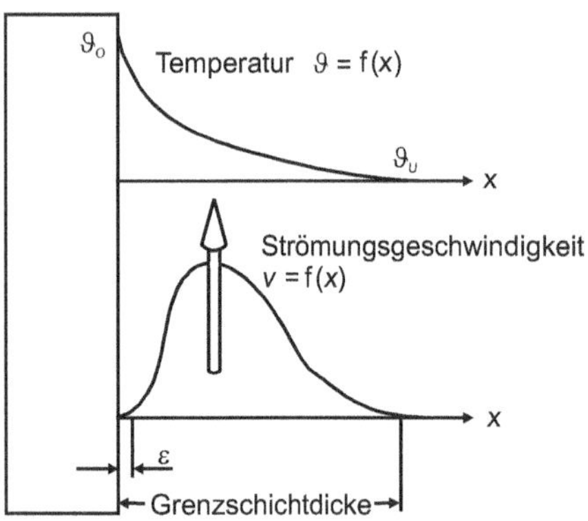

Bild 3.34 Konvektion

Der Wärmestrom für Konvektion ergibt sich aus

$$\phi_K = a_K \cdot A \cdot (\vartheta_O - \vartheta_U) \tag{3.6}$$

Der thermische Widerstand bei Konvektion beträgt

$$R_{thK} = \frac{1}{a_K \cdot A} \tag{3.7}$$

ϕ_K - Wärmestrom bei Konvektion
a_K - Wärmeübergangskoeffizient für Konvektion
A - Oberfläche der Wand
ϑ_O - Temperatur der Wandoberfläche
ϑ_U - Temperatur der umgebenden Luft (mittlere Temperatur auf dem Strömungsweg)
R_{thK} - thermischer Widerstand für Konvektion

Der *Wärmeübergangskoeffizient* ist abhängig von Form, Lage und Höhe der Wand, von der Art des umgebenden Mediums und von weiteren Parametern.

Berechnungsvorschriften für die unterschiedlichen Fälle sind in [WUTZ91] angegeben. Beispielsweise gilt für eine senkrechte Wand

$$a_K = 1{,}3 \cdot \sqrt[4]{\frac{\Delta\vartheta / [\mathrm{K}]}{h / [\mathrm{m}]}} \cdot \left[\frac{\mathrm{W}}{\mathrm{m}^2 \cdot \mathrm{K}}\right] \tag{3.8}$$

$\Delta\vartheta$ - Temperaturdifferenz zwischen Wand und umgebender Luft
h - Höhe der senkrechten Wand

Wärmestrahlung

Wird ein Körper erwärmt, emittiert er Wärmestrahlung, die beim Auftreffen auf Materie ganz oder teilweise absorbiert und wieder in Wärme umgesetzt wird.

Zur Erläuterung des Wärmestromes bei Wärmestrahlung werden *zwei gleich große, parallele und in geringem Abstand zueinander stehende Flächen* angenommen.

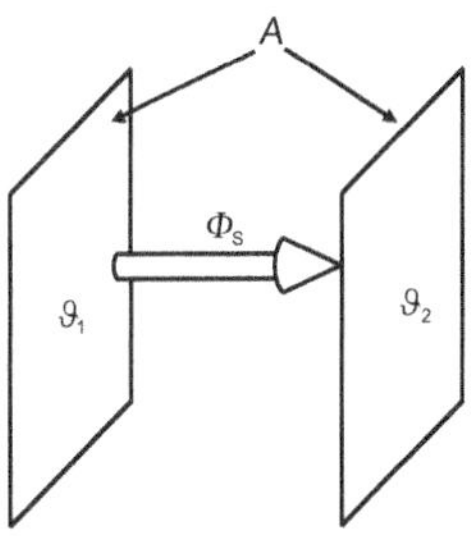

Bild 3.35 Wärmestrahlung

Der Wärmestrom zwischen den beiden Flächen beträgt

$$\phi_S = a_S \cdot A \cdot (\vartheta_1 - \vartheta_2) \tag{3.9}$$

Der thermische Widerstand kann bestimmt werden mit

$$R_{thS} = \frac{1}{a_S \cdot A} \tag{3.10}$$

ϕ_S - Wärmestrom bei Wärmestrahlung

a_S - Wärmeübergangskoeffizient für Wärmestrahlung

A - Oberfläche der Wände

ϑ_1 - Temperatur der emittierenden Wand

ϑ_2 - Temperatur der absorbierenden Wand

R_{thS} - thermischer Widerstand für Wärmestrahlung

Der *Wärmeübergangskoeffizient* für die Anordnung in Bild 3.35 ergibt sich nach [WUTZ91] aus

$$a_S = C \cdot \frac{\left(\frac{\vartheta_1}{100}\right)^4 - \left(\frac{\vartheta_2}{100}\right)^4}{\vartheta_1 - \vartheta_2} \tag{3.11}$$

und die *Strahlungsaustauschkonstante C* beträgt unter Verwendung der Stefan-Boltzmann-Konstante

$$C = \frac{5{,}67 \cdot \mathrm{W} \cdot \mathrm{m}^{-2}\mathrm{K}^{-4}}{\frac{1}{\varepsilon_1} + \frac{1}{\varepsilon_2} - 1} \tag{3.12}$$

C - Strahlungsaustauschkonstante

$\varepsilon_1, \varepsilon_2$ - halbräumliche Emissionsgrade der beiden Flächen

3.4.2 Dimensionierung eines Kühlkörpers

Für einfache Anordnungen, wie einem Leistungstransistor auf einem Kühlkörper, ist es möglich, mit den gezeigten Grundlagen die Wärmeaustauschverhältnisse zu bestimmen und die Ergebnisse zur Auswahl eines Kühlkörpers zu verwenden, was an dem folgenden Beispiel demonstriert werden soll.

Das Beispiel zeigt zugleich die grundlegenden Handlungsschritte bei Dimensionierungsaufgaben der Wärmeabführung.

1. Aufstellen des thermischen Ersatzschaltbildes:

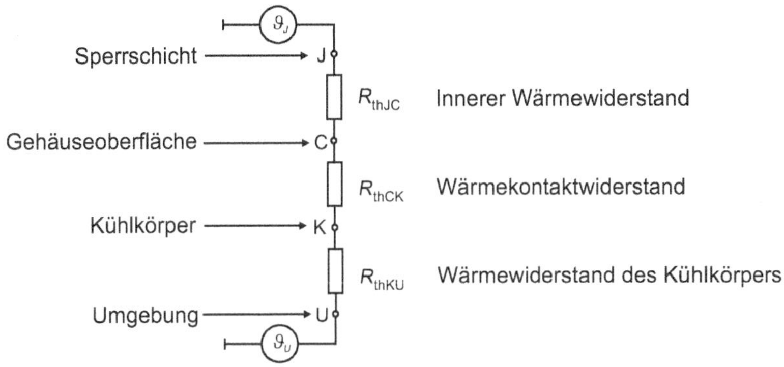

Bild 3.36 Thermisches Ersatzschaltbild

2. Aufstellen der Bestimmungsgleichung:

   In Analogie zum ohmschen Gesetz der Elektrotechnik ergibt sich im stationären Zustand

$$\phi = P_V = \frac{\vartheta_J - \vartheta_U}{R_{thJC} + R_{thCK} + R_{thKU}}$$

3. Gegebene Größen:

   $P_V = 30$ W

   $\vartheta_U = 40$ °C

   $R_{thCK} = 0{,}17$ K/W

   Aus dem Datenblatt des Transistorherstellers:

   $\vartheta_J = 150$ °C

   $R_{thJC} = 1$ K/W

4. Gesucht ist der maximale thermische Widerstand des einzusetzenden Kühlkörpers. Hierzu wird die Bestimmungsgleichung umgestellt und die gegebenen Werte werden eingesetzt.

$$R_{thKU} = \frac{\vartheta_J - \vartheta_U}{P_V} - \left(R_{thJC} + R_{thCK}\right) = \frac{(150-40)\,\text{K}}{30\,\text{W}} - \left[1\frac{\text{K}}{\text{W}} + 0{,}17\frac{\text{K}}{\text{W}}\right] = 2{,}5\frac{\text{K}}{\text{W}}$$

5. Aus dem Katalog eines Kühlkörperanbieters muss nun ein passendes Produkt mit einem thermischen Widerstand von kleiner oder gleich 2,5 K/W ausgewählt werden.

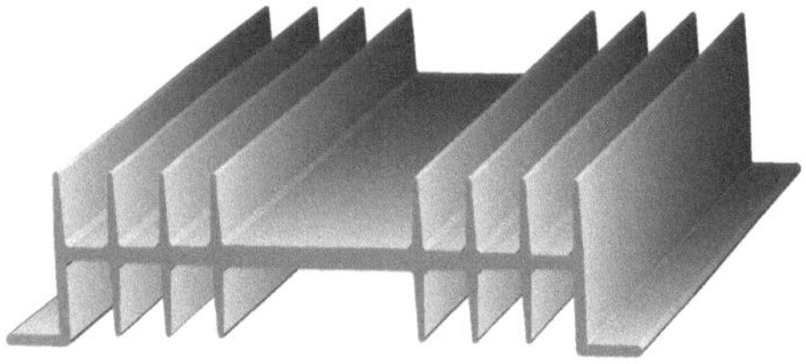

Bild 3.37 Kühlkörper

Weitere Informationen zur Wärmeableitung aus Schaltschränken sind in [ZICK22] enthalten.

In der Elektronik werden vorzugsweise Leiterplatten als Schaltungsträger eingesetzt. Sie bestehen aus dem Isolierstoffträger und strukturierten Metallschichten. Neben ein oder zwei Außenlagen können sich weitere Lagen im Inneren der Leiterplatte befinden.

Bauelemente für Durchsteckmontage werden mit ihren Anschlüssen durch passende Bohrungen geführt und auf der anderen Seite der Leiterplatte gelötet. Bauelemente für Oberflächenmontage werden auf der gleichen Leiterplattenseite platziert und gelötet.

Als Footprint werden die Geometrie eines Bauteiles mit allen zusätzlichen Informationen auf den Entwurfslayern und die Anschlüsse, deren Bezeichnungen und die notwendigen Lötflächen als Padstack gespeichert. Alle Angaben müssen präzise mit dem realen Bauteil übereinstimmen.

Einfache Dimensionierungen der Wärmeableitung können auf der Basis eines thermischen Ersatzschaltbildes ausgeführt werden.

Nachdem nun die wichtigsten Elemente einer Baugruppe - Leiterplatte, Bauteile und eventuelle Wärmeableitung - beschrieben sind, wird sich das nächste Kapitel dem Layoutentwurf widmen. Zuvor aber noch vier kleine Übungsaufgaben.

Aufgabe 3.1

Was ist unter einer starrflexiblen Leiterplatte zu verstehen?

Aufgabe 3.2

Welche Vorteile bieten die Versorgungslagen eines Multilayers?

Aufgabe 3.3

Welche Anforderungen muss ein Footprint erfüllen?

Aufgabe 3.4

Stellen Sie für die Anordnung in Bild 3.31 das thermische Ersatzschaltbild auf.

4 Leiterbildentwurf

Der Entwurf einer Baugruppe oder eines Gerätes beginnt mit der Aufgabenstellung, die die zu erfüllende Funktion beschreibt und Restriktionen für die Lösung vorgibt. Auf deren Basis kann eine Schaltungsidee (siehe Bild 2.24) erarbeitet werden, die noch unvollständig und noch nicht präzisiert ist. Dieser Entwurf wird zum Stromlaufplan weiterentwickelt und mit einer Stückliste der verwendeten Bauteile vervollständigt.

Der *Stromlaufplan* (siehe Bild 2.36) ist der Ausgangspunkt des Leiterbildentwurfes. Von der Vollständigkeit und der korrekten Ausführung des Stromlaufplanes ist das Gelingen des Entwurfes in starkem Maße abhängig.

Aus den im Stromlaufplan enthaltenen Daten, die mit weiteren Informationen vervollständigt werden, wird das Leiterbild entworfen. Hierzu müssen zunächst alle Bauteile platziert und danach mit Leitern untereinander verbunden werden. Das Ergebnis des Leiterbildentwurfes sind mehrere *Fertigungszeichnungen*.

Fertigungszeichnungen enthalten alle Informationen für die Herstellung und Kontrolle einer Leiterplatte und dokumentieren das Konstruktionsergebnis.

Diese Zeichnungen sind indirekte Unterlagen, da sie nicht unmittelbar in der Fertigung eingesetzt werden. Ungenauigkeiten der zeichnerischen Ausführung wirken sich nicht direkt auf die Qualität der Fertigung aus. Sie dokumentieren das Ergebnis des Leiterplattenentwurfes. Art und Inhalt der Zeichnungen sind vom vorgesehenen Aufbau der Leiterplatte und von den verfügbaren Technologien abhängig.

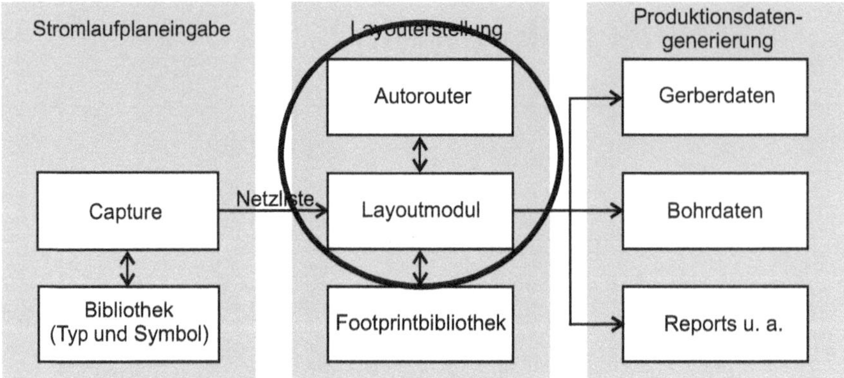

Bild 4.1 Leiterbildentwurf im Layoutsystem

Produktionsdaten werden passend für die einzusetzenden Technologien aus diesen Konstruktionsunterlagen gewonnen. Sie enthalten alle Informationen zur Herstellung und Kontrolle einer Leiterplatte und werden als direkte Unterlagen unmittelbar in der Fertigung eingesetzt.

Im Mittelpunkt dieses Kapitels werden der Entwurf des Leiterbildes - die wichtigste Komponente einer Leiterplatte - und die Fertigungszeichnungen zur Dokumentation des Entwurfsergebnisses stehen. Dabei werden neben der Leiterbildzeichnung auch ergänzende Unterlagen, wie Bohrplan, Bestückungsplan oder Lotpastenzeichnung berücksichtigt.

4.1 Ausgangspunkt

Bevor mit dem Leiterbildentwurf (siehe Bild 4.1) begonnen werden kann, müssen zunächst mehrere Informationen zusammengestellt werden. Diese sind im Wesentlichen:

- Netzliste mit allen Verbindungen und Bauteilen,
- Stromstärke für alle Verbindungen mit höherer Belastung,
- Potenzialdifferenzen zwischen den betroffenen Verbindungen,
- Einbaubedingungen und Platzverhältnisse,
- Technologien der Leiterplatten- und der Baugruppenfertigung.

Der Stromlaufplan enthält alle Verbindungen der Baugruppe. Diese Verbindungen werden ausgelesen und mit einem Netznamen versehen. Die entstehende *Netzliste* enthält damit alle Verbindungsnetze des Stromlaufplanes unter Verwendung eines Namens, dem Netznamen (Bild 4.2). Alle Bauteilanschlüsse, die demselben Netz zugeordnet sind, sind miteinander verbunden. Die Netzliste wird durch eine Bauteilliste mit den Footprint-Zuordnungen aller Bauteile ergänzt. Hierzu wurden bereits im Stromlaufplan den Symbolen Bauteile und damit die passenden Footprints zugewiesen. Sollte das für einzelne Symbole noch nicht erfolgt sein, wird die Footprint-Bezeichnung beim Einlesen der Netzliste in das Layoutsystem abgefragt.

Netzliste

Netzname	Bauteilanschlüsse an diesem Netz (Referenz.Anschluss)
GND	C1.2 C2.2 K1.7 K2.8 X1.2
N00001	K1.3 K2.3 R1.1
N00002	C1.1 K1.2 R1.2
N00003	K1.13 K2.4 R2.1
N00004	K1.12 K2.5 R3.1
N00005	K1.6 K2.6 R4.1
N00006	K2.7 R5.1
N00007	K2.1 K2.15 R6.1
...	

Bauteilliste

Referenz	Typ	Footprint
C1	47µ/10	SMD_6032
C2	47n	SMD_0805
K1	4093	SO14
K2	4094	SO16
...		
R1	5k6	SMD_0805
R2	270	SMD_0805
R3	270	SMD_0805
...		

Bild 4.2 Netzliste und Bauteilliste (Beispiel Lauflicht)

Für alle Verbindungen, die einen größeren Strom tragen sollen, werden Angaben zur *Strombelastung* benötigt. Daraus kann zusammen mit weiteren Angaben die minimale Leiterbreite ermittelt werden.

Wenn höhere Spannungen genutzt werden, sind Angaben zu *Potenzialdifferenzen* zwischen den Verbindungen notwendig, um daraus den minimalen Leiterabstand zwischen diesen Verbindungen festzulegen.

Aus den *Einbaubedingungen* für die Leiterplatte ergeben sich Abmessung und Kontur der Leiterplatte.

Die Kenntnis der *Verlustleistungen* bzw. der zu erwartenden Bauteiltemperaturen wird bei der Platzierung von Bauteilen mit höherer Verlustleistung berücksichtigt.

Die für die Leiterplattenfertigung einzusetzenden *Technologien* und die Fertigungsverfahren der Weiterverarbeitung, besonders zum Bestücken und Löten der Bauteile, beeinflussen die Gestaltung des Layouts.

Hinzu kommen je nach Anwendungsfall weitere Informationen zum Beispiel zur elektromagnetischen Verträglichkeit und zu den Umweltbedingungen, die ebenfalls beim Leiterbildentwurf berücksichtigt werden müssen.

■ 4.2 Vorbereitung

Die als Ausgangspunkt zusammengestellten Informationen werden zur Vervollständigung der Bibliothek, zum Einstellen der Programmoptionen und zur Planung eines eventuellen Multilayers genutzt.

4.2.1 Kontrolle und Vervollständigung der Footprintbibliothek

In der Bauteilliste, die Bestandteil der Netzliste ist oder diese ergänzt, werden für alle Bauteile die Footprint-Namen angegeben. Es ist notwendig, dass diese Footprints unter diesem Namen in der Bibliothek des Layoutsystems enthalten sind. Gleiches gilt für die verwendeten Padstacks.

Beim Einlesen der Netzliste werden deshalb die Verfügbarkeit der verwendeten Footprints vom Layoutsystem geprüft und fehlende Bibliothekseinträge angezeigt. Diese Footprints müssen dann mit Hilfe des dafür vorgesehenen Editors ergänzt werden.

Symbol	Bauteil	Footprint
K1	Schaltkreis 4093BT	SO14
K2	Schaltkreis 4094BT	SO16
P1 - P4	Leuchtdiode SMD-LED rot	SMD_0805_KA
C1 47u	Tantal - Elko 47 µF 10 V	SMD_6032
C2 47n	Keramikkondensator 47 nF	SMD_0805
R1 10k	Metallfilmwiderstand 10 kOhm	SMD_0805
R2 - R5 270	Metallfilmwiderstand 270 Ohm	SMD_0805
R6 1,2k	Metallfilmwiderstand 1,2 kOhm	SMD_0805

(Die Symbole und Footprints sind zueinander nicht maßstäblich.)

Bild 4.3 Footprint-Zuordnungen für das Beispiel Lauflicht

4.2.2 Optionen einstellen

Mit den Optionseinstellungen können die Arbeitsweise des Layoutsystems und des Autorouters sowie deren Oberflächen beeinflusst werden.

Die Qualität des Leiterplattenentwurfes wird erheblich von den Optionseinstellungen beeinflusst. ■

Die Einstellungen betreffen die verwendeten Leiterplatten- und Entwurfslayer, das Raster für die Bauteilplatzierung und das Legen der Leiter, Routingstrategien für den Autorouter, die anzuwendende Leiterbreite und den minimalen Leiterabstand, Arten der Durchkontaktierungen, zur Darstellung verwendete Farben und viele weitere Einstellungen.

Lagenverwendung festlegen und Multilayer planen

Es wird festgelegt, welche Lagen für die Leiterplatte benötigt werden, wie diese genutzt werden sollen (Signal- oder Versorgungslage) und welche Vorzugsrichtungen beim Legen der Leiter angewendet werden sollen. Für jede Lage können separat weitere Layout-Einstellungen festgelegt werden.

Wenn es sich um einen Multilayer handelt, muss dieser zuvor geplant und in Form eines Multilayer-Bauplanes dokumentiert werden. Weitere Angaben hierzu sind im Abschnitt 4.6 enthalten.

Die Leiterplattenlagen werden durch Entwurfslagen ergänzt. Diese enthalten Fertigungsdaten, zum Beispiel für den Beschriftungsaufdruck oder für die Lötmaske.

Raster einstellen

Das *Platzierungsraster* und besonders das *Routingraster* müssen in Übereinstimmung mit dem Raster der Bauteilanschlüsse eingestellt werden. Nur wenn die Bauteilanschlüsse deckungsgleich zum Routingraster liegen, ist es möglich, die Leiter in die Mitte der Lötflächen zu führen oder einen Leiter in der Mitte zwischen zwei Anschlüssen hindurchzuführen. Hierzu ist es sinnvoll, das Routingraster als ganzzahligen Teil des Anschlussrasters festzulegen. Das Platzierungsraster kann größere Abstände aufweisen.

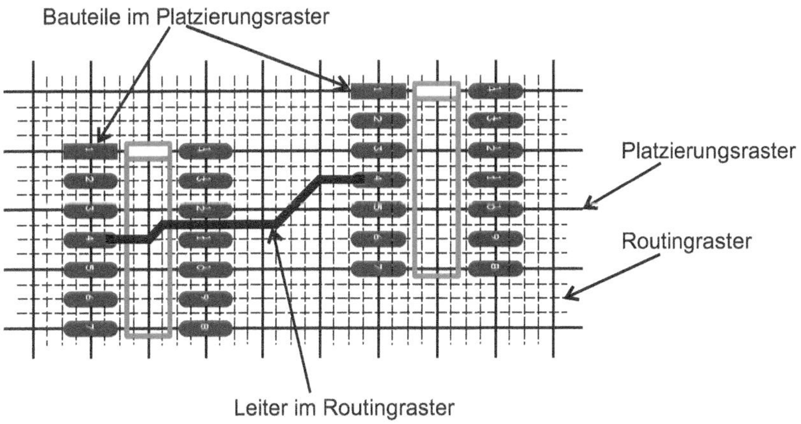

Bild 4.4 Rastereinstellungen

Wenn die Bauteilanschlüsse in unterschiedlichen metrischen und zölligen Rastern liegen, muss ein brauchbarer Kompromiss gefunden werden.

Leiterbreiten festlegen

Die Leiterbreite sollte zur einfachen Fertigung, für wenig Fehler und für eine gute Zuverlässigkeit so breit wie möglich gewählt werden. Häufig muss der Leiter aber schmaler sein, damit für die Verbindung bei begrenztem Platz überhaupt ein Weg gefunden wird und der Leiter gelegt werden kann.

> Für die minimale Leiterbreite gibt es eine Grenze, die sich nach mehreren Kriterien richtet:
>
> - Stromstärke auf dem Leiter,
> - Technologie der Leiterplattenfertigung,
> - Schichtdicke des Kupfers,
> - maximaler Spannungsfall,
> - vorgegebene Impedanz.

Die minimale Leiterbreite ist unter Berücksichtigung der Kupferstärke und weiterer Parameter hauptsächlich von der zu übertragenen *Stromstärke* abhängig. Die IPC-2152 gibt Hinweise zur Bestimmung der Leiterbreite in Abhängigkeit von der Stromstärke.

Die *Technologie* des Leiterplattenherstellers begrenzt ebenfalls die minimale Leiterbreite. Für kleine Strukturen oder damit das Legen eines Leiters auf engem Raum überhaupt möglich ist, sind einerseits kleinere Leiterbreiten gewünscht, andererseits erhöhen kleinere Strukturen aber die Fertigungskosten.

Für die Leiterbreite in Abhängigkeit von der *Schichtdicke des Kupfers* gibt es neben dem Einfluss auf den Leiterquerschnitt und damit auf die übertragbare Stromstärke noch einen technologisch bedingten Zusammenhang. Je schmaler ein Leiter ist, desto stärker wirkt sich die Unterätzung während der Leiterbildstrukturierung aus (siehe Abschnitt 6.2.3). Dieser Effekt lässt sich durch kleinere Schichtdicken reduzieren. Damit bedingen schmalere Leiter auch dünnere Kupferschichten. Wegen des kleinen Querschnittes ist dies jedoch nur für Signalleiter relevant.

Die Leiter haben einen elektrischen Widerstand, über dem es zum *Spannungsfall* kommt. Ist dieser zu groß, müssen die Leiterbreiten größer gewählt werden.

Für die Übertragung hoher Frequenzen oder schnell getakteter Signale müssen die Leiter zum Erhalt der Signalintegrität eine vorgegebene *Impedanz* haben. Die Leiterbreite ist einer von mehreren Einflussfaktoren auf die Impedanz eines Leiters.

Leiterabstand festlegen

Auch die Leiterabstände sollten so groß wie möglich gewählt werden. Deren Fertigung ist einfacher, kostengünstiger und ermöglicht eine größere Spannungsfestigkeit. Bei engen Strukturen muss dagegen der Abstand kleiner gewählt werden.

Der minimale Leiterabstand wird durch mehrere Faktoren begrenzt:

- Potenzialdifferenz zwischen benachbarten Leitern,
- Technologie der Leiterplattenfertigung,
- Mindestabstände zur Vermeidung von Gefahren.

Die *Potenzialdifferenz* zwischen zwei benachbarten Leitern oder Kupferflächen erfordert einen Mindestabstand. In der IPC-2221A sind Angaben zur Bestimmung des Mindestabstandes enthalten.

Die beim Leiterplattenhersteller eingesetzte *Technologie* bzw. deren Kosten begrenzen ebenfalls den minimalen Leiterabstand.

Gegen eine Gefährdung von Personen durch *Berühren spannungsführender Teile* müssen zusätzlich weiter gehende Mindestabstände eingehalten werden. Dabei sind die Angaben der DIN EN 62368-1 zu beachten.

4.3 Bauelemente platzieren

Die Platzierung der Bauelemente auf der Leiterplatte bestimmt in hohem Maß die Qualität des Layouts und den Aufwand für das anschließende Legen der Leiter.

Durch gute Platzierung wird es leichter, die Leiter zu legen. Bei schlechter Platzierung kann das Layout unlösbar werden. Dabei sind mehrere – auch widersprüchliche – Anforderungen in Übereinstimmung zu bringen.

4.3.1 Floorplanning

Der erste Schritt der Bauteilplatzierung ist der Grobentwurf. Hierzu wird zunächst die Schaltung in Funktionsgruppen aufgeteilt. Diese Funktionsgruppen, aber auch bereits einzelne Bauteile, werden danach auf der Leiterplattenfläche zueinander angeordnet.

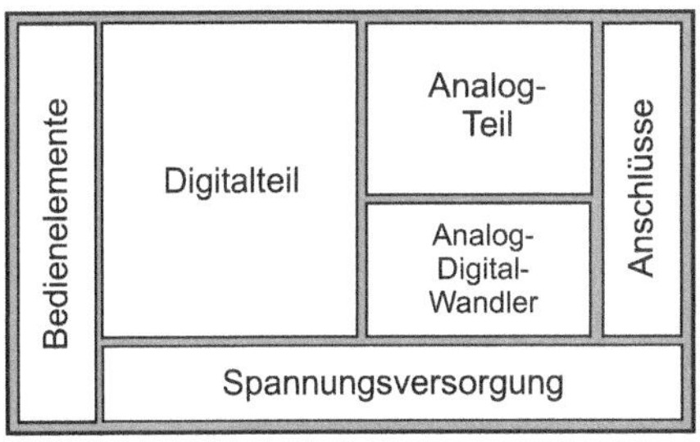

Bild 4.5 Beispiel für das Floorplanning

Beim Floorplanning müssen neben den Einbaubedingungen weitere mechanische Randbedingungen für die Position der Bedien- und Anzeigeelemente sowie der Anschlüsse beachtet werden. Weiterhin sollten Bauteile, die wegen ihrer hohen Verlustleistung heiß werden, nicht neben temperaturempfindlichen Bauteilen platziert werden. Ebenso sollten für die elektromagnetische Eigenstörsicherheit störende Schaltungsteile (Störquellen) und empfindliche Schaltungsteile (Störsenken) getrennt voneinander angeordnet werden. Nicht zuletzt müssen die Wege für das Legen der Leiter leicht zu finden sein.

4.3.2 Manuelles Platzieren

Während Bauteile für die Durchsteckmontage überwiegend von einer Seite (Bauteilseite) platziert und auf der gegenüberliegenden Seite (Lötseite) gelötet werden, können die oberflächenmontierten SMD auf beiden Seiten der Leiterplatte angeordnet werden. Dies spart viel Platz. Sie werden auf derselben Seite gelötet, weshalb die Begriffe Bauteilseite und Lötseite ihre Bedeutung verloren haben. Es ist in diesem Fall eindeutiger, von Oberseite (Top-Layer) und Unterseite (Bottom-Layer) zu sprechen. Selbstverständlich können auch beide Montageprinzipien gemischt angewendet werden.

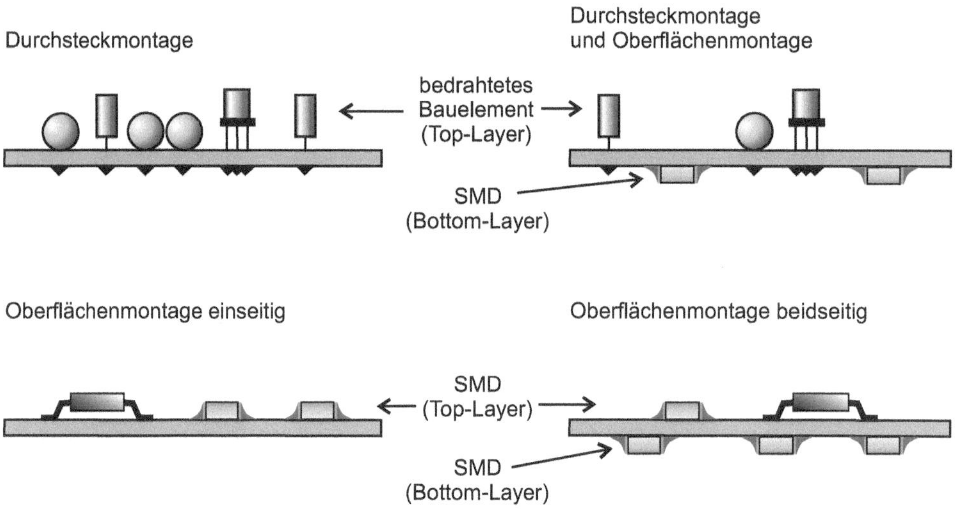

Bild 4.6 Varianten der Bauteilmontage

Es muss aber auch der nachfolgende Prozess der Baugruppenfertigung beachtet werden. Zum Beispiel ist zu prüfen, ob sich die betroffenen Bauteile „kopfüber" löten lassen. Eventuell müssen Bauteile angeklebt werden, was zu zusätzlichen Fertigungsschritten und zu höheren Kosten führt.

> **!** Die Blickrichtung beim Platzieren der Bauteile ist stets von oben, also vom Top-Layer oder von der Bauteilseite aus. Die Beschriftung der Bauteile auf der Unterseite erscheint deshalb im Layoutsystem spiegelbildlich.

Die Bauteile sollen so angeordnet werden, dass optimale Bedingungen für die anschließende Leiterlegung vorhanden sind. Dies ist leicht gefordert, aber nur schwer zu erfüllen, denn es müssen dabei widersprüchliche Hinweise beachtet werden:

- gleichmäßige Dichte der Bauteilplatzierung und der Verbindungen,
- möglichst wenig Kreuzungen der Airlines,
- Bauteile mit hohen Verlustleistungen getrennt von empfindlichen Bauteilen,
- elektromagnetische Einflüsse zwischen den Bauteilen beachten,
- technologische Anforderungen der Baugruppenfertigung berücksichtigen.

Bauelemente und deren Verbindungen sollen die Fläche der Leiterplatte gut ausnutzen sowie gleichmäßig und in gleicher Ausrichtung angeordnet sein, was zu einer gleichmäßigen Dichte der Bauelemente und der Verbindungen führt. Layoutsysteme unterstützen dies zum Beispiel durch Anzeige eines Dichtehistogramms.

Die Luftlinienverbindungen (Airlines) sollten bereits jetzt nur wenige Kreuzungen aufweisen, was oft durch passendes Drehen des Bauteiles erreicht werden kann.

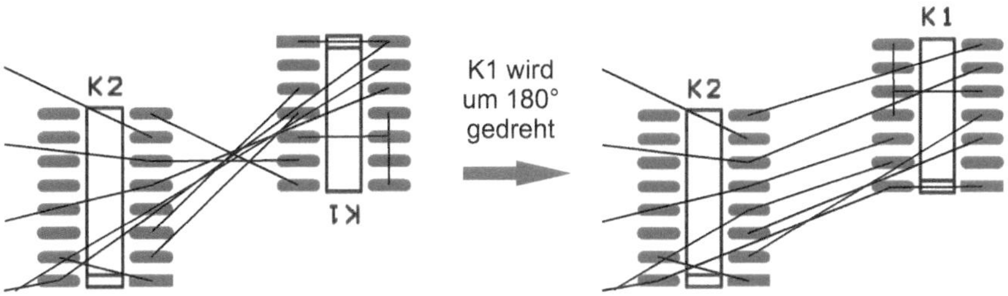

Bild 4.7 Wenig Kreuzungen der Airlines

Gleichzeitig müssen weitere Randbedingungen eingehalten werden. Dies betrifft die bereits bei dem Floorplanning zu beachtenden thermischen und elektromagnetischen Einflüsse zwischen den Bauelementen. Eventuell sind bei einzelnen Bauteilen Mindestabstände einzuhalten.

Aber auch technologische Restriktionen der Baugruppenfertigung, besonders beim Bestücken und Löten der Bauteile, müssen berücksichtigt werden. Im Abschnitt 7.2 werden hierzu Hinweise gegeben.

Eine gute Platzierung erfordert viel Erfahrung und lässt sich nicht mit einem einfachen Handlungsschema angeben. In einfachen Fällen kann aber wie folgt vorgegangen werden:

1. Platzierungsraster einstellen
2. Bauelemente mit vorbestimmten Positionen platzieren (Stecker, Bedienelemente)
3. Bauelemente sortieren
   - nach dem Floorplanning oder nach Baugruppen
   - nach Oberseite/Unterseite der Leiterplatte
4. Bauelemente mit hoher Priorität platzieren (beispielsweise Bauteile mit hoher Verlustleistung oder elektromagnetisch störende Bauteile)

5. Stützkondensatoren neben Schaltkreise legen
6. restliche Bauelemente nach Platzierhinweisen anordnen

Bei größeren Layouts wird es nicht möglich sein, bereits jetzt alle Bauteile zu platzieren. Hier muss abwechselnd und übergreifend mit Platzierung und Routing gearbeitet werden.

4.3.3 Automatisches Platzieren (Autoplacer)

Autoplacer streben beim automatischen Anordnen der Bauteile ein oder mehrere Optimierungsziele an. Dies kann die gleichmäßige Dichte auf der Leiterplattenfläche oder das Erreichen möglichst kurzer Verbindungen sein. Diese und weitere Optimierungskriterien widersprechen sich häufig und können nicht gleichzeitig eingehalten werden. Eine Wichtung der Kriterien ist oft schwierig.

Das Problem der Platzierung nach mehreren Kriterien ist nicht umfassend gelöst, weshalb Autoplacer nur für einfache reguläre Strukturen oder für die grobe Abschätzung des Platzbedarfes aller Bauteile einsetzbar sind. Sie werden in der Praxis nur sehr selten genutzt.

4.3.4 Optimieren von Platzierung und Packaging

Während der Anfertigung des Stromlaufplanes ist noch nicht zu überschauen, wie sich die Verwendung funktional gleicher Anschlüsse und funktional gleicher Gatter eines Schaltkreises im späteren Layout auswirkt. Aus diesem Grund werden die Anschlüsse (Pins) und die Gatter (Gates) zunächst willkürlich gewählt und erst später, nach dem Platzieren, optimiert. Dabei kann das Layout durch einfaches Tauschen (Swapping) zwischen Pins und zwischen Gates wesentlich verbessert werden.

Beim *Pin-Swapping* werden funktional gleichwertige Bauteilanschlüsse getauscht, um beispielsweise Airlinekreuzungen zu vermeiden.

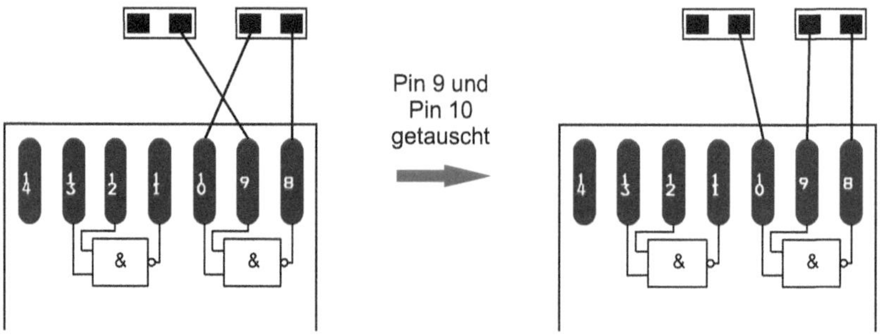

Bild 4.8 Pin-Swapping

Das *Gate-Swapping* ermöglicht, funktional gleichwertige Parts (z.B. binäre Gatter) eines Package (Schaltkreis) zu tauschen. Dies kann sowohl innerhalb eines Package als auch über mehrere Packages hinweg geschehen.

Viele Layoutsysteme unterstützen den Tauschvorgang, wobei die Informationen zur Tauschbarkeit der Anschlüsse oder Gatter in der Mappingtabelle enthalten sind.

Nach dieser Optimierung ist zu bedenken, dass das Verbindungsnetz durch die Tauschvorgänge geändert wurde und damit die Leiterplatte nicht mehr mit dem Stromlaufplan übereinstimmt. Für die Fehlersuche ist dies katastrophal und muss unbedingt korrigiert werden.

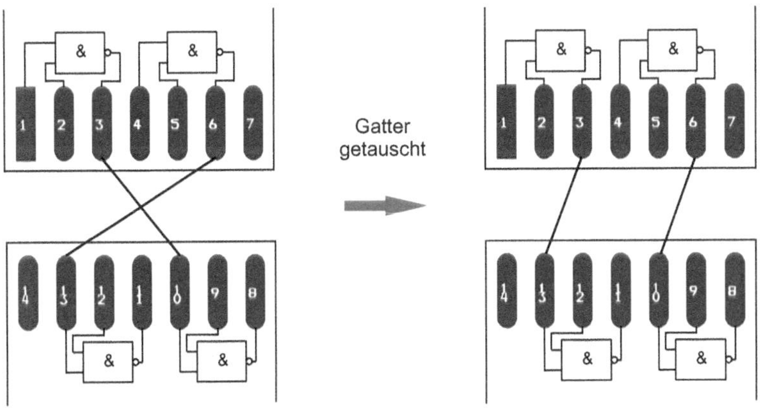

Bild 4.9 Gate-Swapping

Das Verbindungsnetz wird ebenfalls geändert, wenn Bauteile und damit deren Footprints ersetzt wurden und wenn Verbindungen geändert wurden.

Stromlaufplan, Netzliste und Layout müssen übereinstimmen.

Alle Änderungen, die im Layoutsystem ausgeführt wurden, müssen zum Stromlaufplan rückübertragen werden, damit sein Inhalt aktualisiert werden kann. Danach wird auch die Netzliste neu erzeugt. Damit liegen konsistente Daten vom Stromlaufplan über die Netzliste bis zur Leiterplatte vor. Layoutsysteme beinhalten die erforderlichen Werkzeuge für diese Rückübertragung (Backannotation).

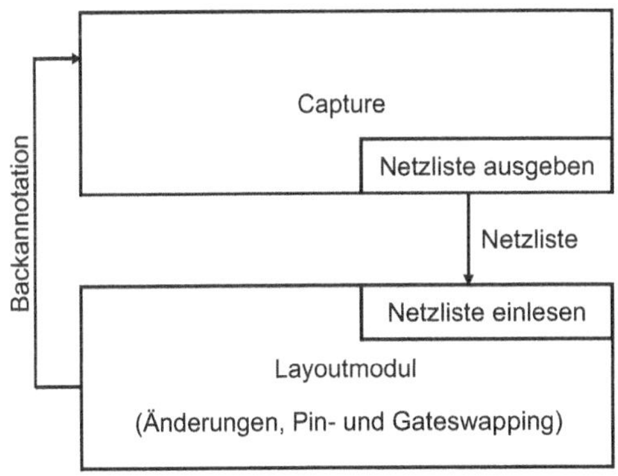

Bild 4.10 Backannotation

Die Anordnung der Bauteile, die während der Platzierung gefunden wurde, kann sich trotz aller Mühe beim späteren Legen der Leiter als unzweckmäßig erweisen. Deshalb ist es oft notwendig, während des Routings die Bauteilanordnung zu korrigieren.

Für das Beispiel Lauflicht mit vier LED wurde die in Bild 4.11 dargestellte Platzierung gefunden. Der Kondensator C2 stützt die Betriebsspannung beider Schaltkreise. Wegen der kleinen Ausdehnung der Leiterplatte und den kurzen Leiterlängen wurde er frei auf der Platinenfläche angeordnet.

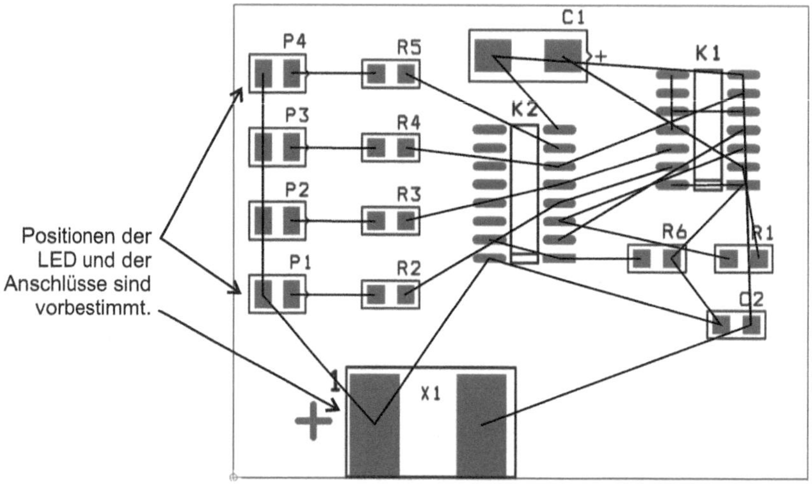

Bild 4.11 Platzierte Bauteile mit sichtbaren Verbindungen (Beispiel Lauflicht)

■ 4.4 Leiter legen (interaktives Routing)

Das Legen der Leiter ist zweifellos der Kern des Leiterbildentwurfes. Der Schwierigkeitsgrad dieser Aufgabe hängt aber auch vom vorhergehenden Schritt – der Bauteilplatzierung – ab, und es ist oft nötig, während des Legens der Leiter die Platzierung anzupassen.

> **!** Die Blickrichtung beim Legen der Leiter ist stets von oben, also vom Top-Layer oder von der Bauteilseite aus durch die transparent erscheinende Leiterplatte hindurch.

Das interaktive Routing oder das manuelle Legen der Leiter ist für einfache Aufgaben die typische Arbeitsweise. Aber auch für umfangreichere Layouts werden Leiter mit besonderen Anforderungen oder vorgegebenen Verläufen interaktiv gelegt. Ebenso kann es möglich sein, dass der Autorouter nicht alle Verbindungen legen kann. Diese müssen dann nachträglich manuell ergänzt werden.

Bei dem interaktiven Routing wird mit Hilfe des Kursors für die noch ungeroutete Verbindung (Airline) ein Weg durch das Layout gesucht. Die gefundenen Abschnitte des Weges werden dabei segmentweise abgelegt.

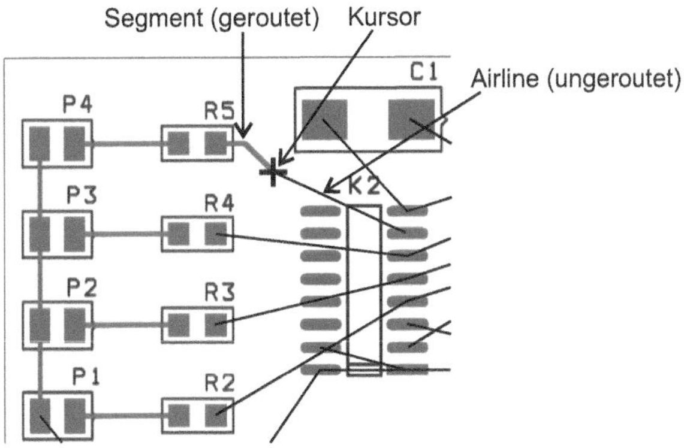

Bild 4.12 Interaktives Routing

Für das Ablegen der Segmente und für nachträgliche Änderungen können unterschiedliche Werkzeuge eingesetzt werden, die die Arbeit erleichtern.

4.4.1 Werkzeuge

Leiter lassen sich an den Ecken mit 45° *abschrägen*, wobei diese in 45° oder 135° liegenden Segmente auch über größere Bereiche der Leiterplatte führen können. Ebenso können die Ecken mit einem voreingestellten Radius *abgerundet* werden. Diese Abrundung ist jedoch besonderen Anforderungen vorbehalten und wird nur selten genutzt.

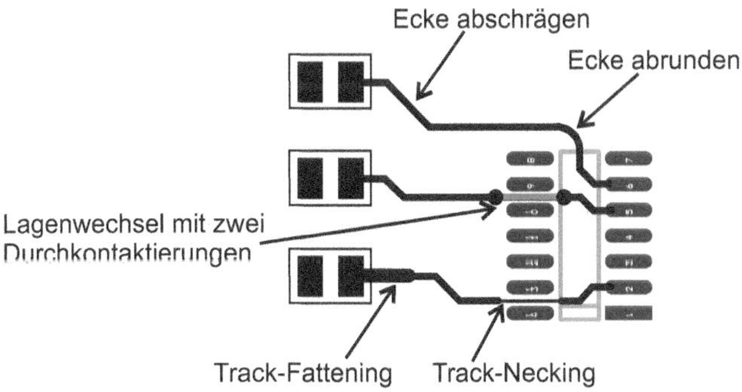

Bild 4.13 Werkzeuge für interaktives Routen

Wenn für einen Leiter kein sinnvoller Weg gefunden wird, kann bei einer zwei- oder mehrlagigen Leiterplatte auf die *andere Lage* gewechselt werden. Die dafür notwendigen Durchkontaktierungen werden vom Layoutsystem selbsttätig eingefügt. Die Art der Durchkontaktierung muss zuvor in den Optionseinstellungen festgelegt worden sein.

Sollte der Leiter an einer engen Stelle - zum Beispiel zwischen zwei Anschlüssen - zu breit sein, lässt er sich für ein oder mehrere Segmente *schmaler* einstellen (Track-Necking). Ebenso lässt er sich *breiter* einstellen (Track-Fattening), was jedoch seltener gebraucht wird.

4.4.2 Reihenfolge

Für die Reihenfolge, in der vorgegangen werden sollte, lässt sich keine allgemeingültige Regel aufstellen. Die Arbeitsweise ist stets von der konkreten Aufgabe abhängig und erfordert in erster Linie viel Erfahrung. Im Folgenden wird dennoch eine Reihenfolge angegeben, die jedoch nur für einfache Aufgaben oder sogar nur für dieses Beispiel (Lauflicht) sinnvoll ist.

1. Routingraster und Standard-Leiterbreite einstellen oder die vorhandene Einstellung kontrollieren.
2. Zuerst können *einfache, offensichtliche und kurze Verbindungen* gelegt werden. Zwar ist dabei zu bedenken, dass diese Direktverbindungen den Weg für weitere Leiter versperren könnten, jedoch ist mit diesem Schritt bereits ein großer Teil der Verbindungen geroutet und die Leiterplatte ist etwas übersichtlicher geworden. Sollte eine Direktverbindung später stören, lässt sie sich wieder entfernen.

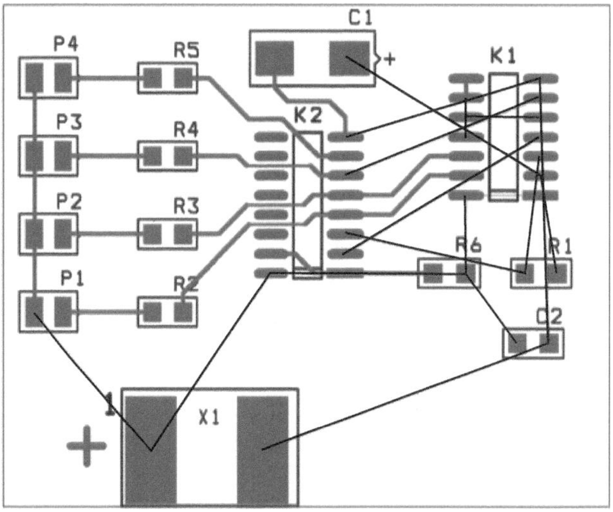

Bild 4.14 Einfache, offensichtliche und kurze Verbindungen

3. Die *Spannungsversorgung* und die *Stützkondensatoren* sollten niederohmig und mit kurzen Verbindungen angeschlossen werden. Damit dies möglich ist, muss das noch vor dem Legen der Signalleiter ausgeführt werden. Das betrachtete Beispiel hat kleine Abmessungen, weshalb in diesem Fall die Spannungsversorgung unkritisch ist.

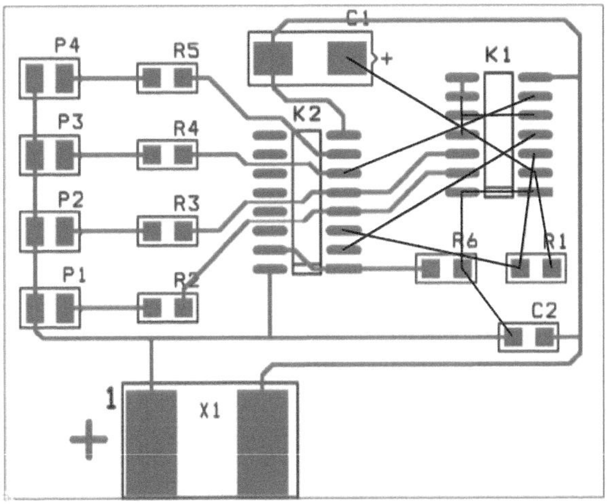

Bild 4.15 Spannungsversorgung (teilweise)

4. Neben der Spannungsversorgung kann das Layout weitere *kritische Verbindungen* haben, die vor anderen Verbindungen gelegt werden müssen. Dabei kann es sich aus Sicht der elektromagnetischen Verträglichkeit um störende oder empfindliche Leiter handeln. Ebenso sind hohe Frequenzen, hohe Ströme und hohe Spannungen betroffen. Einige Leiter sollen eine vorbestimmte Länge oder eine definierte Impedanz aufweisen. Auch diese Verbindungen müssen früh im Ablauf gelegt werden. Zur Eigenstörsicherheit sind ergänzende Hinweise im Abschnitt 4.7 enthalten.
5. *Leitungsbündel* und parallel verlaufende Verbindungen[1] benötigen mehr Platz als einfache Verbindungen und müssen gelegt werden, solange dieser Platz noch zur Verfügung steht.
6. Nun folgen die *restlichen Verbindungen*, wobei die schwierigsten Verbindungen zuerst gelegt werden sollten.

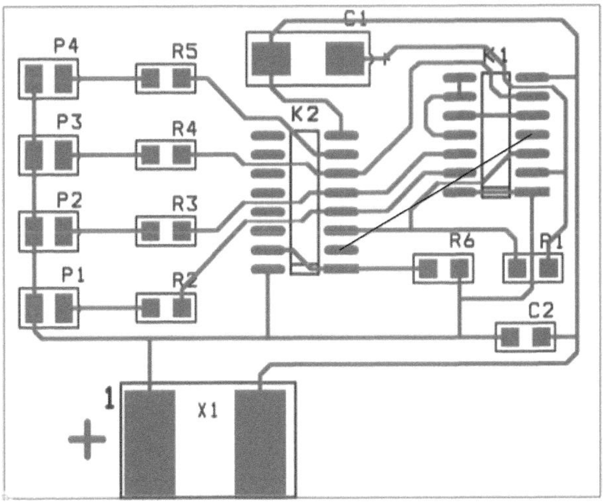

Bild 4.16 Fast alle Leiter gelegt

[1] Für differenzielle Signale (LVDS – low voltage differential signals)

7. Es passiert, dass eine scheinbar nicht zu verlegende Verbindung übrig bleibt. Auch bei Nutzung des Autorouters ist es möglich, dass eine oder mehrere Verbindungen ungeroutet bleiben. Für diese Verbindungen lässt sich meist dennoch ein Weg finden, notfalls muss dafür eine andere Verbindung entfernt und neu verlegt werden.

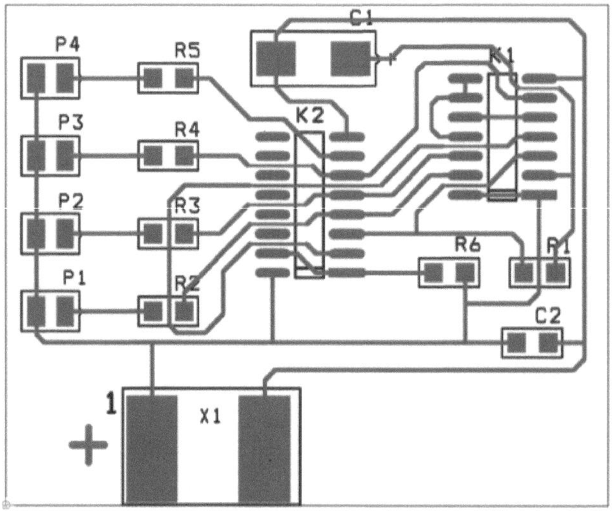

Bild 4.17 Alle Leiter gelegt [FRAN14]

Sicher lässt sich auch eine andere und vielleicht sogar bessere Lösung finden. Ebenso könnte das Layout weiter überarbeitet und optimiert werden. Es ist aber zu berücksichtigen, dass auch die Entwurfszeit Kosten verursacht und die Arbeit nicht ohne ersichtlichen Nutzen fortgeführt werden kann.

4.4.3 Routinghinweise

Das Ziel der bisherigen Erläuterung war, für möglichst alle Verbindungen überhaupt einen Weg zu finden. Das ist zwar das zweifellos wichtigste Ziel, aber für komplexe Aufgaben reicht das nicht aus. Deshalb sollen weitere Hinweise gegeben werden. Diese können widersprüchlich sein, was Kompromisse in Abhängigkeit von der jeweiligen Aufgabenstellung erfordert.

- Zunächst sollte stets eine *einfache, geradlinige und damit möglichst kurze Leitungsführung* gewählt werden. Das verringert die Impedanz des Leiters und reduziert Verkopplungen mit anderen Leitern.

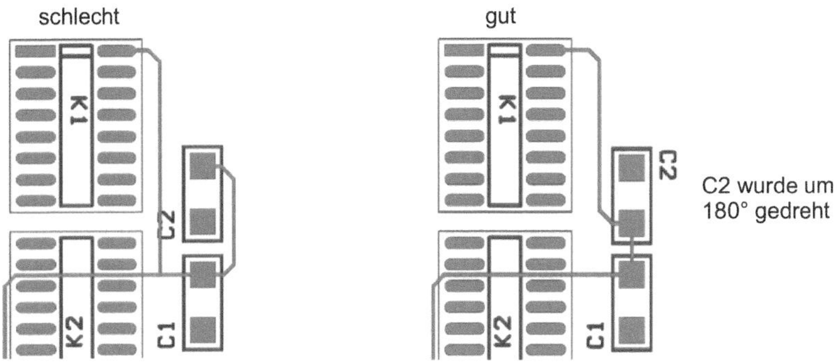

Bild 4.18 Einfache Leitungsführung

- Während der Layerdefinition (siehe Abschnitt 4.2) wurden auch *Vorzugsrichtungen* festgelegt, die für jeweils zwei korrespondierende Lagen (Partnerlagen) um 90° zueinander versetzt sind. Die Richtung kann sich an den Airlines, die an Bauelemente dieser Ebene angeschlossen sind, orientieren. Während des Legens der Leiter sollten diese Vorzugsrichtungen so weit wie möglich eingehalten werden.

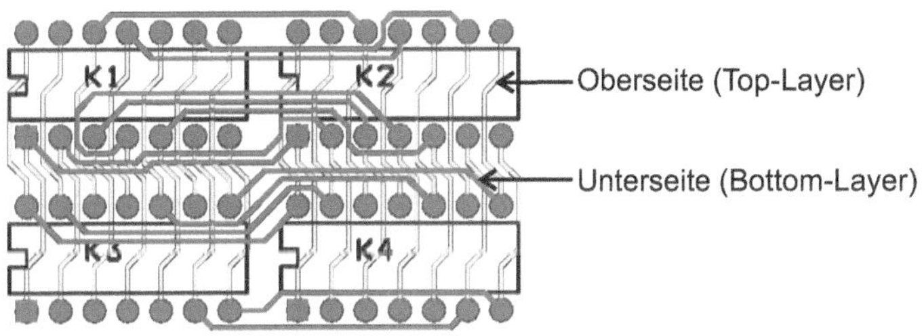

Bild 4.19 Vorzugsrichtungen

- Der verfügbare Platz kann *gleichmäßig dicht* ausgenutzt werden. Dabei sollten unnötig kleine Abstände vermieden werden. Kleine Abstände verringern die Spannungsfestigkeit und können zu Kurzschlüssen oder zu Verkopplungen führen. Außerdem bestimmt die engste Stelle den Preis für die Fertigung der gesamten Leiterplatte. Hierzu gehört auch der Hinweis, Leiter nicht seitlich aus Pads herauszuführen. Auch dies würde die Abstände unnötig verkleinern und kann beim Löten der Bauteile zu Lötbrücken führen.

Bild 4.20 Kleine Abstände vermeiden

- Beim Legen der Leiter sind spitze Winkel zu vermeiden und rechtwinklige Richtungsänderungen mit *45°-Winkeln* abzuschrägen. Hierdurch werden Reflexionen bei hohen Frequenzen vermieden. Auch die Fertigung wird zuverlässiger, da mögliche Haarrisse verhindert und Unterätzungen während der Leiterbildstrukturierung reduziert werden.

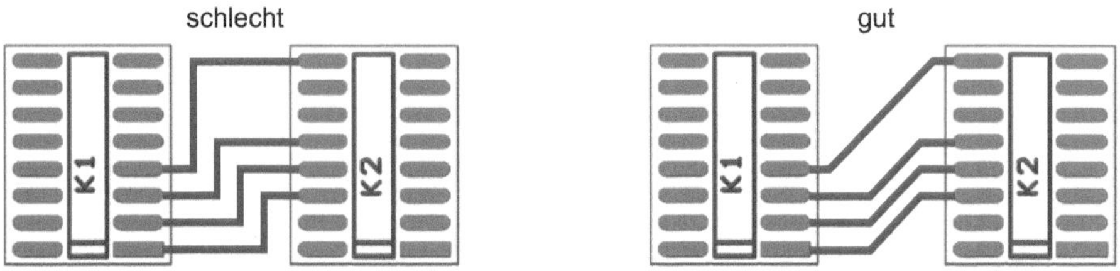

Bild 4.21 45°-Winkel verwenden

- Auch das Löten der Bauteile muss beim Layout bereits berücksichtigt werden, damit die fehlerfreie Weiterverarbeitung möglich wird. Hierzu zählt die Forderung nach *definierten Lötstellen.* Das Lot soll sich während des Lötprozesses am Anschluss sammeln und dort eine zuverlässige Verbindung herstellen. Weiterhin ist eine einwandfreie Lötverbindung nur möglich, wenn die Wärmeableitung zu großen Kupferflächen verhindert wird. Weitere Hinweise zur Vermeidung von Lötfehlern werden im Abschnitt 7.2 gegeben.

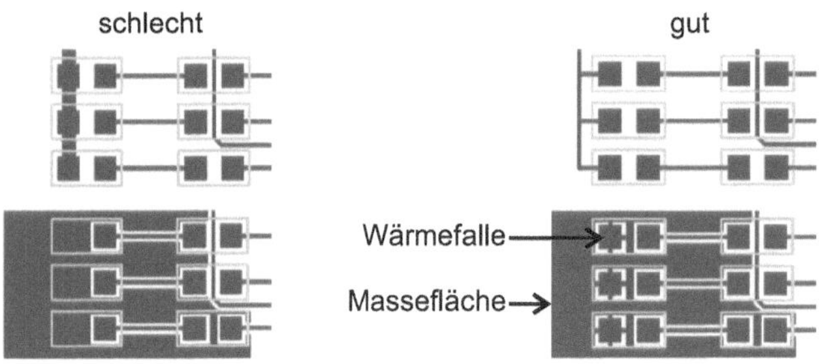

Bild 4.22 Anschlüsse thermisch isolieren

- In vielen Fällen ist es sinnvoll, die freien Flächen der Leiterplatte als *Kupferflächen* zu definieren und diese an Masse anzuschließen. Die möglicherweise noch vorhandenen Inseln sollten entfernt oder mittels Durchkontaktierungen ebenfalls an Masse angeschlossen werden. Thermische Spannungen und Blasenbildungen während des Lötens können verhindert werden, wenn die Massefläche als Gitter ausgebildet wird.

4.4.4 Abschließende Arbeiten

Nachdem das Layout fertig ist, sollte es umfassend geprüft werden, bevor weitere Unterlagen daraus abgeleitet werden. Neben der visuellen Prüfung stehen meist zwei rechentechnische Prüffunktionen zur Verfügung.

Die *geometrische Abstandsprüfung* (Design Rule Check - DRC) prüft die Einhaltung der vordefinierten Minimalabstände, untersucht das Layout auf Leitungskreuzungen, kennzeichnet offene Enden von Leiterbahnen und nicht angeschlossene Durchkontaktierungen.

Die *elektrische Konsistenzprüfung* (Electrical Connectivity Check - ECC) vergleicht die Layoutdaten mit der Netzliste aus dem Stromlaufplan und meldet Differenzen. Es ist sehr wichtig, dass der Stromlaufplan mit dem Layout übereinstimmt, da sonst eine spätere Fehlersuche schwierig oder sogar unmöglich wird.

Damit Inkonsistenzen verhindert werden, müssen alle nachträglichen Änderungen (z.B. vom Pin- und Gattertausch) in den Stromlaufplan rückübertragen werden.

4.5 Autorouter

Viele Layoutsysteme enthalten bereits einen Standard-Autorouter oder lassen sich mit unterschiedlich leistungsfähigen Autoroutern nachrüsten. Zwar können selbst die leistungsfähigsten Autorouter den Menschen nicht ersetzen, jedoch sind sie ein sehr gutes Werkzeug, das den Layoutprozess unterstützt. Viele aktuelle Layouts, zum Beispiel mit Ball Grid Arrays, könnten ohne Unterstützung durch einen Autorouter nicht entworfen werden.

Die Nutzung eines Autorouters beginnt mit der Vorgabe von Routingregeln und Routingstrategien. Diese Einstellungen sind sehr aufwändig, aber sie bestimmen entscheidend die Qualität des Routingergebnisses.

Der Autorouter ist oft ein selbständiges Programm (siehe Bild 4.1), an das das (manuell vorbereitete) Layout über eine Schnittstelle übergeben wird. Über die gleiche Schnittstelle wird das vom Autorouter bearbeitete Layout zurückgegeben und kann manuell nachbearbeitet werden.

Ergänzend zu den bisherigen Aussagen, die eine ein- oder zweilagige Leiterplatte ohne besondere Anforderungen zum Ziel hatten, sind weitere Anforderungen an die Leiterbildentwicklung möglich.

4.6 Multilayer

Mehrlagen-Leiterplatten (Multilayer) enthalten weitere Kupferlagen im Inneren. Dies erleichtert bei komplexen Layouts das Routing, jedoch erhöhen die zusätzlichen Lagen auch die Fertigungskosten.

Sehr häufig werden die Innenlagen zur Spannungsversorgung genutzt und führen nur jeweils ein Potenzial. Sie werden dann flächig als Plane-Layer gestaltet (siehe Abschnitt 3.1.2).

4.6.1 Durchkontaktierungen

Die Verbindungen zwischen den Lagen werden mit Durchkontaktierungen hergestellt. Dies ist eine innen metallisierte Bohrung im Trägermaterial der Leiterplatte. Je nach Lage der Durchkontaktierung werden verschiedene Typen unterschieden.

Am häufigsten wird die *durchgehende Kontaktierung (Through-Hole-Via)* eingesetzt, da sie am kostengünstigsten zu fertigen ist und beliebige Lagen kontaktieren kann. Nachteilig ist, dass diese Durchkontaktierung wegen der mechanisch hergestellten Bohrung groß ist und auf allen Lagen Platz benötigt.

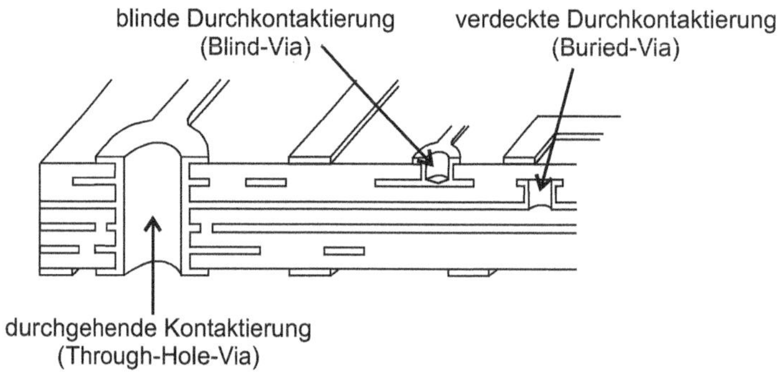

Bild 4.23 Durchkontaktierungen

Eine blinde *Durchkontaktierung (Blind-Via)* verbindet eine Außenlage mit einer Innenlage. Sie wird als Sacklochbohrung gefertigt und anschließend kontaktiert. Beim Bohren ist es sehr wichtig, die Bohrtiefe präzise einzuhalten.

Die *verdeckte Durchkontaktierung (Buried-Via)* verbindet zwei Innenlagen miteinander. Vom Fertigungsablauf des Multilayers ist abhängig, welche Lagen miteinander verbunden werden können.

4.6.2 Multilayeraufbau

Multilayer bestehen aus der Kombination von Laminat (meist FR4), Prepreg[2] und Kupferfolie. Die Reihenfolge, in der diese Materialien zum Aufbau eines Multilayers angeordnet werden, führt zu unterschiedlichen Aufbauten. Dies soll am Beispiel eines 6-Lagen-Multilayers gezeigt werden.

Ein erster Aufbau entsteht, wenn die sechs Lagen aus drei doppelseitigen Leiterplatten gebildet werden. Die doppelseitigen Leiterplatten werden getrennt strukturiert, bei Bedarf durchkontaktiert und mit zwischengelegtem Prepreg gestapelt und gepresst. Aufgabe des Prepreg ist, eine haltbare Verbindung zwischen den Lagen herzustellen und diese voneinander zu isolieren. Zur zuverlässigen Isolation werden stets zwei Lagen Prepreg benutzt.

---

2) Preimpregnated fibres – vorimprägnierte Fasern

Da das Laminat bei diesem Aufbau außen liegt, handelt es sich um einen *„Multilayer mit außenliegenden Kernen“* [ILFA05, S. 229 ff.].

Bild 4.24 zeigt, zwischen welchen Lagen verdeckte Durchkontaktierungen (Buried-Via) möglich sind. Dies ist beim Layout und bei der Festlegung des Fertigungsablaufes zu berücksichtigen.

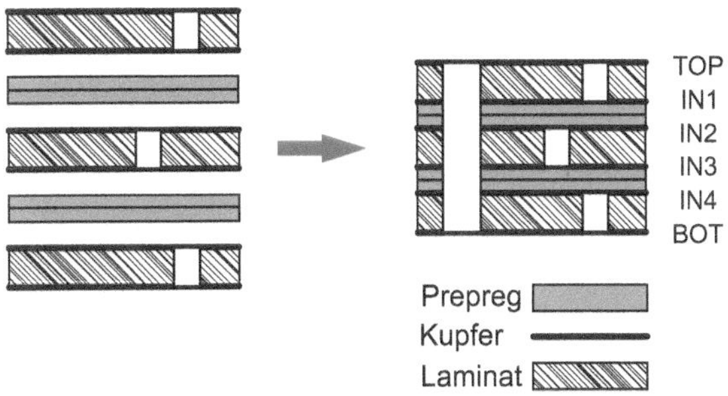

Bild 4.24 6-Lagen-Multilayer mit außenliegenden Kernen

Eine weitere Variante beginnt mit einer doppelseitigen Leiterplatte als Kern, die schrittweise mit Prepreg und Kupferlagen auf beiden Seiten erweitert wird. Es entsteht ein *„Multilayer mit sequentiellem Aufbau“* [ILFA05, S. 229 ff.]. Durchkontaktierungen werden nach jedem Schritt mittels Sacklochbohrung ausgeführt.

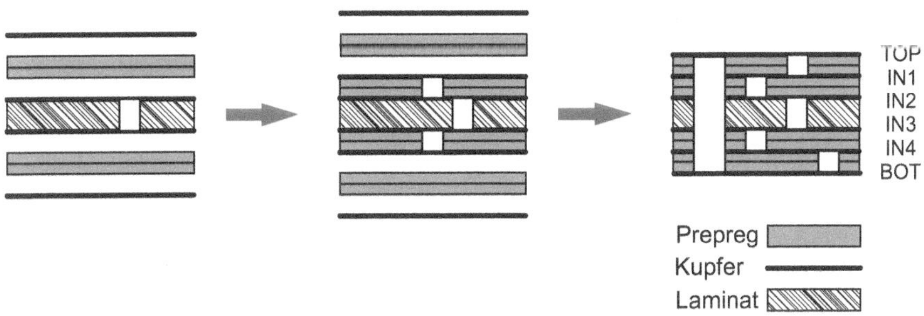

Bild 4.25 6-Lagen-Multilayer mit sequentiellem Aufbau

Eine Kombination der ersten beiden Varianten beginnt mit zwei doppelseitigen Leiterplatten, die strukturiert und bei Bedarf separat durchkontaktiert werden. Im nächsten Schritt werden sie miteinander verpresst und evtl. durchkontaktiert. Danach können sie beidseitig mit je einer Lage Prepreg und Kupferfolie ergänzt werden.

Es gibt bei diesem Aufbau keine außenliegenden, sondern nur innenliegende Kerne, weshalb es sich um einen *„Multilayer mit innenliegenden Kernen“* [ILFA05, S. 229 ff.] handelt.

Auch in diesem Fall sind verdeckte Durchkontaktierungen nicht zwischen allen Lagen möglich.

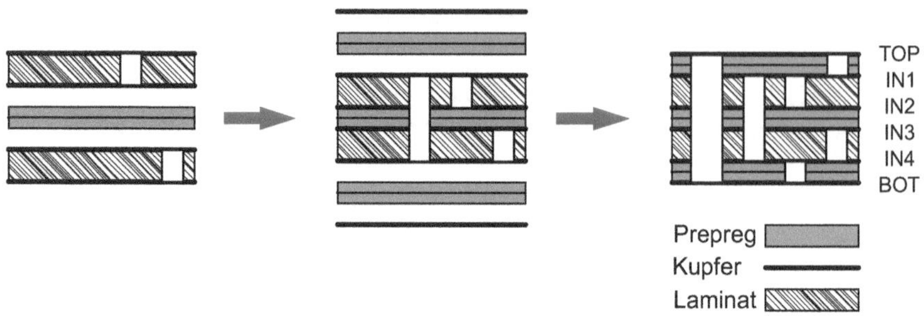

Bild 4.26 6-Lagen-Multilayer mit innenliegenden Kernen

Wenn mehr als sechs Lagen benötigt werden, sind weitere Kombinationen der gezeigten Varianten möglich.

Die möglichen Positionen der verdeckten Durchkontaktierungen sind vom Fertigungsablauf abhängig, was beim Layout zu berücksichtigen ist. Der Lagenaufbau muss deshalb vor dem Layoutentwurf festgelegt werden.

Lediglich die durchgehende Kontaktierung (Through-Hole-Via) kann beliebige Lagen verbinden. Sie ist jedoch größer und beansprucht Platz auf sämtlichen Lagen der Leiterplatte.

Der *Multilayer-Bauplan* dokumentiert die Anordnung der Lagen und damit den Aufbau der Leiterplatte. In [ILFA05, S. 621 ff.] sind zahlreiche Multilayer-Baupläne angegeben.

4.7 Eigenstörsicherheit

Der technischen Entwicklung in der Elektronik folgend, werden ständig höhere Anforderungen an die Leiterplatte gestellt. So wird mit höheren Frequenzen und schnelleren Taktraten bei steileren Flanken gearbeitet. Vor diesem Hintergrund muss ein Leiter als Bauelement mit Induktivität und Kapazität betrachtet werden. Häufig ist es dann notwendig, dass die daraus entstehende Impedanz auf dem gesamten Signalweg konstant bleibt (impedanzdefinierte Leiterplatte), damit Reflexionen des Signals verhindert werden.

Zusätzlich führen die Reduzierung der Versorgungsspannung und die Verringerung der Signalpegel zu höherer Empfindlichkeit. Dennoch muss die Baugruppe auch unter dem Einfluss von Störungen zuverlässig sein und darf selbst keine Störungen aussenden. Weitere Informationen zur elektromagnetischen Verträglichkeit sind in [SCHW11] und [MONT00] enthalten.

Die *Kopplung* ist die einseitige - oder auch gegenseitige - Beeinflussung einer elektronischen Schaltung (Störsenke) durch eine andere Schaltung (Störquelle). Befinden sich beide Schaltungen auf derselben Leiterplatte, handelt es sich um *Eigenstörungen*.

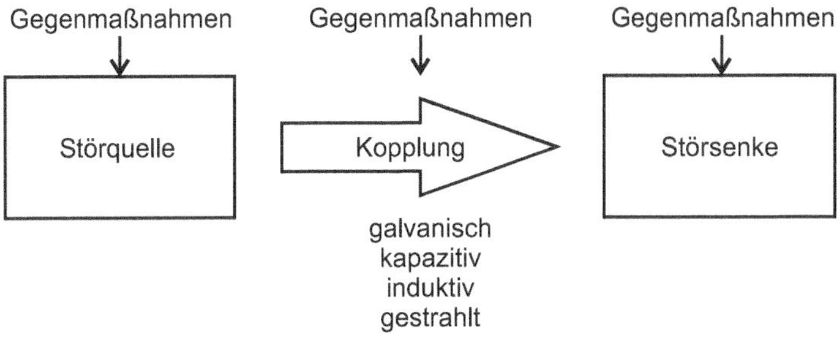

Bild 4.27 Kopplungen

In diesem Abschnitt wird ein Aspekt, die Eigenstörsicherheit, näher betrachtet, und es werden Hinweise für das Layout gegeben.

4.7.1 Kopplungen und Gegenmaßnahmen

Galvanische Kopplung

Die *galvanische Kopplung* resultiert aus einem gemeinsamen Leiter über den zwei oder mehr Stromkreise geführt werden. Die Ströme i_1 und i_2 verursachen über der gemeinsamen Impedanz den Spannungsfall $u_{\text{stör}}$, der zur Potenzialanhebung an der Störsenke und damit zur Einkopplung führt.

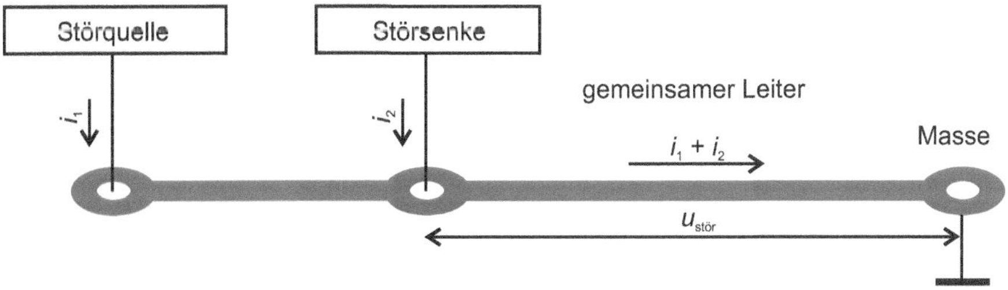

Bild 4.28 Beispiel für galvanische Kopplung

Gegenmaßnahmen:

- Koppelimpedanz durch sternförmiges Verlegen der Leiter[3] vermeiden,
- Koppelimpedanzen durch impedanzarme (kurze und breite) Leiter oder durch mehrfache Parallelschaltung (Vermaschen) der Leiter minimieren.

[3] Mit der Sternpunkterdung vergleichbar

Kapazitive Kopplung

Die *kapazitive Kopplung* beruht auf dem elektrischen Feld der Kapazität C_K zweier parallel geführter Leiter. Bei ausreichend hoher Frequenz fließt ein störender kapazitiver Strom i_C, der zur Kopplung (Übersprechen) führt.

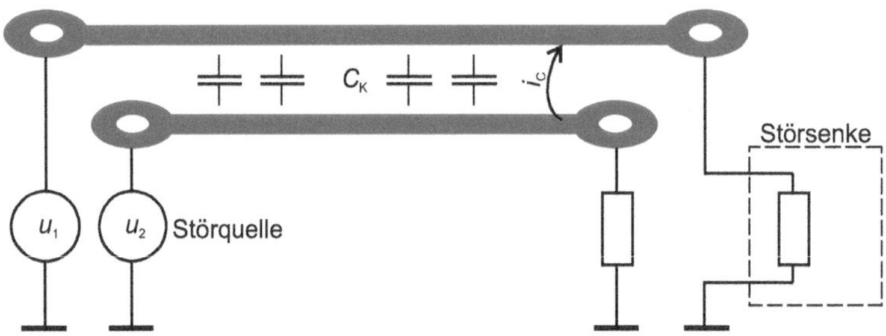

Bild 4.29 Beispiel für kapazitive Kopplung

Gegenmaßnahmen:

- Schirmleiter, der mit Masse verbunden ist, oder Massefläche,
- großer Abstand und kurze Abschnitte zueinander paralleler Signalleiter.

Induktive Kopplung

Die *induktive Kopplung* ist die Folge der Induktivitäten parallel verlaufender Leiter. Bei hoher Frequenz des Stromes i_1 auf dem störenden Leiter bildet sich ein Magnetfeld aus, welches im benachbarten Leiter eine Spannung $u_{stör}$ induziert und die Kopplung (Übersprechen) bewirkt.

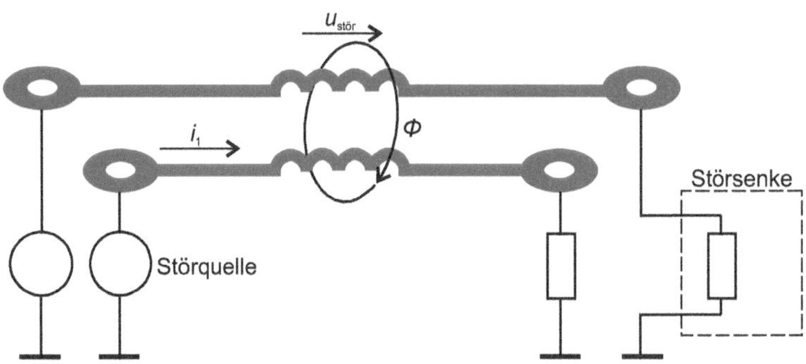

Bild 4.30 Beispiel für induktive Kopplung

Gegenmaßnahmen:

- Schirmleiter, der mit Masse verbunden ist, oder Massefläche,
- großer Abstand und kurze Abschnitte zueinander paralleler Signalleiter bei voneinander unabhängigen Stromkreisen,
- kleiner Abstand zwischen Hin- und Rückleiter (kleine Schleifenfläche).

Strahlungskopplung

Wenn bei hohen Frequenzen die Wellenlänge auf die Größenordnung der Leiterlängen sinkt, muss die *Strahlungskopplung elektromagnetischer Wellen* beachtet werden. Hierbei wirkt jeder Leiter als Antenne, die Störungen aussenden oder empfangen kann.

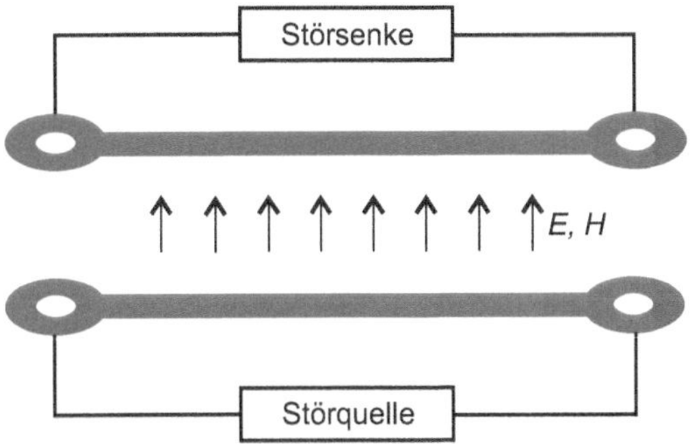

Bild 4.31 Beispiel für Strahlungskopplung

Gegenmaßnahmen:

- Schirmung des störenden (vorrangig) oder des gestörten Schaltungsteiles,
- Filter gegen hochfrequente Störungen,
- kleine Leitungslängen, die kurze Antennen ergeben.

4.7.2 Hinweise zur Layoutgestaltung

Gemeinsam mit der Erläuterung der Kopplungen wurden bereits Hinweise zur Verbesserung der Eigenstörsicherheit gegeben. Jedoch treten die Kopplungen nicht einzeln, sondern in Kombination auf, weshalb auch eine Kombination der Gegenmaßnahmen nötig ist. Die folgenden Hinweise sind deshalb nicht auf die Kopplungen bezogen, sondern orientieren sich an praktischen Gesichtspunkten und am Entwurfsablauf.

Der Layoutentwurf beginnt mit dem *Floorplanning* (siehe Bild 4.5). Hier sollte die Schaltung bereits in störende und empfindliche Schaltungsteile aufgeteilt werden. Diese sind dann sinnvoll auf der Platine mit kurzen Leitungswegen zwischen den Funktionsgruppen anzuordnen.

Die *Spannungsversorgung* sollte niederimpedant mit breiten und möglichst kurzen Leitern ausgeführt werden. Die beste Lösung ist ein flächiger Aufbau mittels Versorgungs- oder Referenzlagen, was jedoch Zusatzkosten verursacht.

Zusätzlich muss insbesondere bei digitalen Schaltungen die Versorgungsspannung mit Kondensatoren gestützt werden. Dies kann zum Beispiel ein Elektrolytkondensator mit 1 µF für niedrige Frequenzen und parallel ein Keramikkondensator mit 10 nF bis 100 nF für hohe Frequenzen sein. Die Kondensatoren müssen dicht am Bauelement platziert werden und niederimpedant mit dessen Anschlüssen verbunden sein.

Signalleiter sollten möglichst kurz sein und wenig Lagenwechsel aufweisen. Statt 90°-Winkel sind 45°-Winkel besser geeignet.

Voneinander abhängige Leiter, also Signal- und dessen Bezugsleiter sollten einen möglichst kleinen Abstand zueinander haben, damit die Schleifenfläche und damit die Kopplung klein ist.

Dagegen sind voneinander unabhängige Leiter, z. B. Taktleitung und Sensorsignal, mit möglichst großem Abstand zueinander zu verlegen, um das Übersprechen zu verringern.

4.7.3 Impedanzdefinierte Leiterplatte[4]

Eine wichtige Forderung, die während der Gestaltung des Layouts zusätzlich berücksichtigt werden muss, ist die Gewährleistung der *Signalintegrität* auf dem Übertragungsweg. Ein Signal soll demnach möglichst unverfälscht vom Ausgang des sendenden Bauteiles zum Eingang des empfangenden Bauteiles gelangen.

Vor dem Hintergrund höherer Frequenzen sowie steilerer Flanken der digitalen Signale wird die Leiterbahn zu einem Bauelement, dessen Induktivität und Kapazität beachtet werden müssen. Die daraus resultierende Impedanz des Leiters muss zum Erhalt der Signalintegrität auf dem gesamten Übertragungsweg konstant bleiben. Anderenfalls kommt es an den Positionen mit Impedanzsprüngen zu Signalreflexionen, die durch die Überlagerung des Orginalsignals mit dem reflektierten Signal zur Verfälschung bis zur Auslöschung führen können. Impedanzsprünge werden von 90°-Ecken der Leiter, Änderungen der Leiterbreite, Durchkontaktierungen, Bauteilanschlüsse u. a. verursacht.

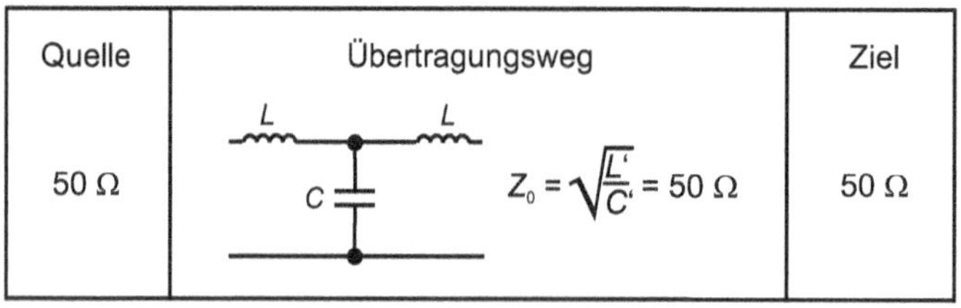

Bild 4.32 Impedanz auf dem Übertragungsweg

Es muss also gewährleistet werden, dass die Impedanzen der Quelle, des gesamten Übertragungsweges und des Zieles gleich groß sind. Für den Leiterplattenentwurf wird deshalb eine einzuhaltende *Impedanz vorgegeben oder definiert.* Dabei ist der genaue Wert der Impedanz zwar nicht wesentlich, aber aus praktischen Gesichtspunkten hat sich der Wert *50 Ohm* durchgesetzt. Die Leiterbreite, der prinzipielle Aufbau des Multilayers und die Laminat- und Prepregstärken müssen nun so gestaltet werden, dass die Impedanz von 50 Ohm weitestgehend eingehalten wird. Ein Toleranzbereich von 10 % wird meistens akzeptiert.

[4] Häufig wird der Begriff „Impedanzkontrollierte Leiterplatte" benutzt, was jedoch eine schlechte Übersetzung des Begriffes „Controlled Impedance PCB" ist.

> **!** Für die Gewährleistung der Signalintegrität müssen die Impedanzen der Quelle, des gesamten Übertragungsweges und des Zieles gleich groß sein. ■

Die Impedanz ist neben der grundlegenden Geometrie abhängig von:

- dem Abstand des Leiters vom Referenzpotenzial,
- der Leiterbreite und der Kupferstärke,
- der Permittivität[5] des umgebenden Materials (Isolierstoffträger, Prepreg) und
- der Form des Leiterquerschnittes (z. B. Rechteck oder Trapez) u. a.

Die präzise Berechnung der Impedanz ist aufwändig. Jedoch lassen sich *Standardgeometrien*, bei denen Hin- und Rückleitung geometrisch in einem festen Verhältnis zueinander stehen und parallele Strukturen bilden, festlegen. Für diese Anordnungen gibt es Berechnungsprogramme, vereinfachte Bestimmungsgleichungen [MONT00, S. 101 ff.] und vorgerechnete Tabellen [ILFA05, S. 145 ff.]. Die Länge des Leiters geht nicht in die Impedanzbestimmung ein.

Impedanzklassen

Entsprechend der Potenzialanordnung werden als Standardgeometrien unterschieden:

- **Single Ended Impedance**

  Die Impedanz ergibt sich durch die Anordnung eines einzelnen Leiters über einem oder zwischen zwei Bezugspotenzialen.
- **Differential Impedance**

  Die Impedanz ergibt sich durch zusammengehörige (differenzielle) Signale in zwei parallel zueinander verlaufenden Leitern, die in Referenz zu Bezugspotenzialen stehen.
- **Coplanar Impedance**

  Die Impedanz ergibt sich durch einen Leiter, der in eine Potenzialfläche eingebettet ist, mit Referenz zu einem oder zu zwei Bezugspotenzialen.
- **Differential-Coplanar Impedance**

  Die Impedanz ergibt sich durch zusammengehörige (differenzielle) Signale in zwei parallel verlaufenden Leitern, die in Potenzialflächen eingebettet sind, mit Referenz zu einer oder zu zwei Bezugspotenzialen.

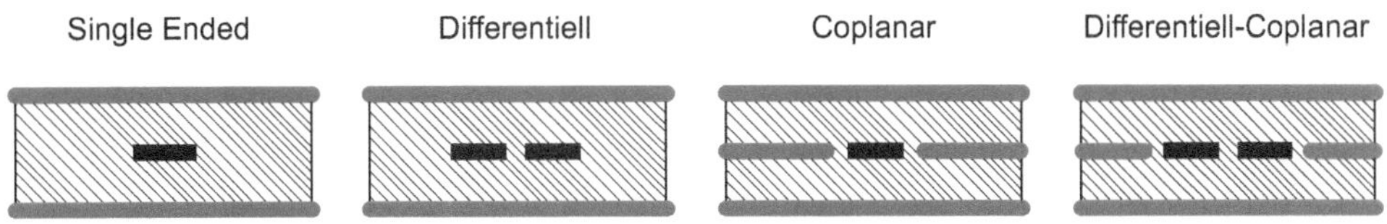

Bild 4.33 Impedanzklassen

5) Früher als Dielektrizitätskonstante bezeichnet

Impedanztypen

Eine weitere Unterteilung der Impedanzklassen berücksichtigt, ob der Signalleiter über einem oder zwischen zwei Bezugspotenzialen angeordnet ist.

- **Microstrip**
  Der Signalleiter ist über einem Potenzial angeordnet.
- **Stripline**
  Der Signalleiter ist zwischen zwei Potenzialen angeordnet.

Für beide Fälle können je nach dem Aufbau der Leiterplatte weitere Varianten unterschieden werden. Die *Single Ended Impedance* wird am häufigsten anzutreffen sein.

Impedanzvarianten (Single Ended Impedance)

Surface Microstrip

Der Signalleiter liegt über dem Referenzpotenzial auf einer Außenlage der Leiterplatte ohne Abdeckung durch Lötstopplack. Die Impedanz ist von Leiterbreite, Kupferstärke, Laminatstärke und relativer Permittivität des Laminates (ε_r) abhängig. Die effektive relative Permittivität (ε_{eff}) berücksichtigt, dass der Leiter einseitig von Luft umgeben ist.

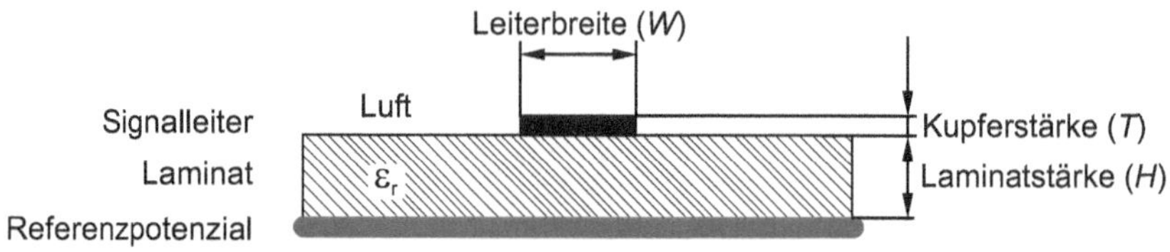

Bild 4.34 Surface Microstrip

Die Impedanz Z_0 dieses Aufbaus ergibt sich unter Anwendung der IPC-D-317A und bei Annahme von für Multilayer üblichen Abmessungen aus

$$Z_0 = \frac{60}{\sqrt{\varepsilon_{eff}}} \cdot \ln\left(\frac{5{,}98\,H}{0{,}8W + T}\right) \cdot \Omega \qquad (4.1)$$

mit der empirischen Beziehung

$$\varepsilon_{eff} = 0{,}475\,\varepsilon_r + 0{,}67 \qquad (4.2)$$

H - Laminatstärke, Abstand des Leiters vom Referenzpotenzial

T - Kupferstärke

W - Leiterbreite

ε_r - relative Permittivität des Laminates (z. B. 4,5)

ε_{eff} - effektive relative Permittivität

Diese Anordnung hat die gewünschte Impedanz von ca. 50 Ω zum Beispiel bei den Abmessungen $H = 0{,}12\,\text{mm}$, $T = 17\,\mu\text{m}$ und $W = 0{,}2\,\text{mm}$.

$$\begin{aligned} \varepsilon_{\text{eff}} &= 0{,}475 \cdot 4{,}5 + 0{,}67 = 2{,}81 \\ Z_0 &= \frac{60}{\sqrt{2{,}81}} \cdot \ln\left(\frac{5{,}98 \cdot 0{,}12\,\text{mm}}{0{,}8 \cdot 0{,}2\,\text{mm} + 0{,}017\,\text{mm}}\right) \cdot \Omega = 50{,}1\,\Omega \end{aligned} \tag{4.3}$$

Embedded Microstrip

Die Signalebene liegt innerhalb eines Multilayers mit Referenz zu einem Bezugspotenzial. Der Leiter ist bei sonst gleicher Geometrie nicht mehr auf einer Seite von Luft umgeben, was die effektive relative Permittivität verändert. Die Impedanz ist von Leiterbreite, Kupferstärke, Laminatstärke, Abstand des Signalleiters zur Außenlage und der relativen Permittivität des Laminates (ε_r) abhängig.

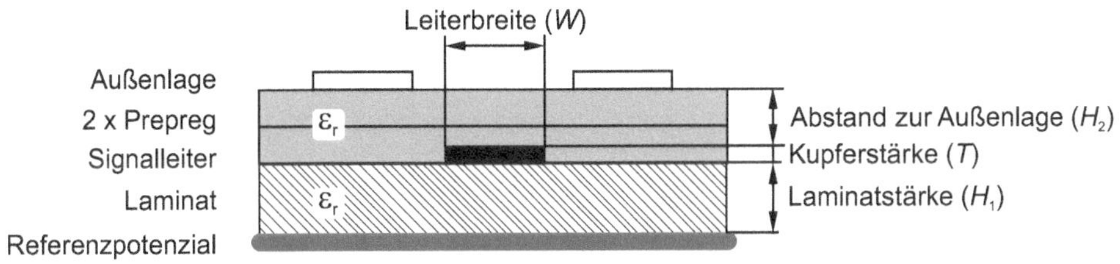

Bild 4.35 Embedded Microstrip

Die Impedanz Z_0 dieses Aufbaus ergibt sich mit Anwendung der IPC-D-317A und unter der Annahme üblicher Multilayer-Abmessungen aus

$$Z_0 = \frac{60}{\sqrt{\varepsilon_{\text{eff}}}} \cdot \ln\left(\frac{5{,}98\,H_1}{0{,}8\,W + T}\right) \cdot \Omega \tag{4.4}$$

mit

$$\varepsilon_{\text{eff}} = \varepsilon_r \left(1 - e^{\frac{-1{,}55(H_1 + H_2)}{H_1}}\right) \tag{4.5}$$

H_1 - Laminatstärke, Abstand des Leiters vom Referenzpotenzial

H_2 - Abstand des Leiters von der Außenlage

T - Kupferstärke

W - Leiterbreite

ε_r - relative Permittivität von Laminat und Prepreg (z. B. 4,5)

ε_{eff} - effektive relative Permittivität

Wenn zu der Anordnung nach Bild 4.34 mit den gleichen Abmessungen von H_1 = 0,12 mm, T = 17 µm und W = 0,2 mm noch Prepreglagen mit einer Gesamtstärke H_2 = 0,12 mm hinzugefügt werden, wird die Impedanz kleiner.

$$\varepsilon_{\text{eff}} = 4{,}5\left(\frac{1-e^{\frac{-1{,}55(0{,}12\,\text{mm}+0{,}12\,\text{mm})}{0{,}12\,\text{mm}}}}{0{,}12\,\text{mm}}\right) = 4{,}3$$

$$Z_0 = \frac{60}{\sqrt{4{,}3}}\cdot\ln\left(\frac{5{,}98\cdot 0{,}12\,\text{mm}}{0{,}8\cdot 0{,}2\,\text{mm}+0{,}017\,\text{mm}}\right)\cdot\Omega = 40{,}5\,\Omega \tag{4.6}$$

Coated Microstrip

Die Signalebene liegt wieder über dem Referenzpotenzial auf einer Außenlage, ist aber diesmal mit einer Lötmaske abgedeckt. Die effektive relative Permittivität wird wegen der geringen Schichtdicke viel weniger beeinflusst. Die Impedanz ist von Leiterbreite, Kupferstärke, Laminatstärke, Stärke der Lötmaske und der relativen Permittivität des Laminates (ε_r) abhängig.

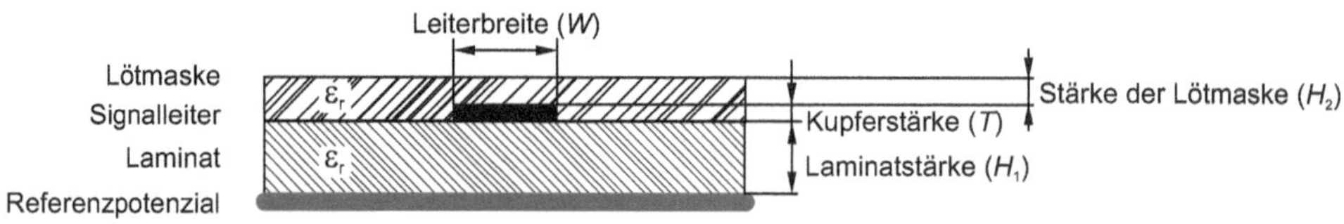

Bild 4.36 Coated Microstrip

Die Impedanz Z_0 dieses Aufbaus wird je nach Stärke der Lötmaske zwischen den Werten für Surface Microstrip und Embedded Microstrip liegen. Die Bestimmungsgleichungen für Embedded Microstrip (4.4) und (4.5) sind wegen der kleinen Schichtdicken der Abdeckung (H_2) hier nicht anwendbar.

In [MONT00, S.103] wird eingeschätzt, dass sich die Impedanz je 1 mil (0,025 mm) Stärke der Lötmaske um (0,5 ... 1) Ω verringert, wobei von Surface Microstrip ausgegangen wird.

Single Stripline symmetrisch

Der Signalleiter liegt im Multilayer mittig zwischen zwei Referenzebenen. Die Impedanz ist von Leiterbreite, Kupferstärke, Laminat- und Prepregstärke sowie von der relativen Permittivität des Laminates und des Prepregs (ε_r) abhängig.

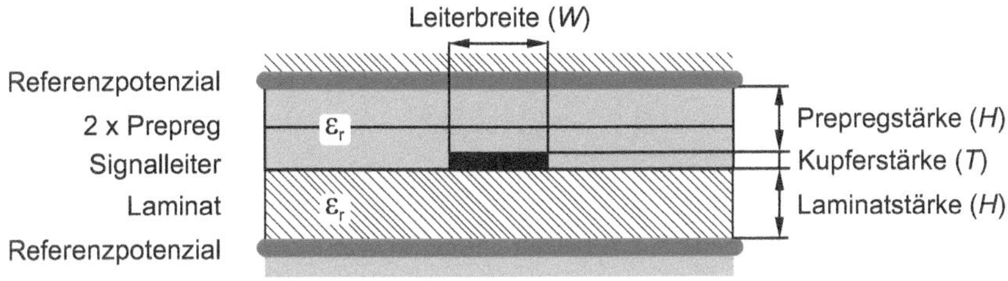

Bild 4.37 Single Stripline symmetrisch

Die Impedanz Z_0 dieses Aufbaus ergibt sich mit Anwendung der IPC-D-317A und unter der Annahme üblicher Multilayer-Abmessungen aus

$$Z_0 = \frac{60}{\sqrt{\varepsilon_r}} \cdot \ln\left(\frac{1{,}9(2H+T)}{0{,}8W+T}\right) \cdot \Omega \qquad (4.7)$$

H - Laminatstärke = Prepregstärke

T - Kupferstärke

W - Leiterbreite

ε_r - relative Permittivität von Laminat und Prepreg (z. B. 4,5)

Diese Anordnung hat die gewünschte Impedanz von ca. 50 Ω zum Beispiel bei den Abmessungen H = 0,15 mm, T = 17 µm und W = 0,1 mm.

$$Z_0 = \frac{60}{\sqrt{4{,}5}} \cdot \ln\left(\frac{1{,}9(2 \cdot 0{,}15\,\text{mm} + 0{,}017\,\text{mm})}{0{,}8 \cdot 0{,}1\,\text{mm} + 0{,}017\,\text{mm}}\right) \cdot \Omega = 51{,}6\,\Omega \qquad (4.8)$$

Single Stripline asymmetrisch

Eine Signalebene liegt im Multilayer asymmetrisch zwischen zwei Potenzialebenen. Die Impedanz ist von Leiterbreite, Kupferstärke, Prepregstärke, Laminatstärke und der relativen Permittivität des Laminates (ε_r) abhängig.

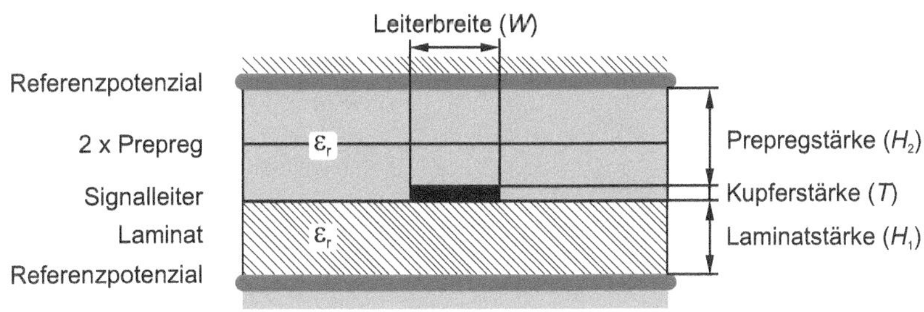

Bild 4.38 Single Stripline asymmetrisch

Die Impedanz Z_0 dieses Aufbaus ergibt sich unter Anwendung der IPC-D-317A und bei Annahme von für Multilayer üblichen Abmessungen aus

$$Z_0 = \frac{80}{\sqrt{\varepsilon_r}} \cdot \ln\left(\frac{1{,}9(2H_1 + T)}{0{,}8W + T}\right) \cdot \left(1 - \frac{H_1}{4H_2}\right) \cdot \Omega, \text{mit } H_1 \leq H_2 \tag{4.9}$$

H_1 - Laminatstärke, Abstand des Leiters vom Referenzpotenzial

H_2 - Prepregstärke, Abstand des Leiters von dem anderen Referenzpotenzial

T - Kupferstärke

W - Leiterbreite

ε_r - relative Permittivität von Laminat und Prepreg (z. B. 4,5)

Single Stripline symmetrisch ist in der Gleichung als Sonderfall für $H_1 = H_2$ enthalten.

Wenn vom vorherigen Beispiel mit den Abmessungen H_1 = 0,15 mm, T = 17 µm und W = 0,1 mm ausgehend, die Prepregstärke auf H_2 = 0,3 mm verdoppelt wird, ist die Impedanz jetzt

$$Z_0 = \frac{80}{\sqrt{4{,}5}} \cdot \ln\left(\frac{1{,}9(2 \cdot 0{,}15\,\text{mm} + 0{,}017\,\text{mm})}{0{,}8 \cdot 0{,}1\,\text{mm} + 0{,}017\,\text{mm}}\right) \cdot \left(1 - \frac{0{,}15\,\text{mm}}{4 \cdot 0{,}3\,\text{mm}}\right) \cdot \Omega = 60{,}2\,\Omega \tag{4.10}$$

Dual Stripline

Zwei Signalleiter befinden sich zwischen zwei Potenzialebenen. Die Leiter liegen in den Signalebenen orthogonal zueinander oder sind räumlich voneinander getrennt, es ist damit keine differenzielle Impedanz. Da die beiden Leiter nicht interagieren, liegen für jeden Leiter die gleichen Bedingungen wie für die asymmetrische Stripline vor. Die Impedanz ist von Leiterbreite, Kupferstärke, Laminatstärke, Prepregstärke und relativer Permittivität des Laminates (ε_r) abhängig.

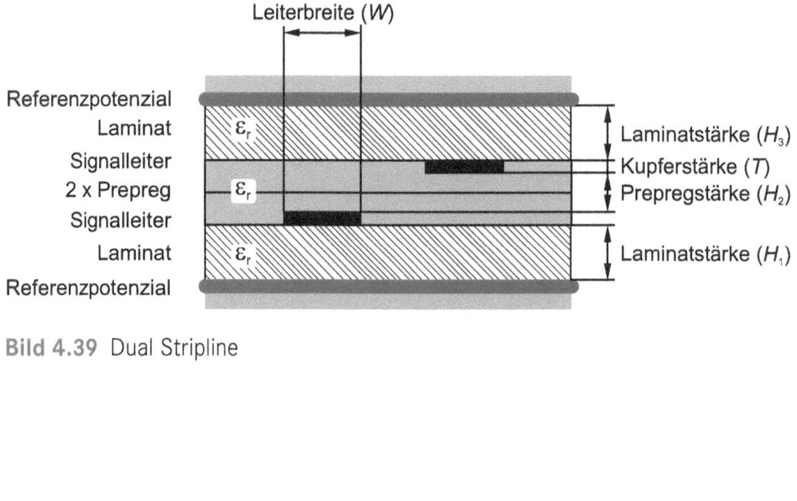

Bild 4.39 Dual Stripline

Die Impedanz Z_0 dieses Aufbaus ergibt sich unter Anwendung der IPC-D-317A und bei Annahme von für Multilayer üblichen Abmessungen aus

$$Z_0 = \frac{80}{\sqrt{\varepsilon_r}} \cdot \ln\left(\frac{1{,}9(2H_1 + T)}{0{,}8W + T}\right) \cdot \left(1 - \frac{H_1}{4(H_2 + H_3 + T)}\right) \cdot \Omega \qquad (4.11)$$

H_1 - Laminatstärke, Abstand des betrachteten Leiters vom Referenzpotenzial

H_2 - Prepregstärke, Abstand der Leiter zueinander

H_3 - Laminatstärke, Abstand des anderen Leiters vom Referenzpotenzial

T - Kupferstärke

W - Leiterbreite

ε_r - relative Permittivität von Laminat und Prepreg (z. B. 4,5)

Bei gleichen Abmessungen wie beim vorherigen Beispiel H_1 = 0,15 mm, H_2 = 0,15 mm, H_3 = 0,15 mm, T = 17 µm und W = 0,1 mm ergibt sich

$$Z_0 = \frac{80}{\sqrt{4{,}5}} \cdot \ln\left(\frac{1{,}9(2 \cdot 0{,}15\,\text{mm} + 0{,}017\,\text{mm})}{0{,}8 \cdot 0{,}1\,\text{mm} + 0{,}017\,\text{mm}}\right) \cdot \left(1 - \frac{0{,}15\,\text{mm}}{4 \cdot (0{,}15 + 0{,}15 + 0{,}017)\,\text{mm}}\right) \cdot \Omega = 60{,}7\,\Omega. \qquad (4.12)$$

Für andere Impedanzklassen (differential, coplanar) sind in [MONT00] und in der IPC-D-317A weitere Berechnungsvorschriften verfügbar.

4.8 Abgeleitete Unterlagen

Neben dem Leiterbild mit der Struktur der Kupferlagen werden für die Fertigung der Leiterplatte weitere Informationen benötigt. Die Art und der Umfang dieser Dokumente ist von dem gewünschten Aufbau der Leiterplatte abhängig und richtet sich nach Lagenzahl, eventueller Lötmaske, dem Beschriftungsaufdruck und nach dem Lötverfahren, für das möglicherweise eine Schablone zum Lotpastendruck benötigt wird.

Mit der Platzierung der Footprints aller Bauteile und der Anfertigung des Layouts sind viele Daten entstanden, die über die in Kupfer strukturierten Lagen der Leiterplatte hinausgehen und aus denen weitere Fertigungsunterlagen abgeleitet werden können. Dies gilt für Oberseite und zusätzlich für die Entwurfslagen auf der Unterseite.

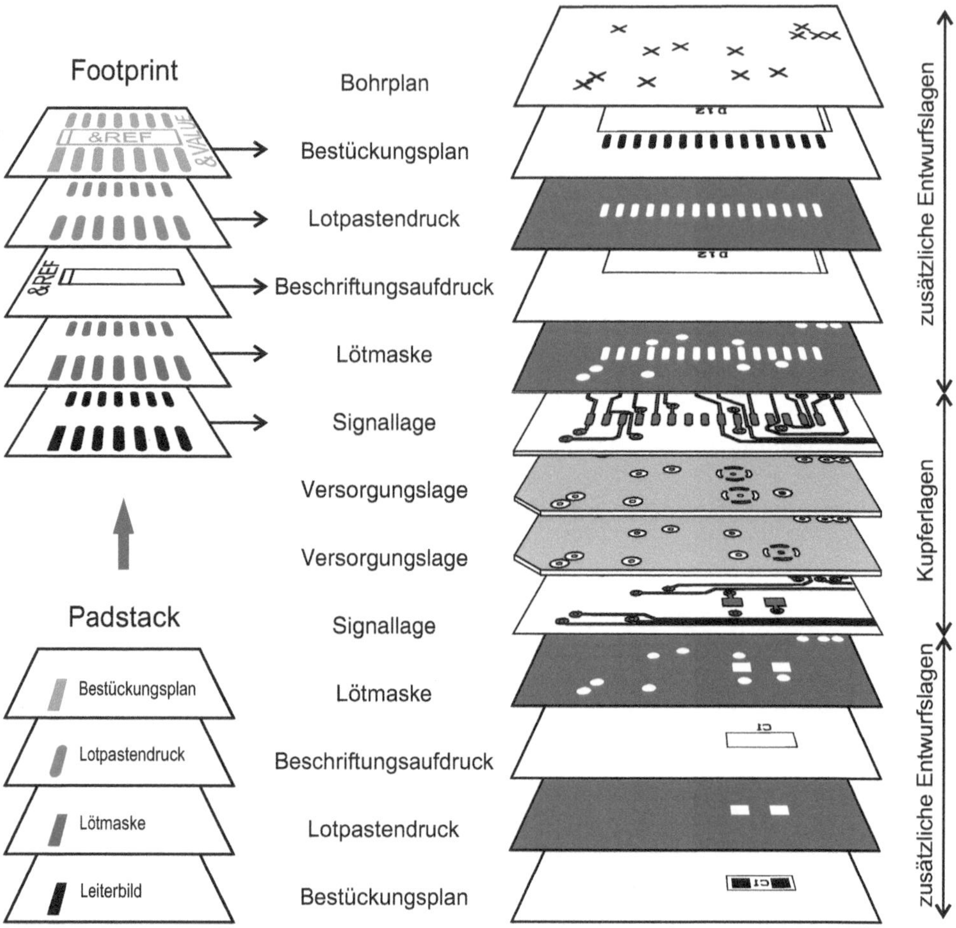

Bild 4.40 Entwurfslagen eines Layouts

Die zusätzlichen Informationen wurden bei der Definition der Footprints und seiner Padstacks (siehe Abschnitt 3.3.4) bereits vorbereitet. So enthalten die Footprints auf den Entwurfslagen alle notwendigen Informationen für den Bestückungsplan, den Lotpastendruck, den Beschriftungsaufdruck und die Lötmaske. Weitere Entwurfslagen sind möglich. Die Formen und Abmessungen der Anschlüsse, die auch auf den Entwurfslagen vorhanden sind, stammen aus den Padstacks.

Auch die Bohrungen sind in den Padstacks der Bauteile für Durchsteckmontage und in den Padstacks der Durchkontaktierungen bereits enthalten.

Beim Platzieren der Footprints werden damit auch Informationen für die ergänzenden Unterlagen aufgebaut und brauchen nur noch aus dem Layout gefiltert und aufbereitet werden. Als Beispiele sollen einzelne dieser Konstruktionsunterlagen aus dem Beispiel Lauflicht dienen. Weitere, hier nicht dargestellte Unterlagen, sind die Bearbeitungszeichnung, die Schablone für einen Klebstoffauftrag und andere.

4.8.1 Bohrplan

Der Bohrplan enthält neben dem Leiterplattenumriss die Positionen und die Durchmesser der Bohrungen sowie eventuelle Durchbrüche. Die Bohrungen sollten möglichst in einem einheitlichen Raster liegen. Alle nicht im Raster liegenden Bohrungen müssen bemaßt werden. Konturen, Durchbrüche u.a. sind in jedem Fall zu bemaßen. Für die Bohrungsdurchmesser wird eine sinnbildliche Darstellung, die in der Legende erläutert wird, angewendet.

Bei der Wahl der Bohrdurchmesser für Durchkontaktierungen sind fertigungstechnische Restriktionen zu beachten. Diese stellen sicher, dass die Metallisierung der Bohrwandung zuverlässig möglich ist und werden häufig als *Aspekt-Ratio* angegeben. Dabei handelt es sich um das Verhältnis des Bohrdurchmessers zur Bohrtiefe.

Für durchgehende Durchkontaktierungen entspricht die Bohrtiefe der Materialstärke der Leiterplatte. Hier sollte das Aspekt-Ratio größer als 1:8 sein. Die Metallisierung von Blind-Via ist schwieriger, weshalb ein Aspekt-Ratio bis 1:1 notwendig sein kann.

Für die Bestückung bedrahteter Bauteile ist zu beachten, dass sich der noch offene Bohrdurchmesser durch die Metallisierung der Bohrwandung verkleinert. Damit die Bestückung noch möglich ist, muss die Bohrung entsprechend größer (z.B. um 100 µm) festgelegt werden.

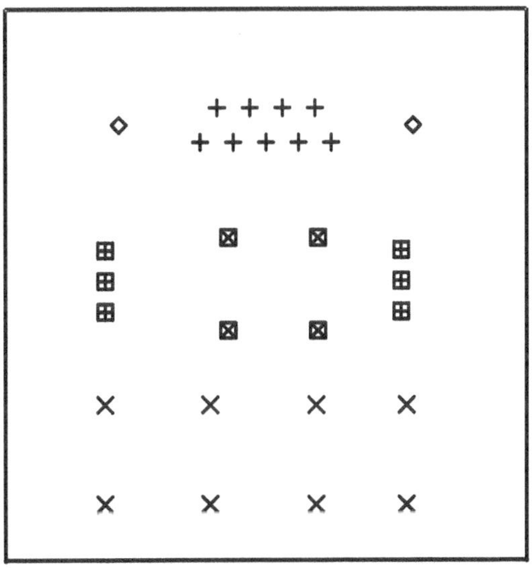

Bohrungen				
	Durchmesser		Anzahl	Bemerkungen
⊠	0.028 Zoll		4	
×	0.031 Zoll		8	
+	0.042 Zoll		9	
⊞	0.050 Zoll		6	
◇	0.120 Zoll		2	
			29	

Bild 4.41 Bohrplan (Layoutübung 2)

Das Beispiel Lauflicht enthält keine Bohrungen. Deshalb wird als Ersatz die in Bild 4.48 dargestellte Übungsaufgabe zur Illustration genutzt.

4.8.2 Bestückungsplan

Der Bestückungsplan enthält Informationen zur räumlichen Lage der Bauteile für eine eventuelle Handbestückung und dient der Dokumentation. Die Bauteile werden in vereinfachter Form mit ihrer Referenzkennzeichnung dargestellt. Bei Bedarf wird zusätzlich die Polarität oder das Pin 1 für eine korrekte Ausrichtung angegeben. Zur besseren Verständlichkeit der Bauteilanordnung können die Bauteilanschlüsse oder deren Lötflächen mit dargestellt werden. Wird die Leiterplatte beidseitig bestückt, werden zwei getrennte Bestückungspläne benötigt.

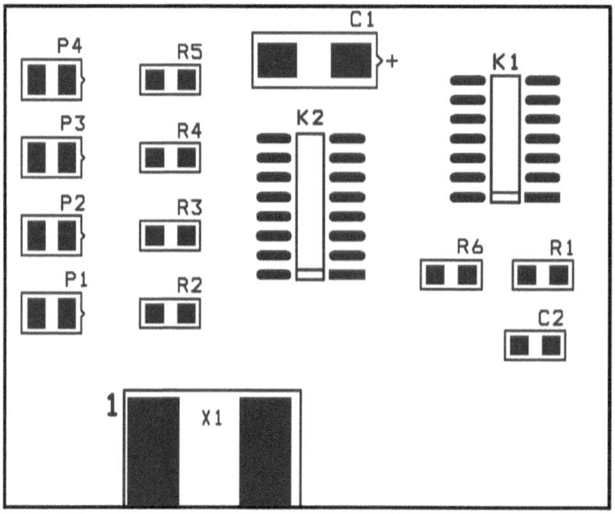

Bild 4.42 Bestückungsplan (Beispiel Lauflicht)

4.8.3 Beschriftungszeichnung

Die Beschriftungszeichnung enthält die notwendigen Darstellungen für den Serviceaufdruck auf die Leiterplatte. Im Vergleich zum Bestückungsplan ist zu beachten, dass hier die Lötflächen frei bleiben müssen und deshalb in dieser Zeichnung nicht enthalten sind. Die Texte sollen nach dem Bestücken lesbar sein und müssen deshalb neben statt unter dem Bauteil platziert sein - sofern die Platzverhältnisse das zulassen. Weiterhin darf es nicht passieren, dass sich Teile der Beschriftung auf Lötflächen befinden.

Für Textgrößen und Mindestabstände sind Herstellerangaben zu beachten. Als Beispiel sind in [ILFA05, S. 56 f.] folgende Angaben enthalten:

- Textgröße bei Linienbreite 0,2 mm: Minimum 45 mil, Empfehlung 55 mil, Textgröße bei Linienbreite 0,3 mm: Minimum 60 mil, Empfehlung 70 mil,

- Randabstand mindestens 0,5 mm,
- Padabstand mindestens 0,2 mm.

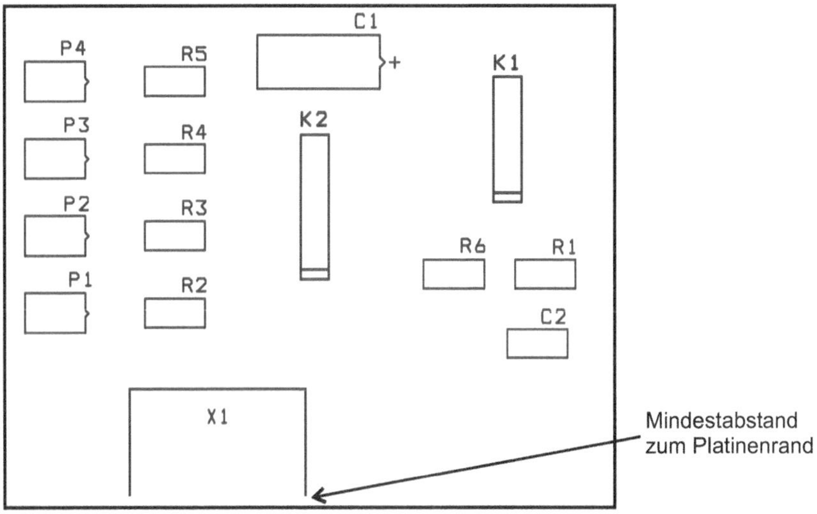

Bild 4.43 Beschriftungszeichnung (Beispiel Lauflicht)

4.8.4 Lötmaskenzeichnung

Diese Unterlage enthält die Geometrie der Lötmaske. Ein Lötmaskenaufdruck ermöglicht es, Leiterplatten mit Massenlötverfahren selektiv zu löten. Die Lötmaske deckt hierzu mit einem speziellen Lack alle nicht zu lötenden Bereiche ab. Lediglich die Anschlussflächen und die Durchkontaktierungen sind offen.

Durch Anwendung einer Lötmaske

- werden Kurzschlüsse beim Löten vermieden,
- die Platinenfläche wird isoliert,
- eine höhere Spannungsfestigkeit ist vorhanden und
- die abgedeckten Teile der Oberfläche sind vor Umwelteinflüssen geschützt.

Die Lötmaskenzeichnung wird als Negativzeichnung mit Blick auf die zu bedruckende Seite angefertigt. Die Zeichnung enthält dann nur die Flächen, die auf der Platine lackfrei bleiben sollen. Die Freistellungen für die Anschlussflächen müssen etwas größer sein als im Leiterbild, damit sich Lagetoleranzen zwischen Lötmaske und Leiterbild nicht auswirken.

Für die Abstände sind Herstellerangaben zu beachten. In [ILFA05, S.210 ff.] werden in Abhängigkeit von der genutzten Technologie für die Freistellung der Anschlussflächen – allseitig 0,15 mm für Siebdruck und allseitig 0,05 mm für Fotodruck angegeben.

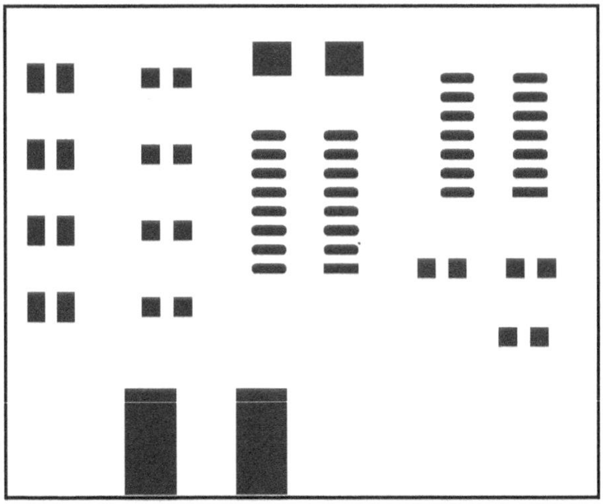

Bild 4.44 Lötmaskenzeichnung (Beispiel Lauflicht)

4.8.5 Lotpastenzeichnung

Die Zeichnung enthält Informationen für den Lotpastendruck mittels Schablone. Bei Einsatz des Reflow-Lötverfahrens wird erst Lotpaste auf die Anschlussflächen aufgedruckt. Danach werden die Bauelemente platziert und zum Löten wird die gesamte Baugruppe erhitzt. In der Serienfertigung erfolgt der Lotpastenauftrag mittels Schablonendruck.

Im Gegensatz zur Lötmaske sind hier nur die Bereiche enthalten, die mit Lotpaste bedruckt werden sollen. Die Anschlussflächen für die Spannungsversorgung (X1) und eventuelle Durchkontaktierungen zählen nicht dazu.

Die Öffnung für den Schablonendruck soll umlaufend etwas kleiner sein als das Pad auf der Leiterplatte. Für die Größe der Schablonenöffnungen sind Herstellerangaben zu beachten. Für lasertechnisch hergestellte Schablonen soll die Schablonenöffnung nach [ILFA05, S. 206] umlaufend 50 µm kleiner sein. Damit beim Schablonendruck keine Paste in den Ecken der Öffnungen hängen bleibt, werden bei kleinen Öffnungen wie zum Beispiel für Schaltkreisanschlüsse abgerundete Rechtecke oder die Form „Oblong“ benutzt.

Mit diesen Unterlagen, die aus dem Layout abgeleitet wurden, sind der Entwurf der Leiterplatte und die Anfertigung der zugehörigen Zeichnungen abgeschlossen. Die Zeichnungen sind indirekte Unterlagen zur Dokumentation des Entwurfes.

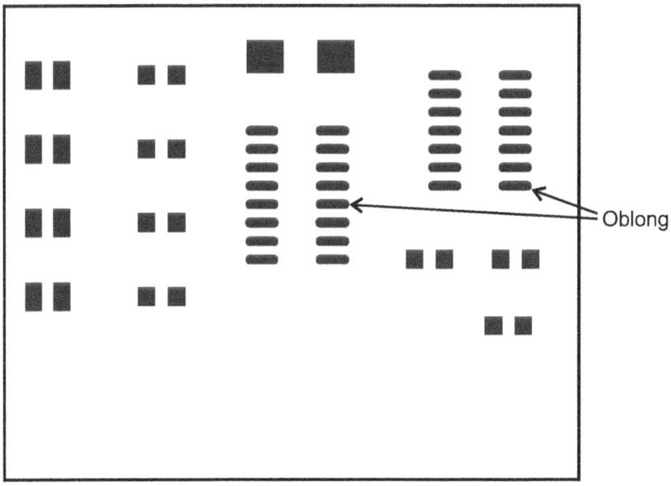

Bild 4.45 Lotpastenzeichnung (Beispiel Lauflicht)

Die *Netzliste*, die aus dem Stromlaufplan gewonnen wurde, ist der Ausgangspunkt des Layoutentwurfes. Zur Vorbereitung des Entwurfes müssen die Footprintbibliothek überprüft und zahlreiche *Optionseinstellungen* vorgenommen werden.

Nach dem Floorplanning werden die Bauteile möglichst optimal für den nachfolgenden Routingvorgang platziert. Von dieser *Platzierung* hängen Arbeitsaufwand und Qualität des Layoutes sehr stark ab.

Das *Legen der Leiter* ist der Kern des Entwurfsvorganges und erfordert viel Übung und Erfahrung, da mehrere Anforderungen, besonders technologische Restriktionen der Leiterplatten- und Baugruppenfertigung, in Übereinstimmung gebracht werden müssen. Layoutsysteme stellen einen Autorouter und weitere Werkzeuge zur Verfügung, die den Entwurf unterstützen.

Auch nach Änderungen und Optimierungen müssen Layout und Stromlaufplan übereinstimmen.

Für komplexe Layouts können *Multilayer* mit Lagen im Inneren der Leiterplatte genutzt werden.

Zusätzliche Anforderungen an das Layout entstehen, wenn *elektromagnetische Beeinflussungen* berücksichtigt werden müssen. Daraus resultieren weitere Anforderungen an die Layoutgestaltung.

Aus dem Layout können *weitere Unterlagen* zur Vorbereitung ergänzender Produktionsschritte abgeleitet werden. Umfang und Inhalt sind vom Fertigungsverfahren und vom Aufbau der Leiterplatte abhängig.

Mit der Anfertigung der direkten Unterlagen - den Produktionsdaten - wird sich das Kapitel 5 beschäftigen. Vorher sollten aber noch die drei theoretischen und die vier Übungsaufgaben zum Layout bearbeitet werden.

Aufgabe 4.1

Welche Informationen müssen vor Beginn des Leiterbildentwurfes vorliegen? ■

Aufgabe 4.2

Nach welchen Kriterien wird die Leiterbreite festgelegt und nach welchen Bedingungen richten sich die Leiterabstände? ■

Aufgabe 4.3

Was ist beim Platzieren von Bauteilen auf der Leiterplatte zu beachten? ■

■ 4.9 Übungsaufgaben zum Layout

In diesem Kapitel wurde wiederholt darauf hingewiesen, dass für den Leiterbildentwurf viele Erfahrungen notwendig sind. Für das Gewinnen erster Erfahrungen können die nachfolgenden Layoutaufgaben gelöst werden. Diese sind so gestaltet, dass mit einer sehr simplen Aufgabe begonnen wird und der Schwierigkeitsgrad langsam ansteigt. Alle Aufgaben lassen sich ohne Rechnerunterstützung lösen. Ziel sollte eine einseitige Leiterplatte ohne Durchkontaktierungen und ohne Drahtbrücken sein.

Layoutübung 1

Eine *erste Aufgabe für Anfänger* ist noch sehr einfach zu lösen. Die Platzierung der Bauteile folgt dem Stromlaufplan eines astabilen Multivibrators. Es ist viel Platz für das Legen der Leiter vorhanden. Eine Lage ist ausreichend. Zwischen den Bauteilanschlüssen - außer am Transistor - darf jeweils ein Leiter hindurchgelegt werden.

Es empfiehlt sich, mit Bleistift zu arbeiten und einen Radiergummi bereitliegen zu haben, damit falsch verlegte Leiter wieder entfernt werden können. So arbeiten auch einige Autorouter und nennen es „rip-up and retry".

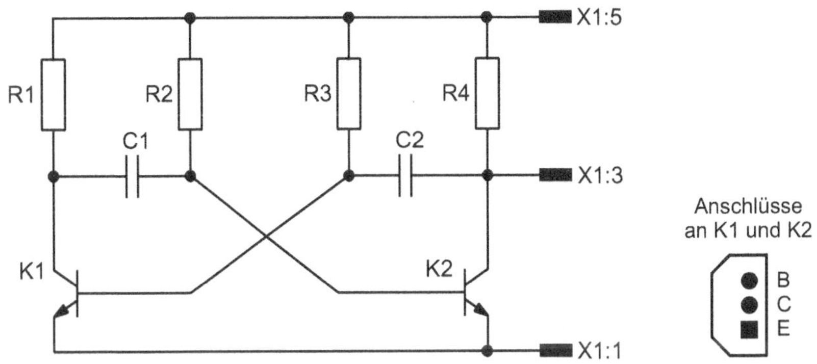

Bild 4.46 Stromlaufplan für Aufgaben 1 und 2

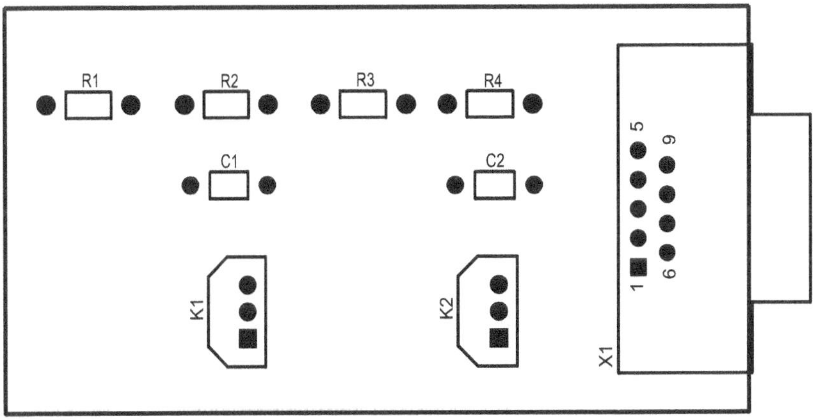

Bild 4.47 Aufgabe 1

Layoutübung 2

Für die nächste Aufgabe wird dieselbe Schaltung des astabilen Multivibrators benutzt, jedoch mit einer *anderen Platzierung*. Eine Lage ist wieder ausreichend. Zwischen den Bauteilanschlüssen - außer am Transistor - darf jeweils ein Leiter hindurchgelegt werden.

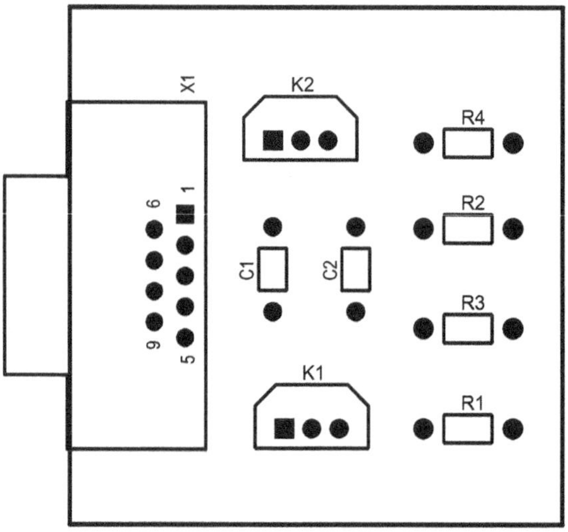

Bild 4.48 Aufgabe 2

Layoutübung 3

Eine weitere Aufgabe benutzt nun *oberflächenmontierte Bauelemente (SMD)*. Der Stromlaufplan stellt einen Transistorverstärker dar. Eine Lage ist ausreichend. Zwischen den Bauteilanschlüssen - diesmal auch am Transistor - darf jeweils ein Leiter hindurchgelegt werden.

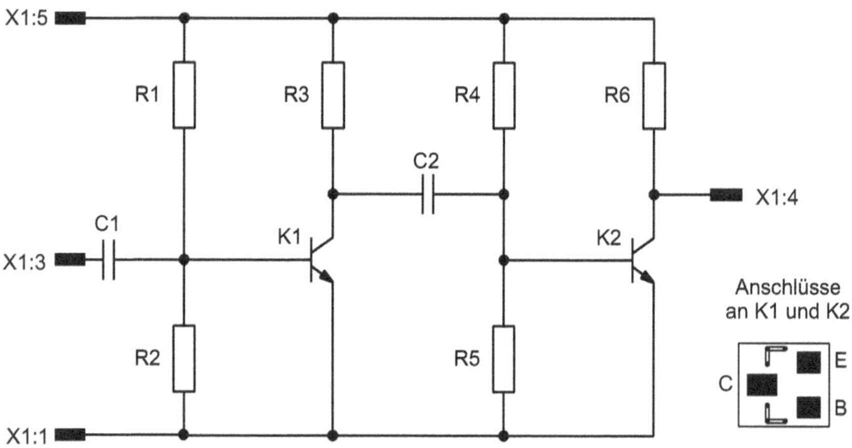

Bild 4.49 Stromlaufplan für Aufgabe 3

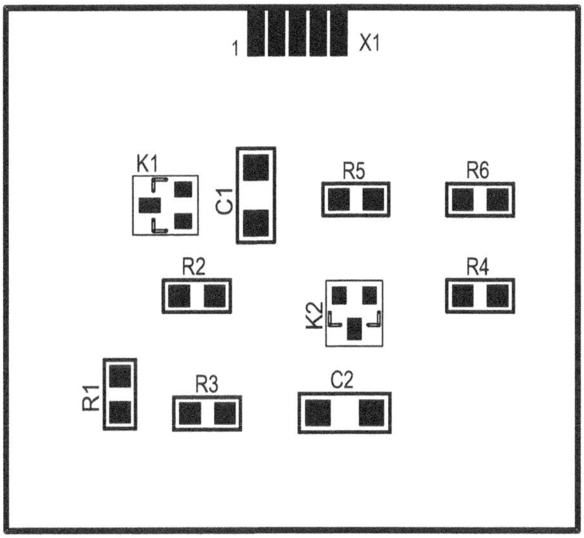

Bild 4.50 Aufgabe 3

Layoutübung 4

Die letzte Layoutaufgabe benutzt einen *Schaltkreis mit vier NAND-Gattern*, aus denen zwei RS-Trigger gebildet wurden. Eine Lage ist ausreichend und sollte auch angestrebt werden. Zwischen den Schaltkreisanschlüssen einer Reihe darf jeweils ein Leiter hindurchgelegt werden. Zwischen den Steckeranschlüssen dürfen es zwei Leiter sein.

Sollte beim Legen der Leiter die Übersicht über bereits verlegte und noch fehlende Leiter verloren gehen, hilft es, die bereits gelegten Verbindungen im Stromlaufplan zu markieren.

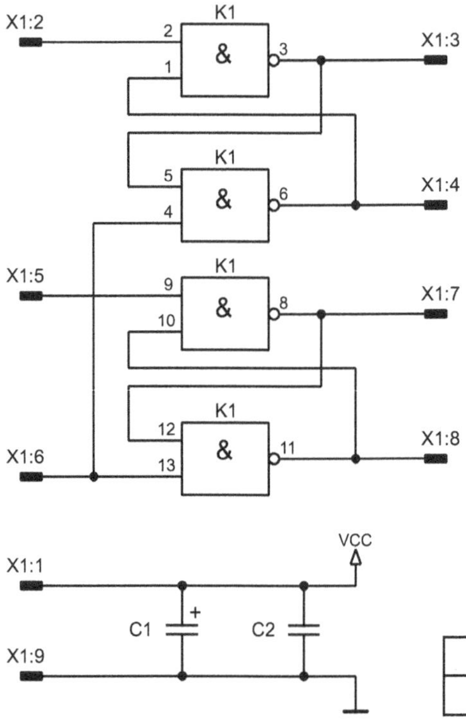

IC	GND	VCC
K1	7	14

Bild 4.51 Stromlaufplan für Aufgabe 4

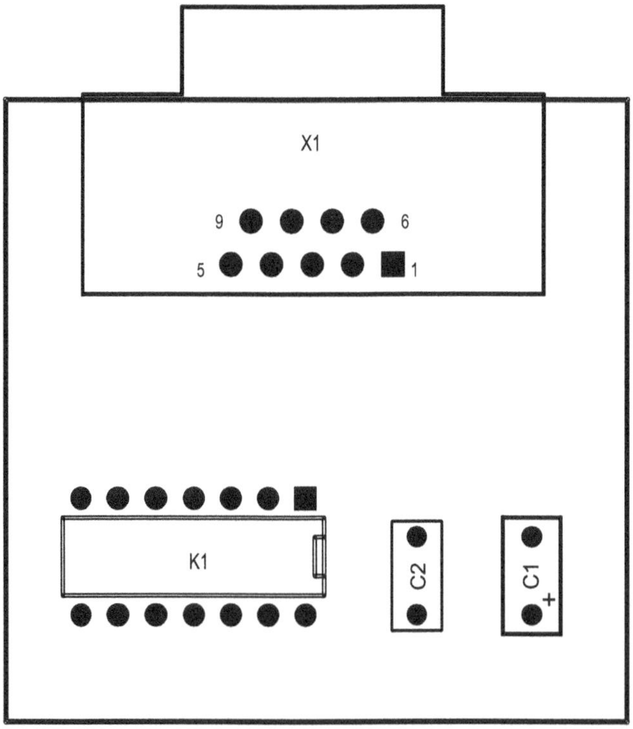

Bild 4.52 Aufgabe 4

5 Produktionsdaten

Für die Fertigung der Leiterplatte ist es möglich, in dem Layoutsystem die notwendigen Fertigungsunterlagen zu erzeugen und auszugeben. Dabei kann es sich sowohl um gegenständliche Unterlagen, wie einen Film zur Belichtung des Fotolackes, als auch um Steuerdaten, zum Beispiel für eine automatische Bohranlage, handeln. Da auch für die Anfertigung der gegenständlichen Unterlagen Produktionsdaten notwendig sind, werden diese im Mittelpunkt stehen.

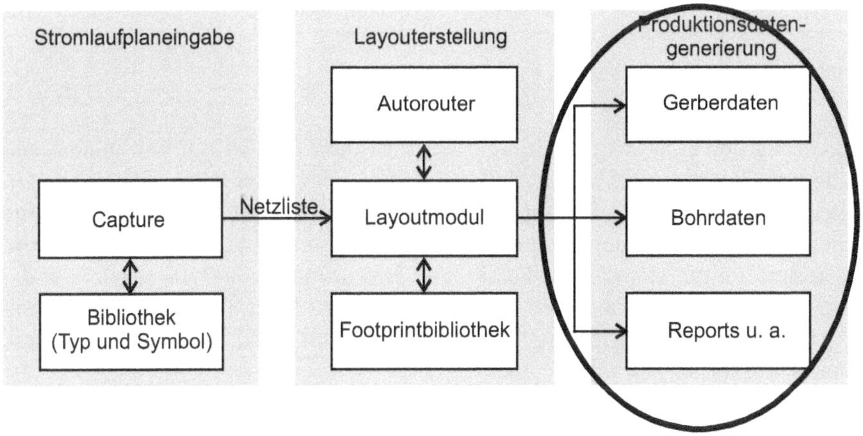

Bild 5.1 Generieren von Produktionsdaten im Layoutsystem

> **!** Produktionsdaten enthalten alle Informationen zur Herstellung und Kontrolle einer Leiterplatte und dienen der Anfertigung notwendiger Werkzeuge.

Als *direkte Unterlagen* werden aus ihnen unmittelbar Produktionswerkzeuge angefertigt, womit sich deren Genauigkeit auch unmittelbar auf die Qualität der Fertigung auswirkt.

5.1 Leiterbild

Zur subtraktiven Leiterbildstrukturierung (siehe Abschnitt 6.2) müssen vor dem Ätzprozess alle Kupferflächen abgedeckt werden, die auf der Leiterplatte verbleiben sollen. Im einfachsten Fall kann hierzu mittels Siebdruck ein Lack als Ätzresist aufgetragen werden. Dies ist jedoch ungenau und nur für grobe Strukturen geeignet. Wegen der größeren Genauigkeit wird die Leiterbildstrukturierung vorzugsweise fotochemisch mit einem fotosensitiven Lack als Ätzschutz (Resist) ausgeführt. Für die Belichtung dieses Fotoresists wird ein Film mit dem Leiterbild benötigt. Bei Leiterplatten mit zwei oder mehreren Ebenen ist für jede Ebene ein Film notwendig. Dieser Film wird jedoch auch für das Siebdruckverfahren benötigt, da in diesem Fall die Siebdruckschablone fotochemisch hergestellt wird.

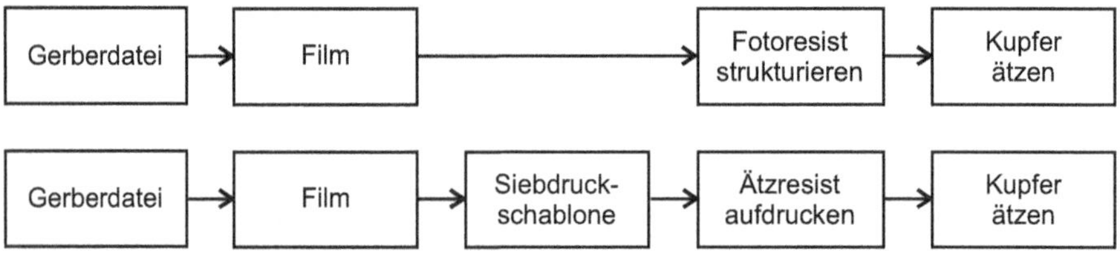

Bild 5.2 Subtraktive Leiterbildstrukturierung

Für die Belichtung der Filme wurden in der Vergangenheit parallel mit der zunehmend leistungsfähigeren Rechentechnik vektoriell arbeitende Fotoplotter (Bild 5.3) eingesetzt. Sie enthielten einen in x- und y-Richtung positionierbaren Zeichenkopf. Darin war eine drehbare Blendenscheibe mit mehreren unterschiedlich großen und verschieden geformten Öffnungen unter einer steuerbaren Lichtquelle angeordnet. Eine Optik projizierte die Blendenform auf den lichtempfindlichen Film. So konnte mit Licht in verschiedenen Breiten auf den Film gezeichnet werden. Auch die Belichtung von Lötflächen oder von Zahlen, Buchstaben und Passermarken war möglich.

Zur Ansteuerung dieser Geräte wurde durch den marktführenden Hersteller das *Gerber-Datenformat* geprägt, das auch von anderen Herstellern übernommen wurde.

Die vektoriell arbeitenden Geräte wurden zwar inzwischen durch Rasterbelichter und Laserdirektbelichter ersetzt, das von ihnen geprägte Datenformat ist aber bis heute gültig. Die heutigen Belichter arbeiten nicht mehr vektoriell und haben auch keine Blendenscheibe mit begrenzter Blendenauswahl. Stattdessen arbeiten sie rasterorientiert und können jede beliebige Blende oder auch frei definierte Flächen nachbilden.

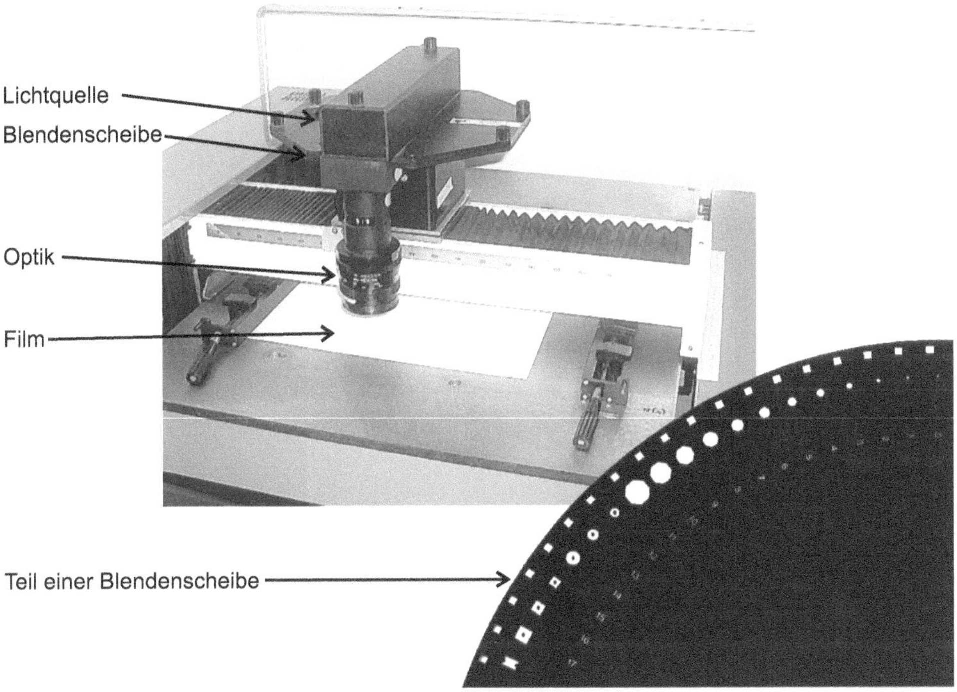

Bild 5.3 Vektoriell arbeitender Fotoplotter

5.1.1 Gerber-Datenformat

Teilmenge der EIA[1] RS-274-D [GERB93]

Bei diesem Datenformat werden die Grafikinformationen, die Blendeninformationen und die Formatparameter getrennt übergeben. Die Gerberdatei enthält nur die Koordinaten und die Nummer (D-Code) der Blende, mit der belichtet werden soll. Form und Größe der Blende sind in der Gerberdatei nicht enthalten.

[1] Electronic Industries Alliance: Amerikanischer Industrieverband, der zahlreiche Normen entwickelt hat

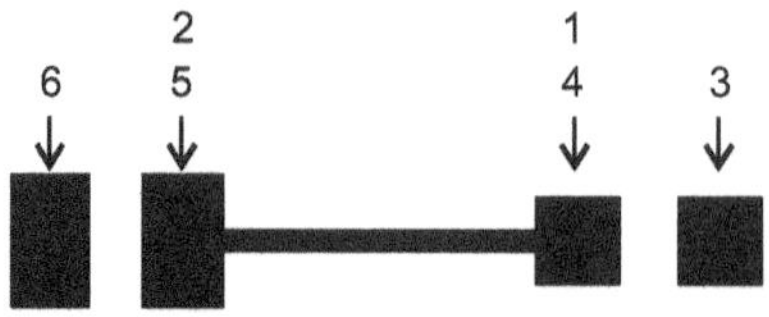


```
    G54D25*              Blende 25 wählen
1:  G01X396Y500D02*      Licht aus und Position anfahren
2:  X160Y500D01*         mit eingeschaltetem Licht Position anfahren
    G54D11*              Blende 11 wählen
3:  X480Y500D03*         Lichtimpuls an der Position
4:  X396Y500D03*         Lichtimpuls an der Position
    G54D14*              Blende 14 wählen
5:  X160Y500D03*         Lichtimpuls an der Position
6:  X81Y500D03*          Lichtimpuls an der Position
    M02*                 Ende der Daten
```

Bild 5.4 Beispiel für eine Gerberdatei

Deshalb ist es zwingend notwendig, diese Daten mit der *Blendeninformation* (Blendentabelle[2]) zu ergänzen. Zu der korrekten Definition einer Blende gehören D-Code, Form und Größe. Für die Größe einer Blende ist es unbedingt notwendig, dass die entsprechende Einheit (mm oder Zoll) korrekt gesetzt wurde. In Bild 5.5, das einen Ausschnitt aus dem Leiterbild des Beispieles Lauflicht enthält, wurde die Maßeinheit Zoll genutzt. Die Blende 11 ist damit ein Quadrat mit der Kantenlänge 0,05 Zoll = 1,27 mm. Der Leiter wurde mit Blende 25 in einer Breite von 0,012 Zoll = 0,3 mm gezeichnet.

Ausschnitt aus der Blendentabelle:

...			
D11	Square	0.05000	0.05000
...			
D14	Rectangle	0.04800	0.07600
...			
D25	Round	0.01200	0.01200
...			

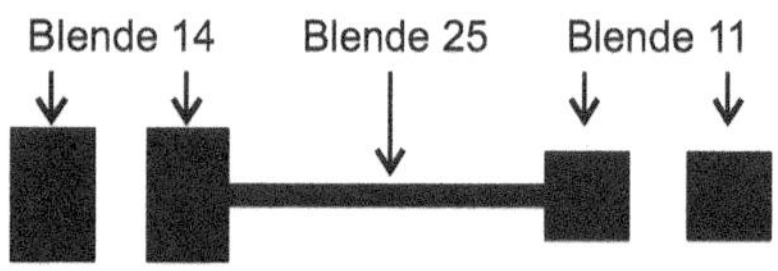

Bild 5.5 Blendentabelle

Das Gerber-Datenformat ist zwar ein standardisiertes Ausgabeformat, es sind jedoch verschiedene Variationen des Formates möglich. Mit Hilfe von mehreren Einstellungen kann die Ausprägung des Formates beschrieben werden. Neben der Blendentabelle müssen deshalb die Gerberdaten unbedingt auch mit diesen Informationen ergänzt werden. Die wichtigsten vier *Formatparameter* sind:

- **Unit**
  Hier wird bestimmt, ob die Koordinaten der Gerberdatei in mm oder in Zoll vorliegen.

[2] Auch: Aperture Table

- **Resolution (m.n Digits)**

  Die Koordinaten werden im Gerber-Datenformat ohne Dezimalpunkt dargestellt. Deshalb werden mit Hilfe des sogenannten m.n-Codes die Anzahl der Vorkommastellen (m) und die Anzahl der Nachkommastellen (n) definiert.

  Üblicherweise ist bei der Einheit Zoll der m.n-Code 2.3 (Auflösung 1/1000" oder 1 mil), bei der Einheit mm ist der m.n-Code 3.2 (Auflösung 1/100 mm).

- **Values**

  Koordinaten im Gerber-Datenformat können entweder absolut, d. h. jede Koordinate ist auf den Nullpunkt bezogen, oder relativ, d. h. jede Koordinate ist auf den vorhergehenden Punkt bezogen, erstellt worden sein.

- **Zeros**

  Zur Datenreduktion ist es möglich, führende (leading) oder nachfolgende (trailing) Nullen wegzulassen. Dieser Parameter zeigt, welche Möglichkeit genutzt wurde.

Für das in Bild 5.4 gezeigte Beispiel gelten folgende Einstellungen:

- Unit: *Zoll*
- Resolution: *3.3*
- Values: *absolut*
- Zeros: *leading*

Damit ergibt sich für X396 der Wert x = 000,396 Zoll.

Weitere Informationen zu diesem Datenformat sind in [GERB93] enthalten.

> **!** Das (Standard-)Gerber-Datenformat muss mit Blendentabelle und Formatparametern ergänzt werden. ■

Die Trennung zwischen grafischen Informationen, Blendeninformationen und Formatparametern ist einer von mehreren Nachteilen dieses Formates. Deshalb wurde es weiterentwickelt und inzwischen vom Extended-Gerber-Datenformat abgelöst.

5.1.2 Extended-Gerber-Datenformat

RS-274-X [UCAM13]

Die Extended-Gerber-Datei enthält neben den Koordinaten auch die Blendentabelle und die Formatinformationen. Damit beschreibt diese Datei eine Kupferlage der Leiterplatte vollständig. Ergänzende Daten sind nicht notwendig. Lediglich die Bezeichnung der Lage muss z. B. im Dateinamen hinterlegt werden. Zusätzlich ist es jetzt möglich, unabhängig von Blenden beliebige Flächen zu definieren.

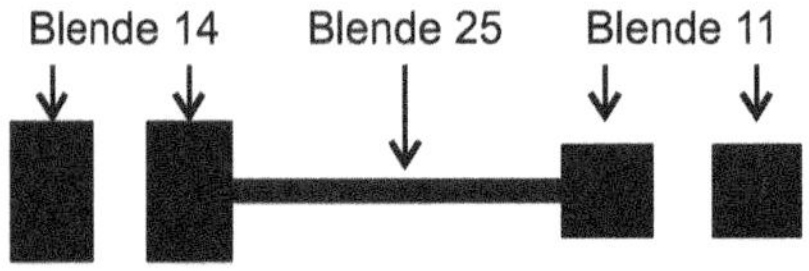


```
...
%MOIN*%
%FSLAX33Y33*%
*
G04 Aperture Definitions ***
*
%ADD11R,0.0500X0.0500*%
...
%ADD14R,0.0480X0.0760*%
...
%ADD25C,0.0120*%
*
G04 Plot Data ***
*
G54D25*
G01X396Y500D02*
X160Y500D01*
G54D11*
X480Y500D03*
X396Y500D03*
G54D14*
X160Y500D03*
X81Y500D03*
M02*
```

%MOIN*% – Koordinaten in Zoll (Inch)

%FSLAX33Y33*% – leading zeros, absolut, resolution: 3.3

G04 Aperture Definitions … %ADD25C,0.0120*% – Blendentabelle

G04 Plot Data … X81Y500D03* – Koordinaten wie im Gerber-Datenformat (RS-274-D)

Bild 5.6 Beispiel für eine Extended-Gerber-Datei

Das Beispiel zeigt die Anwendung des Extended-Gerber-Datenformates für das Leiterbild. Es ist jedoch auch für weitere Komponenten der Leiterplatte, wie zum Beispiel die Lötmaske oder den Lotpastendruck, anwendbar. Es hat sich damit zum De-facto-Standard für Produktionsdaten im Bereich der Leiterplattenfertigung entwickelt.

Weitere Informationen zu diesem Format sind in [UCAM13] enthalten.

5.2 Ergänzende Produktionsdaten

Wie im Abschnitt 4.6 gezeigt wurde, sind während der Layoutentwicklung weitere Informationen entstanden, aus denen ergänzende Produktionsdaten generiert werden können. Als Beispiel wird eine Auswahl wichtiger Fertigungsunterlagen vorgestellt, wobei es sich auch hier überwiegend um Daten zur Steuerung von Maschinen handelt.

5.2.1 Bohrdaten

Neben den Gerberdaten für das Leiterplattenlayout benötigt der Leiterplattenhersteller Bohrdaten für die automatische Bohrmaschine. Das Gerber-Datenformat ist prinzipiell auch für die Übermittlung von Bohrdaten geeignet. Die Blenden müssten lediglich durch Bohrer in den angegebenen Durchmessern ersetzt werden.

Dennoch wurden durch führende Hersteller von Bohrautomaten zwei weitere Formate für Bohrdaten entwickelt. Das sind die nach dem jeweiligen Hersteller benannten *Excellon- und Sieb&Meyer-Formate*. Beide Formate sind einander ähnlich und können deshalb gemeinsam erläutert werden.

Die Bohrdaten in Bild 5.7 enthalten exemplarisch die Bohrungen, die im Bohrplan mit der entsprechenden Toolnummer markiert sind. Da das Beispiel Lauflicht keine Bohrungen enthält, wird die in Bild 4.40 dargestellte Übungsaufgabe genutzt.

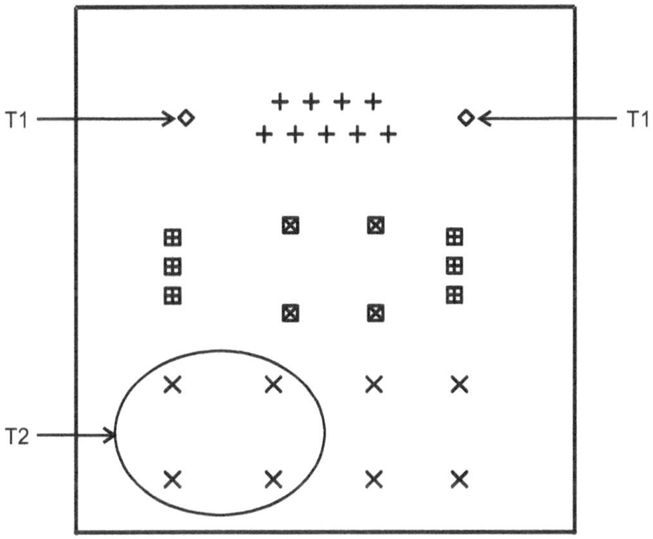

Excellon-Datei:		Sieb&Meyer-Datei:
%	Beginn der Daten	%%1000
T1		
X003853Y014196	Bohrkoordinaten	X003853Y014196T1
X013693Y014196	für Werkzeug 1 (T1)	X013693Y014196
T2		
X003394Y001819	Bohrkoordinaten	X003394Y001819T2
X003394Y005069	für Werkzeug 2 (T2)	X003394Y005069
X006921Y001819		X006921Y001819
X006921Y005069		X006921Y005069
...		...
M30	Ende der Daten	M30

Bild 5.7 Bohrdaten

Die Dateien enthalten nur die Nummer des Bohrwerkzeuges und die Koordinaten der Bohrungen, die mit diesem Werkzeug ausgeführt werden sollen. Die Bohrdurchmesser müssen in einer separaten Toolliste beigefügt werden. Für das gezeigte Beispiel hat der Bohrer T1 einen Durchmesser von 0,12 Zoll (ca. 3 mm) und T2 hat einen Durchmesser von 0,031 Zoll (ca. 0,8 mm).

Es müssen wie im Gerber-Datenformat zur richtigen Interpretation der Koordinaten ebenfalls Formatspezifikationen ergänzt werden. Bei richtiger Einstellung steht dann der Wert X003853 für x = 0,3853 Zoll.

Wie für das Gerber-Datenformat gibt es für das Excellon- und für das Sieb&Meyer-Format eine Variante mit den Tool- und Formatspezifikationen am Dateianfang. Diese Extended-Drill-Daten sind einfacher zu handhaben und sind weniger fehleranfällig. Es kommt in der Praxis durchaus vor, dass die Produktionsdaten einer Leiterplatte für Gerber- und Bohrdaten unterschiedliche Formatparameter aufweisen.

5.2.2 Bestückungsdaten

Für die Übergabe der Bestückungsdaten an die Baugruppenfertigung, insbesondere an die automatische Bauelementebestückung, stehen unterschiedliche Datenformate zur Verfügung. *GenCAD* [GENC97] ist eine weitverbreitete und von vielen Produktions- und Prüfsystemen unterstützte Spezifikation. Die GenCAD-Datei enthält umfassende Informationen zur Leiterplatte und ist ein Standard-Import-Format für Softwareanwendungen in der Baugruppenfertigung.

Eine GenCAD-Datei enthält:

- Leiterplattenkontur, mechanische Komponenten und Layerdefinition,
- Pads und Padstacks,
- Bauteilinformationen und Bestückungsdaten,
- Leiter und Kupferflächen sowie
- Testpunkte und weitere Leiterplatteninformationen.

Die *Bestückungsdaten* sind damit nur ein Teil der GenCAD-Leiterplattendaten.

Für jedes Bauteil, welches unter seiner Referenzkennzeichnung identifizierbar ist, werden die Position, der Layer und der Drehwinkel angegeben. Zusätzlich sind zwei Verweise auf weitere Informationen in der GenCAD-Datei vorhanden. Ein Verweis zeigt in den Dateiabschnitt „DEVICE“, wo Bauteildaten (z. B. Typenbezeichnung, Bauteilgehäuse, Anschlüsse) hinterlegt sind. Der andere Verweis zeigt in den Abschnitt „SHAPE“. Dort sind Footprintdaten wie die Bauteilumrandung und die Positionen der Anschlüsse enthalten.

```
$HEADER                         Dateikopf
GENCAD 1.4
...
UNITS MM                        Formatparameter
...
$COMPONENTS
COMPONENT P1                    Bauteil P1
DEVICE P1_LED                   Verweis auf Bauteildaten
PLACE 3.050000 12.700000        Koordinaten
LAYER TOP                       Layer
ROTATION 180.000000             Drehwinkel
SHAPE SMD_0805_KA 0 0           Verweis auf Footprintdaten
...
COMPONENT R2                    Bauteil R2
DEVICE R2_RES                   Verweis auf Bauteildaten
PLACE 11.180000 12.700000       Koordinaten
LAYER TOP                       Layer
ROTATION 180.000000             Drehwinkel
SHAPE SMD_0805 0 0              Verweis auf Footprintdaten
...
$ENDCOMPONENTS
...
```

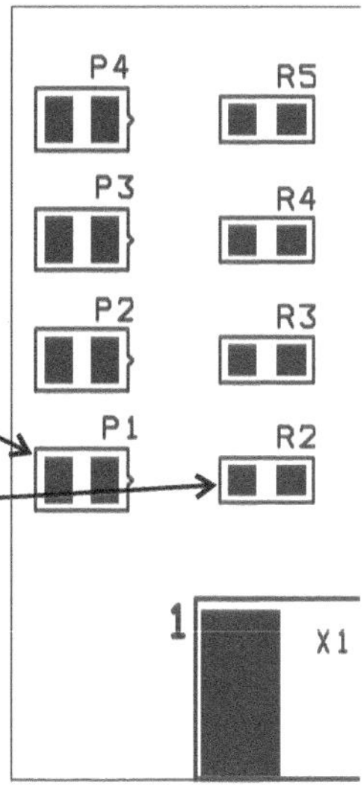

Bild 5.8 Bestückungsdaten in der GenCAD-Datei

5.2.3 Daten für Serviceaufdruck

Der Serviceaufdruck erfolgt für große Stückzahlen überwiegend im Siebdruck. Die dafür notwendige Siebdruckschablone wird fotochemisch strukturiert. Hierzu wird auf ein Sieb ein fotosensitives Polymer aufgebracht, welches danach mit der künftigen Struktur belichtet wird. In der Folge polymerisieren Teile der Emulsion, während andere Bereiche löslich bleiben und ausgewaschen werden. Zur Belichtung des Polymers wird ein Film mit dem Abbild des Serviceaufdruckes benötigt.

Für kleinere Losgrößen hat sich mit der *Inkjettechnologie* eine Alternative zum Siebdruck entwickelt. Gleichzeitig ist es mit dieser Technologie möglich, das bisher aufgeklebte Label zur Produktidentifizierung durch ein aufgedrucktes Label zu ersetzen.

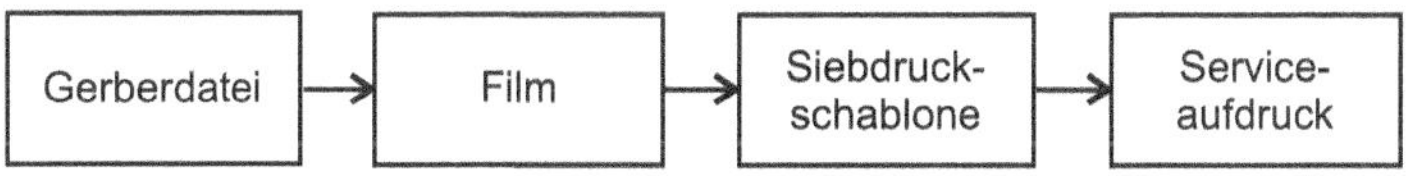

Bild 5.9 Serviceaufdruck

Es wurde bereits darauf hingewiesen, dass das *Gerber-Datenformat* auch zur Darstellung weiterer Strukturen, darunter für den Serviceaufdruck, geeignet ist. Das betrifft sowohl das ursprüngliche Format als auch das Extended-Gerber-Datenformat. Das Beispiel zeigt dessen Anwendung für das Bauteil P1 aus dem Beispiel Lauflicht.

```
...
%MOIN*%                      Koordinaten in Zoll (Inch)
%FSLAX23Y23*%                leading zeros, absolut, resolution: 2.3
*
G04 Aperture Definitions ***
*
%ADD10C,0.0060*%             Blende 10, Ø 0,006 Zoll
*
G04 Plot Data ***
*
G54D10*
G01X00213Y00571D02*  ┐
X00202Y00571D01*     │
X00207Y00571D02*     ├ Ziffer 1
X00207Y00605D01*     │
X00202Y00599D01*     ┘
X00159Y00588D02*     ┐
X00176Y00588D01*     │
X00181Y00593D01*     │
X00181Y00599D01*     ├ Buchstabe P
X00176Y00605D01*     │
X00159Y00605D01*     │
X00159Y00571D01*     ┘
X00042Y00551D02*     ┐
X00159Y00448D01*     │
X00200Y00448D01*     │
X00200Y00491D01*     ├ Bauteilumrandung
X00208Y00500D01*     │
X00200Y00508D01*     │
X00200Y00551D01*     │
X00042Y00551D01*     ┘
...
M02*
```

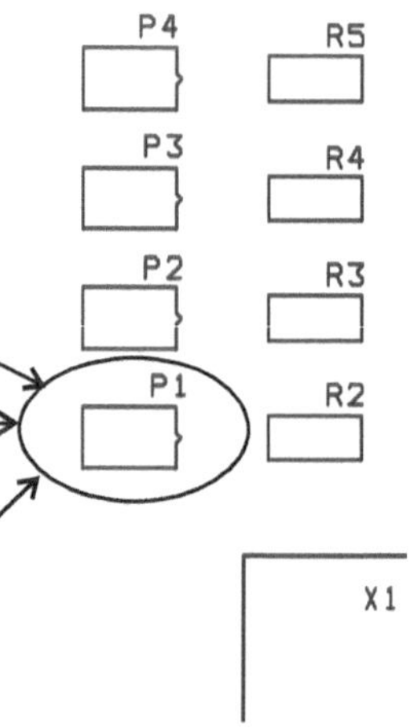

Bild 5.10 Extended-Gerber für den Serviceaufdruck

5.2.4 Daten für den Lötmaskendruck

Die Lötmaske kann sowohl fotochemisch (für höhere Genauigkeitsanforderungen) als auch im Siebdruckverfahren aufgebracht werden. Da die Siebdruckschablone auch hier fotochemisch strukturiert wird, ist in beiden Fällen ein Film mit der Struktur der Lötmaske erforderlich.

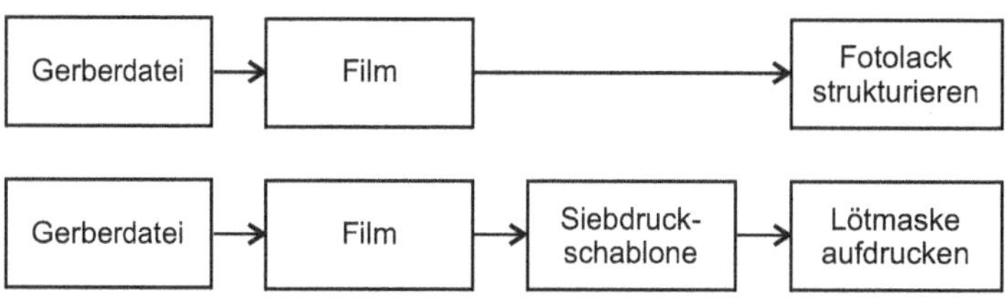

Bild 5.11 Lötmaskendruck

Für die Datenübergabe ist deshalb wieder das *Gerber-Datenformat* geeignet. Die Datei enthält alle Flächen, die nicht mit der Lötmaske bedruckt werden sollen. Sie stellt die Lötmaske negativ dar.

```
%MOIN*%                        Koordinaten in Zoll (Inch)
%FSLAX23Y23*%                  leading zeros, absolut, resolution: 2.3
*
G04 Aperture Definitions ***
*
%ADD10R,0.0520X0.0800*%        Blende 10, Rechteck 0,052 x 0,08
%ADD11R,0.0540X0.0540*%        Blende 11, Rechteck 0,054 x 0,054
...
*
G04 Plot Data ***
*
G54D10*                        Blende 10 wählen
X00160Y00500D03*               2 Flächen belichten
X00081Y00500D03*
G54D11*                        Blende 11 wählen
X00480Y00500D03*               2 Flächen belichten
X00396Y00500D03*
...
M02*
```

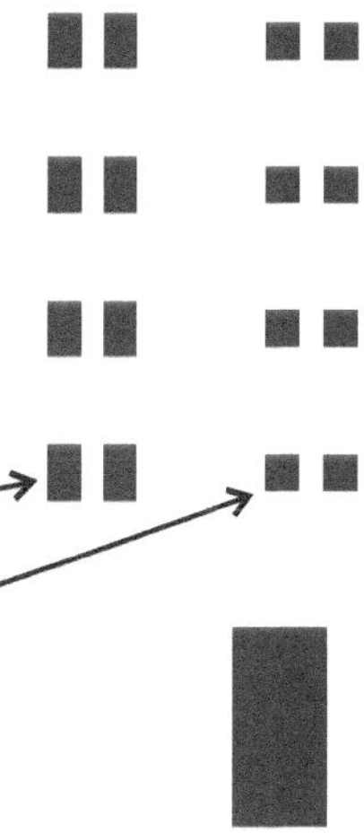

Bild 5.12 Extended-Gerber für den Lötmaskendruck

Die Blenden für den (negativ dargestellten) Lötstoppdruck sind in dem Beispiel um 0,1 mm (= 0,004 Zoll bzw. 4 mil) größer als die Lötflächen. Damit wird erreicht, dass die Lötflächen trotz eventueller Lagetoleranzen frei von Lack bleiben.

5.2.5 Daten für den Lotpastendruck mit Schablone

Zur Anfertigung der Schablonen stehen unterschiedliche Materialien und unterschiedliche Technologien zur Verfügung. Inzwischen haben sich lasergeschnittene Metallschablonen als Stand der Technik durchgesetzt.

Inhalt der Produktionsdaten sind die Schablonenöffnungen, aus denen in der Fertigung die Schnittlinien für die Laserbearbeitung abgeleitet werden. Für die Übergabe der Schablonendaten ist auch in diesem Fall das *Gerber-Datenformat* geeignet.

```
%MOIN*%                       Koordinaten in Zoll (Inch)
%FSLAX23Y23*%                 leading zeros, absolut, resolution: 2.3
*
G04 Aperture Definitions ***
*
%ADD10O,0.0900X0.0210*%       Blende 10, Oblong 0,09 x 0,021
...
*
G04 Plot Data ***
*
G54D10*                       Blende 10 wählen
X01420Y00800D03*              14 Flächen belichten
X01420Y00850D03*
X01420Y00900D03*
...

X01224Y00900D03*
X01224Y00850D03*
X01224Y00800D03*
...
M02*
```

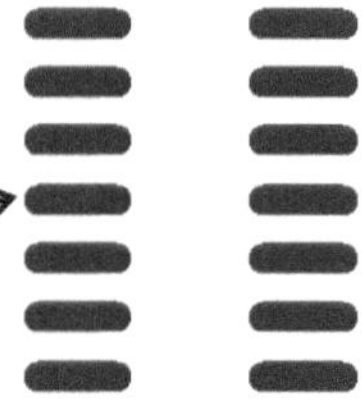

Bild 5.13 Extended-Gerber-Daten für den Lotpastendruck

Die Öffnungen in dem exemplarischen Teil der Beispielschablone sind um 0,1 mm (= 0,004 Zoll bzw. 4 mil) kleiner als die Lötflächen und an den Ecken abgerundet (Oblong). Hierdurch wird vermieden, dass bei Positionsabweichungen Paste neben die Lötfläche gedruckt wird. Die Abrundungen verhindern, dass Paste in den Ecken der Schablone hängen bleibt.

In Abhängigkeit vom vorgesehenen Fertigungsprozess können weitere Daten benötigt werden. In den meisten Fällen ist aber auch hier das Gerber-Datenformat geeignet.

> Aus *Produktionsdaten* werden unmittelbar die Werkzeuge für die Fertigung abgeleitet. Daraus ergeben sich besondere Anforderungen an die Präzision dieser direkten Unterlagen.
>
> Das *Leiterbild* wird in Form des historisch entstandenen Gerber-Datenformates übergeben. Es enthält die Koordinaten für Leiter und Lötflächen mit Angabe der jeweils anzuwendenden Blende. Die Gerberdatei muss mit Blendentabelle und Formatparametern ergänzt werden. Das Extended-Gerber-Datenformat enthält diese Zusatzangaben bereits.
>
> Die *Bohrdaten* enthalten ebenfalls nur die Koordinaten der Bohrungen mit der jeweils zutreffenden Toolnummer. Toolliste und Formatparameter müssen ergänzt werden. Extended-Drill-Daten enthalten diese Informationen bereits.
>
> Für *Bestückungsdaten* ist das GenCAD-Format weitverbreitet. Es enthält umfassende Informationen über die Leiterplatte, die über die Bauteilplatzierung hinausgehen.
>
> Für *Serviceaufdruck*, *Lötmaske* und *Lotpastendruck* wird vorzugsweise das Gerber-Datenformat genutzt.

Nachdem nun die Produktionsdaten vorliegen, kann sich das nächste Kapitel mit der Fertigung der Leiterplatte beschäftigen. Zuvor aber noch eine Übungsaufgabe.

Aufgabe 5.1

Gerber-Datenformat (RS-274-D):

Welche ergänzenden Daten und Formatparameter sind zur vollständigen Beschreibung des Leiterbildes zusätzlich zur Koordinateninformation notwendig?

Welche Formateinstellung ist falsch, wenn in der Layoutdarstellung Objekte um den Faktor 10 zu groß sind?

Welche Formateinstellung ist falsch, wenn in der Layoutdarstellung nur einzelne Objekte fehlplatziert sind?

6 Leiterplattenfertigung

Der Schwerpunkt dieses Lehrbuches liegt auf dem Entwurf einer Leiterplatte. Dabei soll sich das Entwurfsergebnis möglichst einfach und kostengünstig mit guter Qualität fertigen lassen. Die Leiterplatte soll *fertigungsgerecht konstruiert* sein (Design for Manufacturing). Hierzu müssen dem Konstrukteur grundlegende Abläufe und Verfahren der Fertigung von der Leiterbildstrukturierung bis zur Baugruppenmontage bekannt sein.

Dieses Kapitel beschreibt in vereinfachter Form die Prozessschritte der Leiterplattenfertigung, die überwiegend beim Leiterplattendienstleister ausgeführt werden. Mit der Baugruppenfertigung beschäftigt sich das Kapitel 7.

6.1 Ablauf der Leiterplattenfertigung

Einige wichtige technologische Schritte der Leiterplattenfertigung sind in Bild 6.1 enthalten. Sie sind in der Darstellung weitgehend ungeordnet und noch nicht zu einem Ablauf kombiniert. Ausgangspunkt ist das kupferkaschierte Basismaterial, bestehend aus dem Isolierstoffträger und den noch nicht strukturierten Kupferschichten auf einer oder auf beiden Seiten.

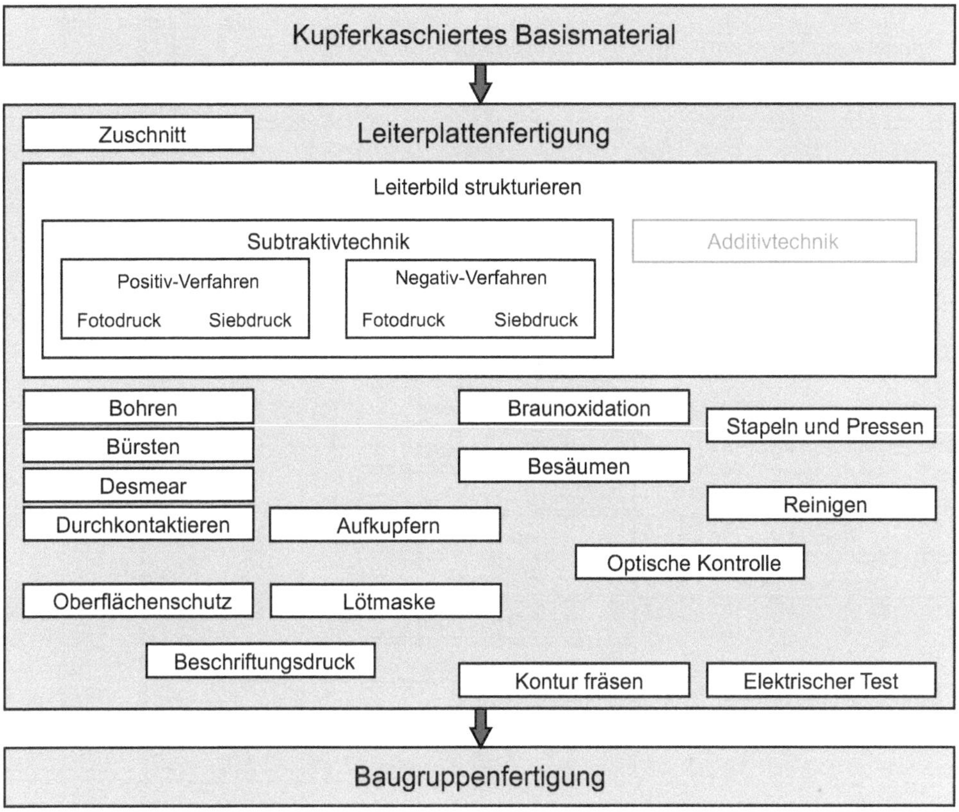

Bild 6.1 Leiterplattenfertigung

In Abhängigkeit von Art und Aufbau der Leiterplatte werden weitere Fertigungsschritte ergänzt und zum Gesamtablauf kombiniert. Bild 6.2 zeigt in vereinfachter Form die Abläufe für drei unterschiedliche Leiterplattenaufbauten.

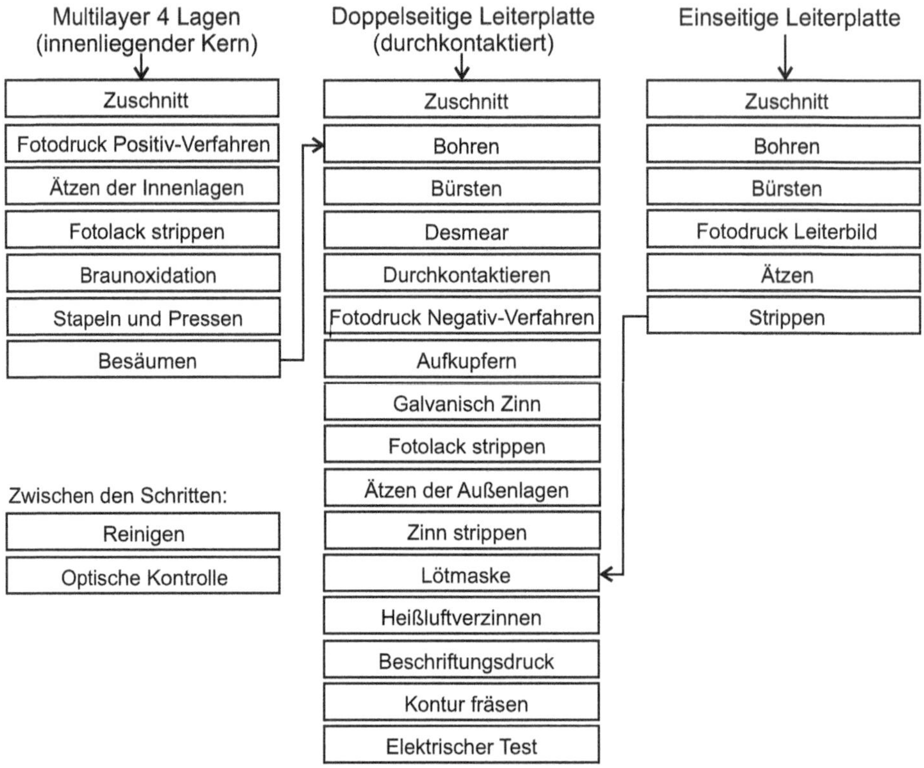

Bild 6.2 Ablauf der Leiterplattenfertigung (Beispiele)

Der interessanteste Fertigungsabschnitt ist vermutlich die Leiterbildstrukturierung. Die Additivtechnik ist für die (klassische) Leiterplatte von untergeordneter Bedeutung, weshalb im Folgenden die subtraktive Leiterbildstrukturierung erläutert wird.

6.2 Subtraktive Leiterbildstrukturierung

Zunächst muss zwischen Fotodruck und Siebdruck sowie zwischen dem Positiv- und dem Negativ-Verfahren unterschieden werden.

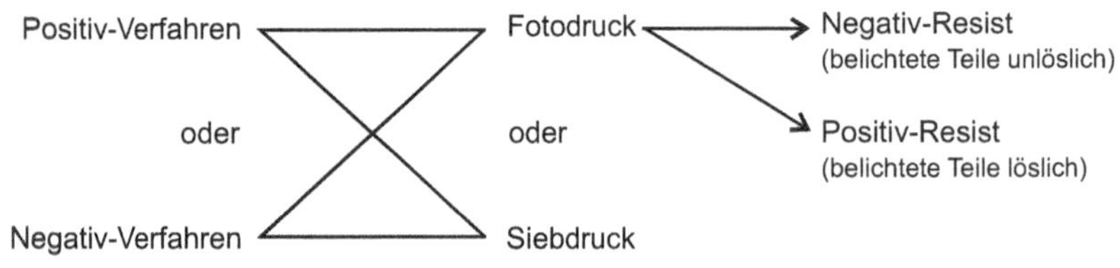

Bild 6.3 Subtraktive Leiterbildstrukturierung

6.2.1 Leiterbildstrukturierung mit dem Siebdruckverfahren

Der Siebdruck ist ein einfaches, leicht handhabbares und kostengünstiges Verfahren für die Übertragung des Leiterbildes. Mit einer Rakel wird hier ein Lack durch die Öffnungen der Siedruckschablone auf die Oberfläche der Leiterplatte gedrückt. Die Öffnungen der Schablone stellen dabei das künftige Leiterbild dar.

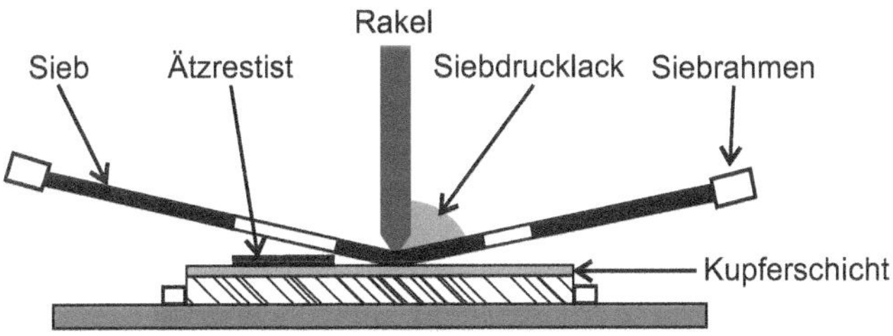

Bild 6.4 Siebdruckverfahren

Wegen der geringen Genauigkeit ist der Siebdruck jedoch nur für einfache Anwendungen mit Strukturen, die größer als 300 µm sind, geeignet [ILFA05, S. 265] und wird deshalb selten angewendet.

Das *Positiv-Verfahren mittels Siebdruck* beinhaltet die wenigsten technologischen Schritte. Auf die Kupferoberfläche des Basismaterials wird das Leiterbild positiv mit Siebdrucklack aufgedruckt. Der Siebdrucklack deckt als Resist alle Bereiche ab, die nicht geätzt werden sollen. Das freiliegende Kupfer wird im nachfolgenden Schritt geätzt. Danach kann der Resist wieder entfernt werden, was als „strippen“ bezeichnet wird.

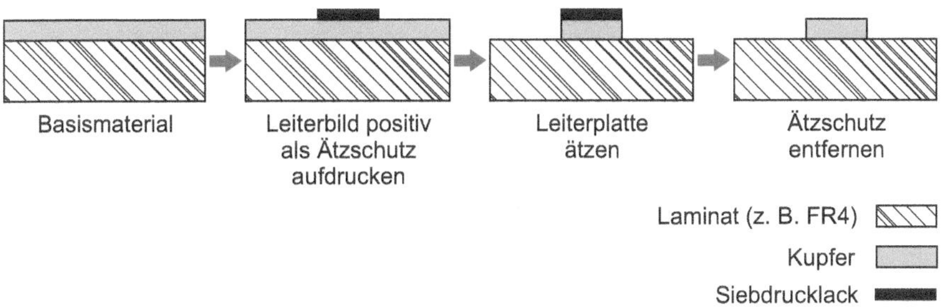

Bild 6.5 Positiv-Verfahren und Siebdruck

Das *Negativ-Verfahren* nutzt für das Kupfer-Ätzen ein Metallresist, wofür häufig Zinn eingesetzt wird. Das Leiterbild wird in diesem Fall negativ auf die Kupferoberfläche des Basismaterials aufgedruckt. Das künftige Leiterbild liegt frei. Auf das freiliegende Kupfer wird galvanisch eine Metallschicht (Zinn) aufgetragen. Der Siebdrucklack kann wieder entfernt werden. Die Zinnschicht dient nun als Ätzresist. Nach dem Ätzvorgang wird die Zinnbeschichtung wieder entfernt (Zinn-Strippen) oder verbleibt auf der Kupferoberfläche.

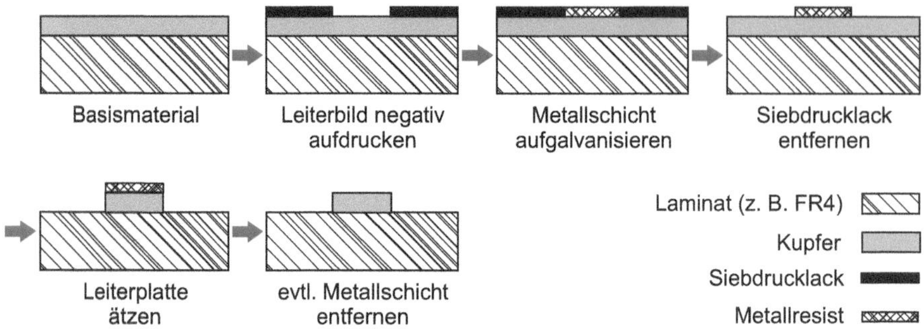

Bild 6.6 Negativ-Verfahren mit Siebdruck

Das Negativ-Verfahren wird benötigt, wenn Durchkontaktierungen gefertigt werden sollen. Dieser Vorgang wird im Abschnitt 6.5 beschrieben.

6.2.2 Leiterbildstrukturierung mit Fotodruck

Anstelle des Siebdrucklackes wird ein Fotoresist genutzt. Der Fotoresist ist ein lichtempfindliches Material, welches durch Bestrahlung mit Licht (UV) nach dem Entwickeln sein Lösungsverhalten ändert. Je nach seinem Verhalten wird zwischen Negativ- und Positiv-Resist[1] unterschieden.

Bei dem *Negativ-Resist* werden die belichteten Bereiche durch Polymerisation unlöslich und werden nicht abgewaschen. Wird mit dem Positiv-Verfahren gearbeitet, müssen die Flächen der künftigen Leiter belichtet werden.

Beim *Positiv-Resist* werden die belichteten Bereiche dagegen löslich und können abgewaschen werden. Die nicht belichteten Bereiche verbleiben auf der Leiterplatte. Damit muss beim Positiv-Verfahren die Belichtung so erfolgen, dass kein Licht auf die Bereiche der künftigen Leiter fällt, diese also abgedeckt sind.

Für den Fotodruck ist ebenfalls zwischen dem Positiv- und dem Negativ-Verfahren zu unterscheiden. In beiden Fällen muss als erster Schritt der Fotoresist aufgetragen werden. Dies kann als Trockenfilm-Resist mittels Laminieren oder als Flüssig-Resist erfolgen.

Für das *Positiv-Verfahren* muss die Belichtung so erfolgen, dass die Bereiche der künftigen Leiter unlöslich werden. Die restlichen Bereiche werden nach dem Entwickeln abgewaschen und danach geätzt. Danach kann der Fotoresist wieder entfernt werden.

[1] Nicht mit Positiv- und Negativ-Verfahren verwechseln!

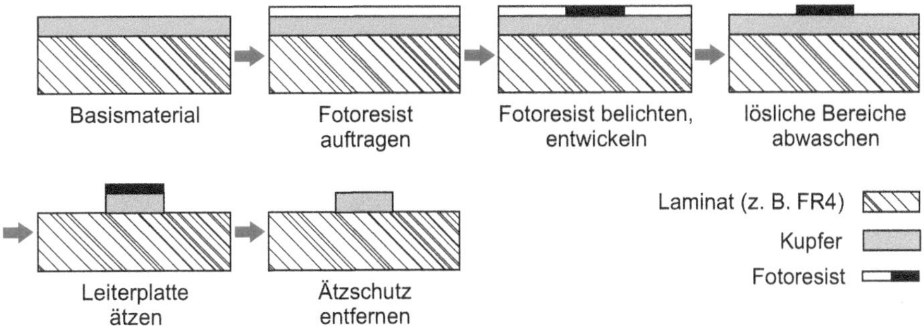

Bild 6.7 Positiv-Verfahren mit Fotodruck

Das *Negativ-Verfahren*, das im Zusammenhang mit Durchkontaktierungen von Bedeutung ist, nutzt auch hier den Metallresist (Zinn) als Ätzschutz. Für die Vorbereitung des galvanischen Zinnauftrages muss die Belichtung so erfolgen, dass die Bereiche der künftigen Leiter löslich werden und abwaschbar sind. An diesen Stellen wird der Metallresist aufgetragen. Nach der Entfernung des Fotoresists wird geätzt, der Metallresist ist der Ätzschutz. Eventuell wird der Metallresist wieder entfernt. Er kann aber auch zur Vorbereitung weiterer Fertigungsschritte auf der Leiterplatte verbleiben.

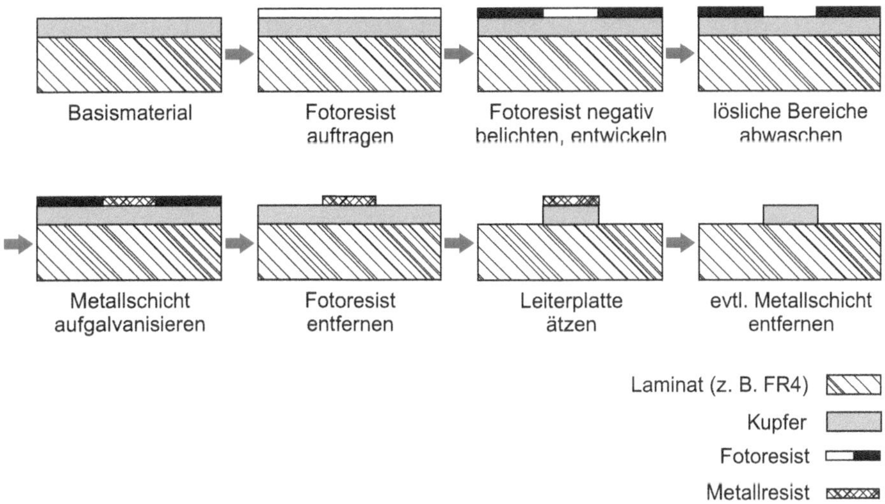

Bild 6.8 Negativ-Verfahren mit Fotodruck

6.2.3 Unterätzung

Die Chemikalie, die für den Ätzvorgang genutzt wird, arbeitet ungerichtet und greift damit auch die Flanken der freizulegenden Leiter an. Der Resist wird teilweise unterätzt, was zur Verminderung der Leiterbreite und des Leiterquerschnittes führt.

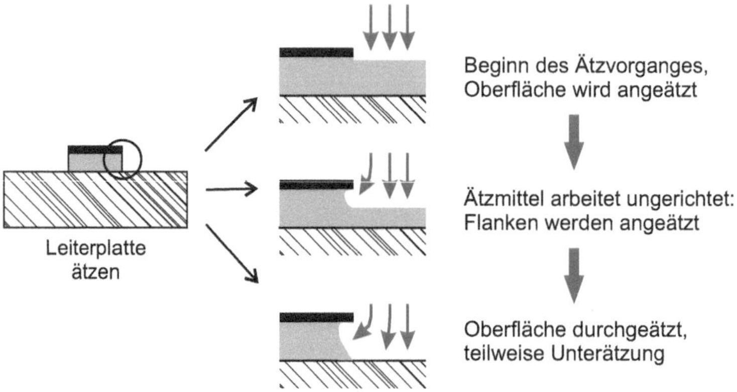

Bild 6.9 Unterätzung

Neben dem Ätzverfahren (Sprüh- oder Tauchätzen) ist dieser Vorgang von der Stärke der Kupferschicht abhängig. Je stärker die Kupferschicht ist, desto stärker wirkt die Unterätzung und je schmaler der Leiter, desto größer ist der prozentuale Querschnittsverlust. Der Zusammenhang zwischen Leiterbreite, Kupferstärke und Querschnittsverlust ist in [ILFA05, S. 28] dargestellt.

6.3 Fräs-Bohr-Plotter

Für *Prototypen* und *Einzelstücke* kann das Leiterbild auch durch schmale Fräskanäle vom Restkupfer isoliert werden (Bilder 6.10 und 6.11). Die Herstellung erfolgt in diesem Fall durch mechanische Bearbeitung und ohne den Einsatz von Chemikalien. Neben dem Isolationsfräsen mit schmalen Fräskanälen können auch größere Bereiche freigefräst werden. Dies ist jedoch sehr zeitaufwändig. Die für diese Prototypenfertigung eingesetzten Fräs-Bohr-Plotter sind darüber hinaus in der Lage, auch die benötigten Bohrungen einzubringen und Konturen aus dem Schaltungsträger auszufräsen.

Für die Strukturierung des Leiterbildes sind auch hier die Gerberdaten der Ausgangspunkt. Auf ihrer Grundlage werden von einem Programm zur Fertigungsvorbereitung (CAM-Tool) die Fräsermittelpunktbahnen bestimmt. Sie liegen im Abstand des halben Fräserdurchmessers von der Kupferkontur entfernt. Eine typische Breite des Isolationskanals ist 0,2 mm. Bei sehr hoher Drehzahl der Fräserspindel sind auch schmalere Isolationskanäle möglich. Wenn an Lötstellen breitere Isolationskanäle gewünscht werden, kann dies durch mehrere nebeneinander liegende Kanäle erreicht werden.

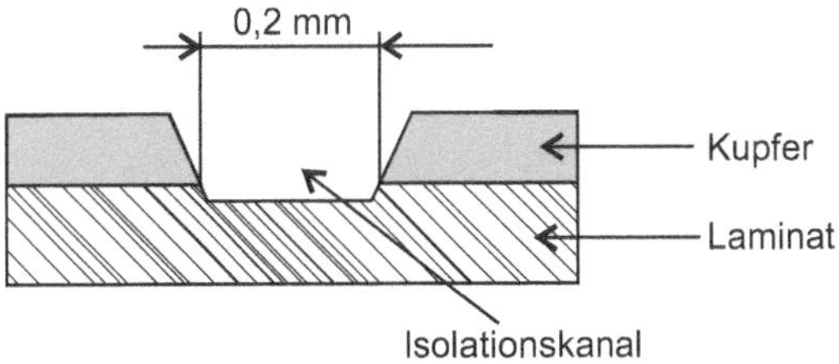

Bild 6.10 Isolationskanal

Bei der mechanischen Bearbeitung ist es unvermeidlich, dass auch das Basismaterial (Laminat) durch den Fräser angefräst wird. Aus diesem Grund sind wegen des Werkzeugverschleißes hier die sonst üblichen FR4-Materialien (Glasfasern und Epoxidharz) weniger geeignet. Es empfiehlt sich stattdessen FR3 (Hartpapier und Epoxidharz) einzusetzen.

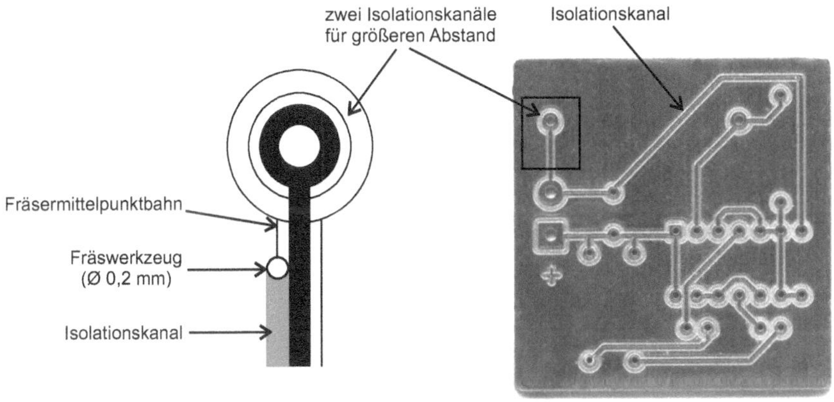

Bild 6.11 Isolationsfräsen

Sofern hohe Frequenzen oder steile Flanken auf der Leiterplatte vorhanden sind, ist zu bedenken, dass sich der Prototyp anders verhalten kann als eine geätzte Leiterplatte. Ursachen sind das verbliebene Restkupfer und die gefrästen Leiterkanten.

6.4 Multilayer

Im Abschnitt 4.6.2 wurden drei unterschiedliche Aufbauten für Multilayer beschrieben, die im Multilayer-Bauplan präzisiert und dokumentiert sind. Ebenfalls wurden die Zusammenhänge zwischen den möglichen Positionen der verdeckten Durchkontaktierungen und den Lagenaufbauten beschrieben. In Bild 6.12 werden am Beispiel eines 6-Lagen-Multilayers die Varianten einander gegenübergestellt.

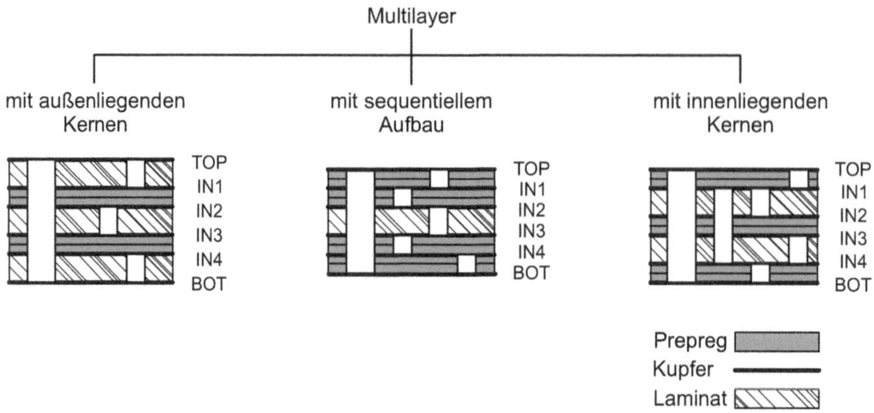

Bild 6.12 Varianten der Multilayeraufbauten

Für die nachfolgende Darstellung der Multilayer-Fertigung wird als Beispiel ein *Vier-Lagen-Aufbau mit innenliegendem Kern* gewählt. Der vereinfacht dargestellte Multilayer-Bauplan für dieses Beispiel ist im Bild 6.13 zu sehen.

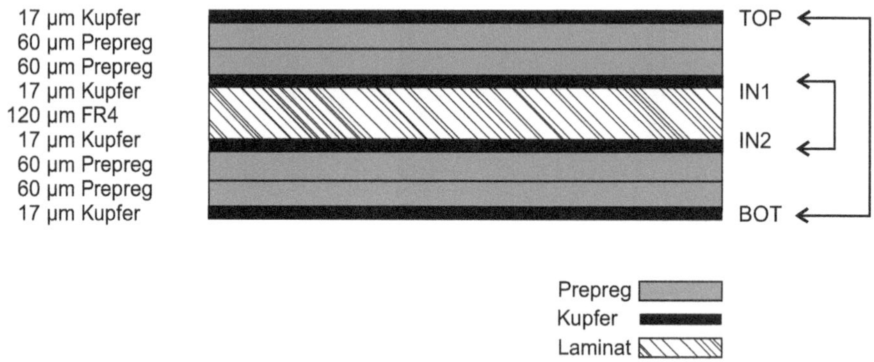

Bild 6.13 Multilayer-Bauplan als Beispiel

Der Fertigungsablauf folgt den in Bild 6.2 dargestellten Schritten für dieses Beispiel.

Nach dem Zuschnitt des Basismaterials werden zunächst die beiden *Innenlagen IN1 und IN2 strukturiert.* Dafür wird Fotodruck im Positiv-Verfahren (Bild 6.7) angewendet. Die Oberflächen werden anschließend gereinigt und die Strukturierung wird visuell geprüft. Verdeckte Durchkontaktierungen zwischen den Innenlagen IN1 und IN2 wären möglich, sind aber in diesem beispielhaften Ablauf nicht vorgesehen.

Für die bessere Haftung des Prepregs auf der Kupferoberfläche wird diese mittels *Braunoxidieren* aufgeraut.

Danach werden die Schichten laut Multilayer-Bauplan *gestapelt* und zwischen Pressblechen unter Wärmezufuhr *gepresst.* Die Lagen müssen präzise zueinander ausgerichtet sein. Zwischen den Lagen isolieren Prepregs die Leiterbahnen der unterschiedlichen

Layer. Damit die ausreichende Isolation der benachbarten Layer sichergestellt ist, werden in Standardanwendungen stets zwei Lagen Prepreg eingesetzt. Beim Pressen kann ein sogenannter Flatterrand entstehen, der *besäumt* werden muss.

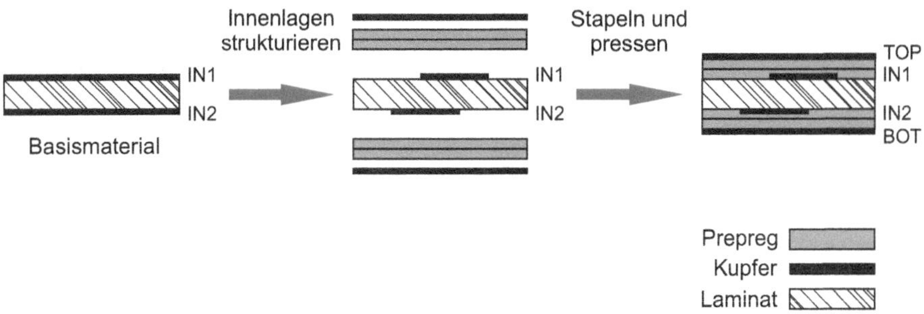

Bild 6.14 Fertigungsablauf für das Beispiel

Vor dem Strukturieren der Außenlagen werden die Bohrungen ausgeführt und die Durchkontaktierungen metallisiert.

■ 6.5 Bohrungen und Durchkontaktierungen

Bohrungen werden für die Montage von Bauteilen oder für die Befestigung der Leiterplatte benötigt. Weiterhin sind Bohrungen für Bauteile, die in Durchsteckmontage verarbeitet werden, und für Durchkontaktierungen notwendig. In diesem Abschnitt stehen die Durchkontaktierungen im Mittelpunkt.

Vor dem *Bohren* erhält die Leiterplatte eine Bohrunterlage und eine Bohrauflage. Die Bohrunterlage dient dem Bohrerauslauf und reduziert die Gratbildung. Die Bohrauflage vermindert ebenfalls den Bohrgrat und schützt die Kupferoberfläche. Gebohrt wird mit Vollhartmetall-Bohrern in einer automatisch arbeitenden Ein- oder Mehrspindel-Bohrmaschine. Besonders anspruchsvoll sind die Sackloch-Bohrungen für die blinden Durchkontaktierungen (*blind via*), da hier die Tiefe der Bohrung sehr genau eingehalten werden muss.

> **!** Da der Durchmesser der Bohrung durch die nachfolgende Metallisierung kleiner wird, müssen die Bohrungen größer als der Nenndurchmesser ausgeführt werden. Dies ist besonders für Bauteile in Durchsteckmontage bedeutsam und muss vom Leiterplattenentwickler bereits beim Entwurf berücksichtigt werden. ■

Nach dem Bohren werden die Oberflächen durch *Bürsten* gereinigt und entgratet.

Bevor die Bohrlochwandung für die Durchkontaktierung metallisiert werden kann, muss sie in einem *Desmear*[2]-Prozess von möglichen Harzresten gereinigt werden.

Die Lochwandung wird als Zuleitung für den nachfolgenden Galvanikprozess zunächst wenige μm dick *chemisch verkupfert.* Nach dem Fotodruck des negativen Leiterbildes wird die freiliegende Kupferschicht auf die Enddicke *galvanisch verstärkt (aufkupfern).*

Die Strukturierung des Leiterbildes darf zu diesem Zeitpunkt noch nicht erfolgt sein, damit der Stromfluss für den Galvanikprozess gewährleistet ist.

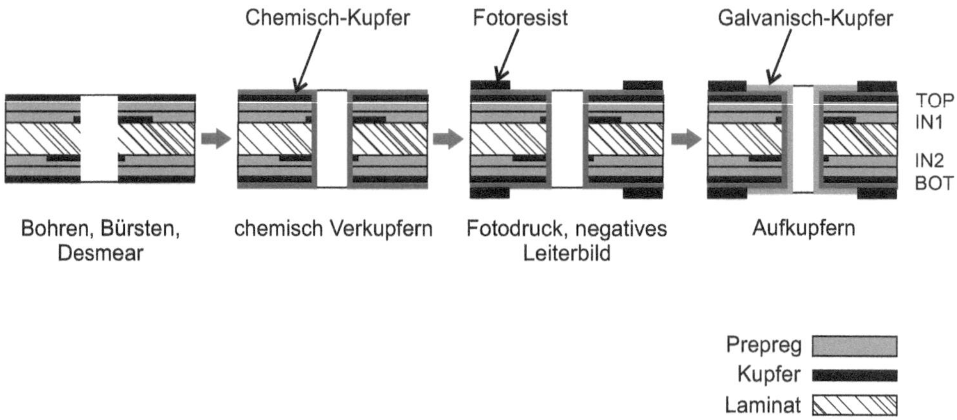

Bild 6.15 Durchkontaktierung (Fortsetzung des Beispiels)

Zur anschließenden *Strukturierung der Außenlagen* TOP und BOT wird das Negativ-Verfahren mit Fotodruck (Bild 6.8) eingesetzt. In Verbindung mit den Durchkontaktierungen und dem Aufkupfern wurde das dafür notwendige negative Leiterbild bereits aufgedruckt. Das künftige Leiterbild liegt frei.

Als Ätzresist wird Zinn galvanisch auf das freiliegende Kupfer aufgebracht. Dieses deckt nun das Leiterbild und die Durchkontaktierungen ab, der Fotolack wird nicht mehr benötigt und kann wieder entfernt werden. Nach dem Ätzvorgang wird auch die Zinnschicht wieder entfernt.

[2] Smear - Schmiere

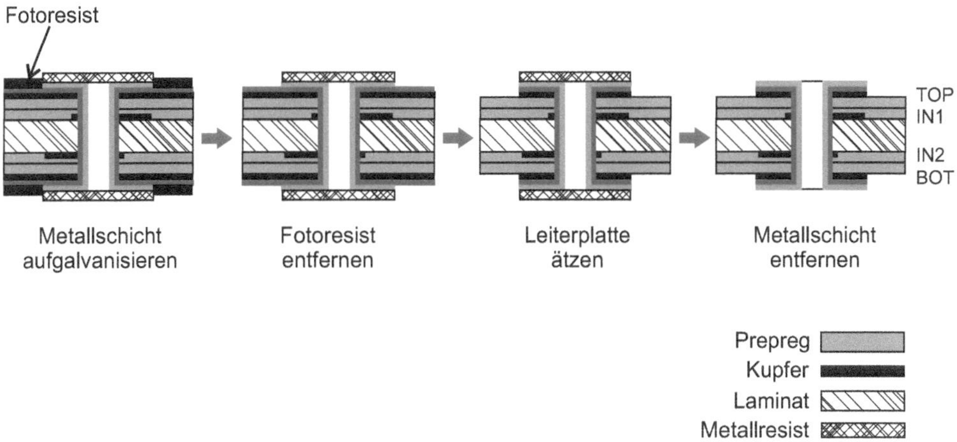

Bild 6.16 Fertigungsablauf für das Beispiel (Fortsetzung)

6.6 Oberflächen

Nachdem auch die Außenlagen strukturiert sind, können zusätzliche Beschichtungen der Oberflächen zu deren Schutz oder zur Vorbereitung weiterer Fertigungsschritte vorgenommen werden.

6.6.1 Metallische Oberflächen

Metallische Oberflächen werden überwiegend auf den Anschlussflächen zur Vorbereitung des Lötens aufgebracht. Sie schützen die Lötfläche vor Oxidation, erhalten deren Lötbarkeit und verbessern damit auch die Lagerfähigkeit der Leiterplatte bis zur Weiterverarbeitung.

Wegen des Lötprozesses mit einer Zinnlegierung als Lot wird vorzugsweise Zinn eingesetzt. Der Schichtenaufbau mit *Chemisch-Zinn* ergibt sehr homogene und glatte Oberflächen, die besonders für kleinste Bauteile geeignet sind.

Die *Heißverzinnung* (Hot Air Leveling – HAL) führt prozessbedingt zu unebenen Lötflächen. Die Leiterplatte wird hier in einem Tauchlötverfahren verzinnt und das überschüssige Metall nach dem Herausziehen mit einem heißen Luftmesser (*hot air*) weggeblasen. Diese Beschichtung ist besser lötbar und es sind auch Zinnlegierungen einsetzbar.

Weitere metallische Oberflächen können aus Gold (z.B. als Bondfläche), Silber oder Palladium gefertigt werden.

6.6.2 Lötmaske

Die Lötmaske deckt die gesamte Leiterplatte ab und lässt nur die Lötflächen und die Durchkontaktierungen frei. Sie soll Kurzschlüsse beim Löten (Lötbrücken) vermeiden, die Platinenoberfläche isolieren und so die Spannungsfestigkeit erhöhen. Zusätzlich schützt sie die abgedeckten Bereiche vor Korrosion.

Für geringe Genauigkeitsanforderungen wird die Lötmaske im Siebdruckverfahren aufgebracht. Zur Beschichtung kommt thermisch härtender Lack zum Einsatz.

Alternativ und für höhere Anforderungen kann die Oberfläche mit Fotolack (z.B. durch Vorhanggießen) beschichtet werden, der danach als Lötmaske fotochemisch strukturiert wird.

6.6.3 Serviceaufdruck

Mit dem Serviceaufdruck werden die Positionen der Bauteile auf der Leiterplatte gekennzeichnet. Er liefert damit Informationen für die Bestückung und für den Service der Leiterplatte (z.B. Kennzeichnungen der Testpunkte).

Verwendet wird thermisch härtender Lack, der bei großen Stückzahlen vorwiegend im Siebdruckverfahren aufgebracht wird. Für kleinere Losgrößen ist auch die Inkjettechnologie einsetzbar. Die Farbe des Lackes (weiß oder gelb) sollte kontrastierend zum Untergrund, der Lötmaske (meist grün), gewählt werden.

Mit der Beschichtung der Oberflächen ist die Leiterplatte auf die Weiterverarbeitung bis zur funktionsfähigen Baugruppe vorbereitet. Die gefertigte Leiterplatte für das *Beispiel Lauflicht*, dessen Entwurf und Fertigung bis zu diesem Punkt beschrieben wurde, ist in Bild 6.17 zu sehen.

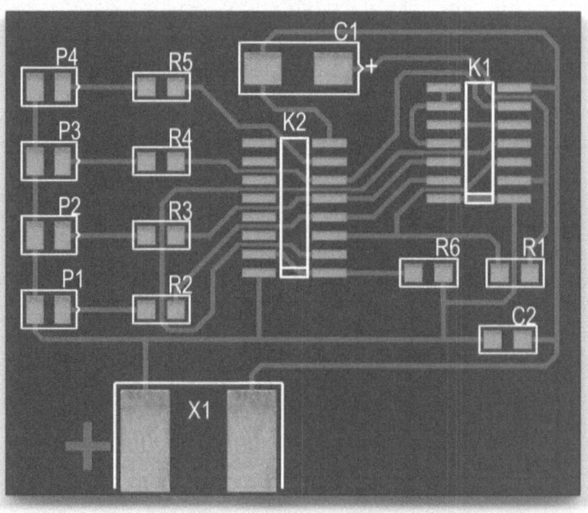

Bild 6.17 Leiterplatte (Beispiel Lauflicht)

Die dargestellte Leiterplatte ist einlagig und ohne Bohrungen. Es wurden Lötmaske und Beschriftungsaufdruck vorgesehen. Die Lötflächen sind mittels Heißverzinnung (HAL) beschichtet worden.

Die Leiterbildstrukturierung ist mit Fotodruck und für grobe Strukturen mit Siebdruck möglich. Die Strukturierung kann im Positiv-Verfahren oder mit einem Metallresist im Negativ-Verfahren ausgeführt werden. Das Negativ-Verfahren ist im Zusammenhang mit Durchkontaktierungen bedeutsam. Für den Fotodruck kann ein Positiv- oder ein Negativresist eingesetzt werden. In Abhängigkeit von der Leiterbreite ist die Unterätzung zu beachten.

Prototypen können chemiefrei durch Isolationsfräsen hergestellt werden.

Multilayer werden in Ebenen schrittweise strukturiert, bei Bedarf gebohrt und gestapelt sowie verpresst. Durchkontaktierungen verbinden die Ebenen miteinander.

Die Lötflächen können eine Metallschicht zur Vorbereitung der Baugruppenfertigung erhalten. Zusätzlich sind Lötmaske und Serviceaufdruck möglich. ■

Es folgen noch zwei Übungsaufgaben. Die Baugruppenfertigung wird Inhalt des nächsten Kapitels sein.

Aufgabe 6.1

Welche vier klassischen Herstellungsverfahren stehen für die subtraktive Leiterbildstrukturierung zur Verfügung? ■

Aufgabe 6.2

Zwischen welchen Lagen eines Vier-Lagen-Multilayers mit innenliegendem Kern sind verdeckte Durchkontaktierungen (*buried via*) möglich? ■

7 Baugruppenfertigung

An die Leiterplattenfertigung schließt sich die Weiterverarbeitung bis zur funktionsfähigen Baugruppe an. Wesentliche Schritte sind das Bestücken der Bauteile und das Löten. Der Schwerpunkt wird wieder die Oberflächenmontage (Surface Mounted Technology) sein.

7.1 Bauteile (SMD) bestücken

Es ist natürlich möglich, die Bauteile auf der Grundlage des Bestückungsplanes manuell zu bestücken. Das ist jedoch sehr zeitaufwändig und fehleranfällig, weshalb die *Handbestückung* nur für Einzelstücke oder wenige Leiterplatten sinnvoll ist.

Für kleine Serien sind *halbautomatische Bestücksysteme* einsetzbar. Sie erhalten die Bestückungsdaten aus dem Layoutsystem und geben die Entnahmeposition aus der Bauteilzuführung sowie die Absetzposition und Ausrichtung auf der Leiterplatte vor. Damit entlasten sie vom Lesen des Bestückungsplanes. Zusätzlich ist die Überwachung des Vorganges möglich, was eine hohe Bestücksicherheit ermöglicht.

In der Serienfertigung wird die Bestückung der Bauteile hauptsächlich mit *Bestückungsautomaten*, die ihre Vorgaben aus den Bestückungsdaten (Abschnitt 5.2.2) beziehen, ausgeführt. Es ist verständlich, dass diese Bestückungsautomaten mit hoher Präzision bei hoher Geschwindigkeit arbeiten müssen und dabei flexibel auf die unterschiedlichsten Bauteile anpassbar sein sollen.

7.1.1 Bestückungsautomat

Die Surface Mounted Devices (SMD) werden dem Bestückungsautomaten vorzugsweise in Gurten auf Rollen (*tape and reel*) oder in Kunststoffstangen (*tubes*) (Bild 7.1) zugeführt. Große Bauteile mit vielen Anschlüssen werden auf Tabletts mit Vertiefungen (*tray*) bereitgestellt. Auch Schüttgut kann verarbeitet werden und wird mittels Vibrationsförderern zugeführt.

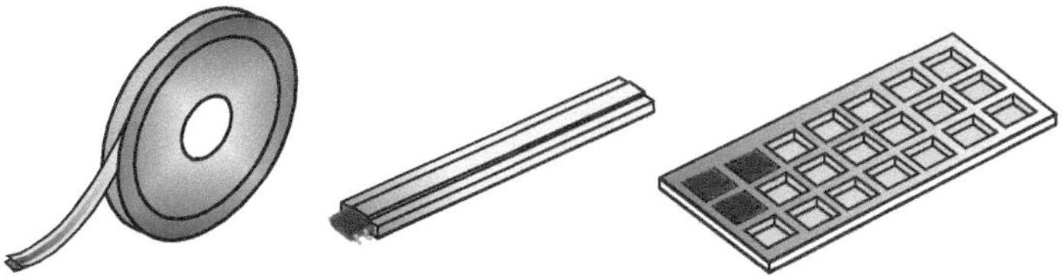

Bild 7.1 Bereitstellung der Bauteile

Die Bauteile erhalten in der Zuführung *(feeder)* eine definierte Position, wo sie vom Bestückungskopf abgeholt werden können. Dieser ist in x- und y-Richtung positionierbar, um die z-Achse drehbar und in der z-Richtung für die Absetzbewegung verfahrbar. Das Bauteil wird mit Unterdruck am Bestückungskopf gehalten.

Für höhere Fertigungsgeschwindigkeiten ist der Bestückungskopf mit mehreren Saugpipetten, die in Form eines Revolverkopfes angeordnet sind, versehen. Es kann auch abwechselnd mit zwei Köpfen gearbeitet werden. Während ein Kopf Bauelemente platziert, nimmt der andere Kopf bereits wieder (mehrere) Bauteile auf. Ebenso können mehrere Bestückungsköpfe im Pipeline-Prinzip hintereinander angeordnet sein.

7.1.2 Bauteile kleben

Es gibt verschiedene Gründe, Bauteile auf dem Schaltungsträger anzukleben:

- Zwingend notwendig ist das Ankleben, wenn mit einer Wellenlötanlage gearbeitet werden soll. Anderenfalls würden die Bauteile abfallen, wenn sie kopfüber durch die Lötwelle transportiert werden (siehe Abschnitt 7.2.2).
- Aber auch vor anderen Lötverfahren ist es oft sinnvoll, Bauteile anzukleben. Dies ermöglicht eine höhere mechanische Stabilität und verhindert Lageveränderungen während technologischer Transporte.
- Das Ankleben verhindert Lötfehler wie das Aufschwimmen oder den Grabsteineffekt.

Andererseits ist aber zu bedenken, dass das Ankleben der Bauteile zusätzliche Maschinen- und Betriebskosten für den Klebstoffauftrag und das Aushärten verursacht.

! Der Konstrukteur muss unter Berücksichtigung der eingesetzten Technologien während des Leiterplattenentwurfes über das Ankleben der Bauteile entscheiden und die notwendigen Fertigungsdaten bereitstellen. ■

Klebepunkt

Vor dem Hintergrund typischer Bauteilgrößen von nur wenigen Millimetern muss der Klebepunkt mehreren *Anforderungen* genügen. Dazu gehört die präzise Dimensionierung des Klebepunktes hinsichtlich seiner Kontur und seiner Höhe, damit einerseits das Bauteil sicher angeklebt wird, aber andererseits kein Klebstoff auf die Lötflächen gelangt. Während die Kontur hauptsächlich vom verfügbaren Platz abhängt, muss die Klebepunkthöhe die Stärke der Kupferschicht (und weiterer Beschichtungen) und die Metallisierung am Bauteil überbrücken.

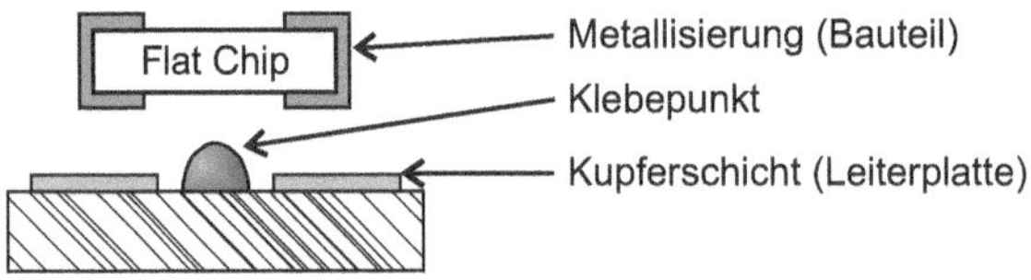

Bild 7.2 Klebepunkt

Wenn die Stärke der Kupferschicht große Toleranzen aufweist oder wenn der Klebepunkt nicht ausreichend hoch dimensioniert werden kann, ist es möglich, ihn auf einem Leiter unter dem Bauelement oder auf einem Blindleiter zu platzieren. Damit sind Abweichungen der Kupferschichtstärke für die Höhe des Klebepunktes ohne Bedeutung und der Klebepunkt kann kleiner sein.

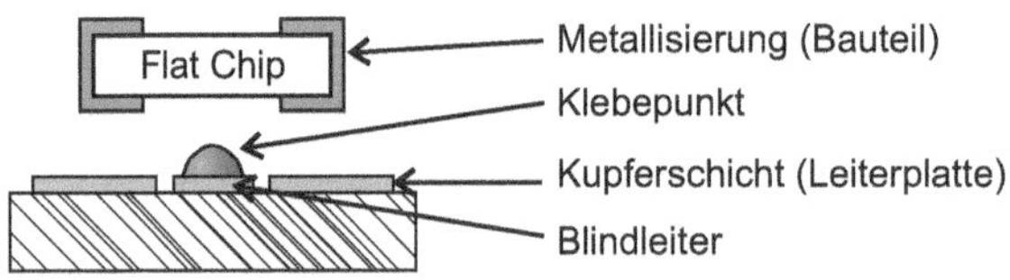

Bild 7.3 Klebepunkt auf Blindleiter

Klebstoffauftrag

Für den Klebstoffauftrag werden die üblichen Pastendruck-Technologien genutzt.

Siebdruck und *Schablonendruck* sind bei vergleichsweise niedrigen Anlagenkosten hochproduktive Verfahren, da die Paste an allen Positionen in einem Arbeitsgang gleichzeitig aufgetragen wird. Jedoch sind Vorbestückungen nicht möglich, die Höhe der Klebepunkte ist eingeschränkt und wegen des Siebes bzw. der Schablone ist das Verfahren nicht flexibel und somit nicht für Einzelstücke und kleine Serien geeignet.

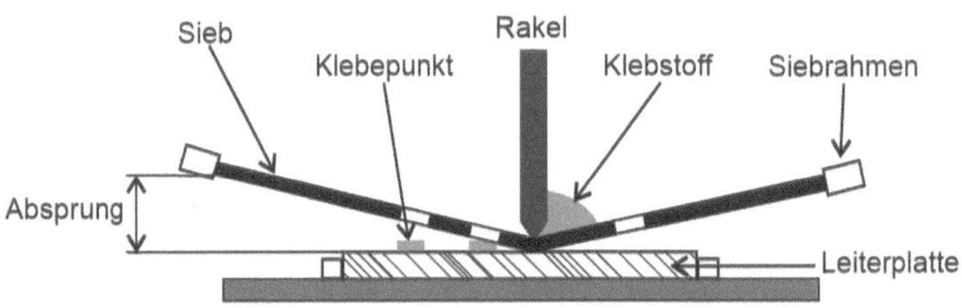

Bild 7.4 Siebdruck

Die Prozessparameter Absprung, Siebspannung, Rakelhärte, Rakelgeschwindigkeit und Viskosität der Paste müssen sehr genau aufeinander abgestimmt sein, damit gute Druckergebnisse erzielt werden können. Mit den Parametern Maschenweite und Drahtstärke des Siebes bzw. Dicke der Metallmaske kann die Menge der übertragenen Paste beeinflusst werden.

Das *Stempelverfahren* erlaubt ebenfalls den gleichzeitigen Klebstoffauftrag an allen Positionen. Die Vorbestückung ist hier in Abhängigkeit von der Länge der Pins bedingt möglich. Aber auch das Stempelverfahren ist nicht flexibel und wegen des teuren Stempels nur für die Serienfertigung sinnvoll.

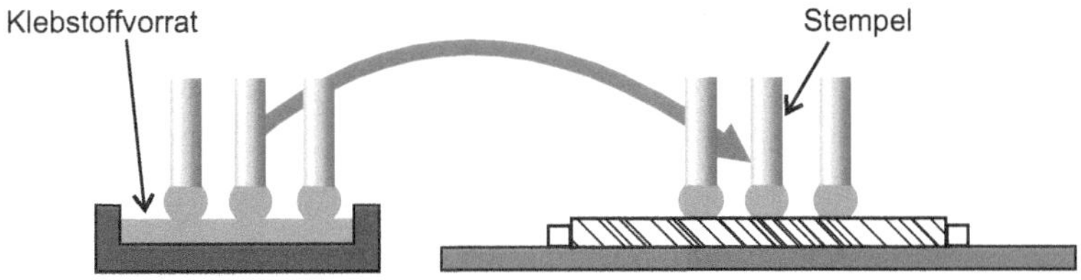

Bild 7.5 Stempelverfahren

Die Anwendung des *Dispensers* zum Klebstoffauftrag erlaubt Vorbestückungen, ist sehr flexibel und ermöglicht Klebepunkte unterschiedlicher Größe. Als manuelles Gerät ist der Dispenser auch für Einzelstücke geeignet. Für kleine Serien kann ein Dispensautomat eingesetzt werden. Wegen der sequentiellen Arbeit ist das Verfahren jedoch langsam und hat als Dispensautomat höhere Anlagenkosten als die anderen Technologien.

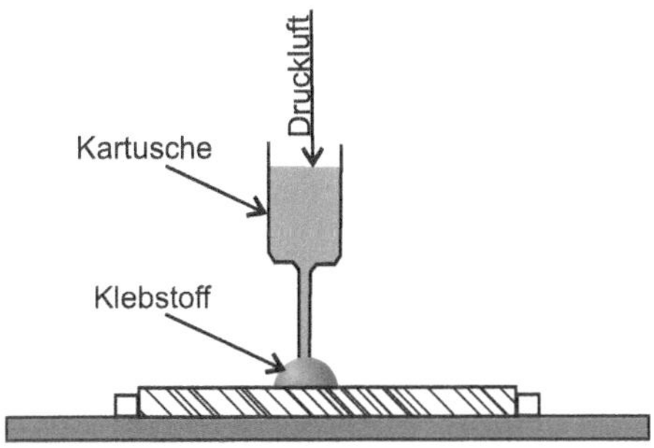

Bild 7.6 Klebstoffauftrag mit Dispenser

Unter UV-Licht oder unter Wärmeeinwirkung wird der Klebstoff ausgehärtet.

7.2 Lötverfahren

Löten zählt zu den nicht lösbaren Verbindungstechnologien, wird mittels Wärmezufuhr ausgeführt und ist in der Elektronik die häufigste und wichtigste Methode, eine elektrische Verbindung herzustellen. Darüber hinaus soll die Lötstelle aber auch das Bauelement mechanisch halten (sofern es nicht angeklebt ist) und soll zur Wärmeableitung beitragen.

Der Begriff *Löten* ist in DIN ISO 857-2 definiert:

„Fügeprozess, bei dem ein geschmolzenes Lot genutzt wird, das eine Liquidustemperatur besitzt, die tiefer ist als die Solidustemperatur der/des Grundwerkstoffe(s). Das geschmolzene

Lot benetzt die Oberflächen der/des Grundwerkstoffe(s) und wird während oder bei Ende des Aufheizens in einen engen, zwischen den zu fügenden Teilen befindlichen Spalt hineingezogen (oder, falls vorab eingelegt, dort gehalten).“

Damit ist für das Löten typisch, dass ein Zusatzwerkstoff (geschmolzenes Lot) benutzt wird, der einen niedrigeren Schmelzpunkt hat als die Verbindungspartner. Die Oberflächen der Verbindungspartner werden nicht angeschmolzen.

Der Gesamtprozess des Lötens hat folgenden Ablauf:

1. Die Oxidschicht, die sich auf der Kupferoberfläche sehr schnell bildet, wird unter Einsatz von Flussmittel durch Reduktion abgebaut. Die Reduktionsprodukte werden vom Flussmittel weggespült.
2. Die blanke Kupferoberfläche kommt mit dem flüssigen Lot in Kontakt und wird benetzt.
3. Die Diffusion beginnt an der Grenzschicht zwischen Lot und Kupfer während das Lot erstarrt.
4. Nach der Nutzung korrosiver Flussmittel muss die Lötstelle gereinigt werden.

Die Lötverfahren werden in DIN ISO 857-2 nach dem wärmeübertragenden Medium (fester Körper, Flüssigkeit, Gas, ...) eingeteilt und definiert. Für dieses Kapitel wurden das Wellenweichlöten, Warmgasweichlöten und Infrarotweichlöten ausgewählt.

7.2.1 Lot, Flussmittel und Lotpaste

Bevor die wichtigsten Lötverfahren der Serienfertigung beschrieben werden, sollen zunächst die beteiligten Materialien - das Lot, das Flussmittel und deren Kombination als Lotpaste - vorgestellt werden.

Lot

Lote sind metallische Legierungen, die überwiegend aus zwei Legierungspartnern mit begrenzter Löslichkeit im festen Zustand bestehen. Zur Beschreibung der Legierungen werden *Zustandsdiagramme* genutzt. Sie zeigen, wie sich unterschiedliche Legierungsverhältnisse in ihrer Kristallstruktur während des Erstarrens verhalten. Weiterführende Informationen zu Legierungen sind in [HOFM13, S. 59 ff.] enthalten.

Bild 7.7 zeigt am Beispiel eines für Lote typischen Zustandsdiagramms wichtige Linien, Bereiche und Punkte zur Erläuterung der verwendeten Begriffe.

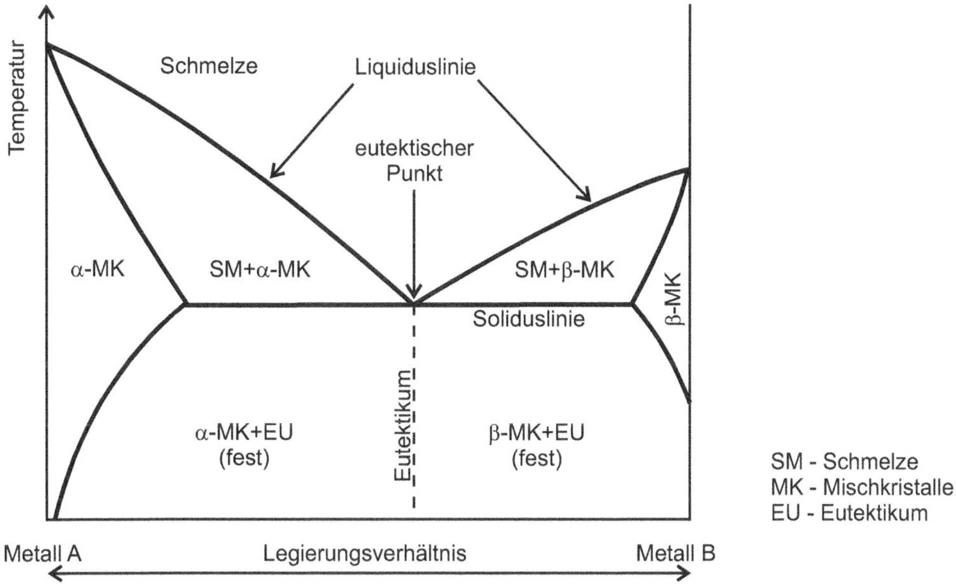

Bild 7.7 Zustandsdiagramm eines Zweistoffsystems mit begrenzter Löslichkeit im festen Zustand

- Die *Solidustemperatur* ist die Grenztemperatur, unterhalb der keine Schmelze vorliegt.
- Die *Liquidustemperatur* ist die Grenztemperatur, oberhalb der nur Schmelze vorliegt.
- Am *eutektischen Punkt* erfolgt der sofortige Übergang fest – flüssig, ohne teigigen Zwischenzustand. Gleichzeitig liegt hier die niedrigste Liquidustemperatur vor.

> **!** Die eutektische[1] Legierung weist eine feinkristalline und feste Verbindung auf und wird auch wegen der niedrigen Liquidustemperatur für Lote bevorzugt.

Seit der Erfindung des elektrischen Lötkolbens durch Ernst Sachs im Jahr 1921 [SACHS24] wurde mit eutektischem Zinn-Blei-Lot (Sn63Pb37) gearbeitet. Dieses Lot darf jedoch seit dem 1. Juli 2006 nicht mehr oder nur in bestimmten Ausnahmefällen eingesetzt werden.

Nach der Richtlinie 2002/95/EG (RoHS[2]) und deren Neufassung 2011/65/EU (RoHS-2) dürfen nur maximal 0,1 Gewichtsprozente Blei in Elektro- und Elektronikgeräten enthalten sein. Die Richtlinien wurden mit dem Elektro- und Elektronikgerätegesetz (ElektroG) und der Elektro- und Elektronikgeräte-Stoff-Verordnung (ElektroStoffV) in deutsches Recht überführt.

Für die Gestaltung *bleifreier Lote* ist Zinn als Basismetall erhalten geblieben. Es ist ausreichend verfügbar und nicht toxisch. Metallurgisch weist Zinn eine gute Haftfähigkeit und Benetzungsfähigkeit auf Kupferoberflächen auf. Als Legierungspartner haben sich Silber, Kupfer und für Lote mit niedriger Liquidustemperatur auch Bismut bewährt.

[1] Eútēktos (griech.) – gut schmelzbar

[2] Restriction of Hazardous Substances

Die folgenden Lote werden häufig eingesetzt:

- 96 % Zinn mit 4 % Silber (Sn96 Ag4), Liquidustemperatur 221 °C,
- 95 % Zinn mit 4 % Silber und 1 % Kupfer (Sn95 Ag4 Cu1), Liquidustemperatur 217 °C,
- 99 % Zinn mit 1 % Kupfer (Sn99 Cu1), Liquidustemperatur 227 °C.

Es ist ersichtlich, dass gegenüber dem Zinn-Blei-Lot, welches eine Liquidustemperatur von 183 °C hat, mit deutlich höheren Löttemperaturen gearbeitet werden muss.

Flussmittel

Das Flussmittel hat primär die Aufgabe, die Oxidschicht auf der Kupferoberfläche durch Reduktion abzubauen sowie die Oberfläche und das Lot vor erneuter Oxidation zu schützen.

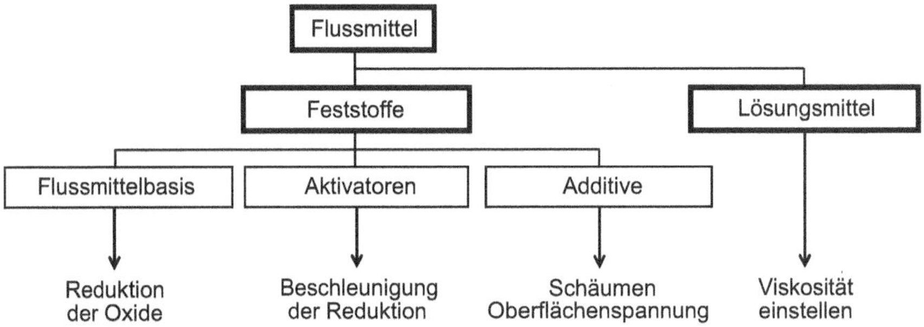

Bild 7.8 Bestandteile des Flussmittels

Die Reduktion der Oxidschicht wird von der *Flussmittelbasis* übernommen. Für eine hohe Produktivität soll die Oxidschicht schnell und gründlich beseitigt werden. Viele der sehr wirksamen Chemikalien sind jedoch auch korrosiv und müssen deshalb nach dem Lötprozess abgewaschen werden. Dies verursacht zusätzliche Personal-, Maschinen- und Entsorgungskosten.

Deshalb besteht in der Elektronikfertigung zunehmend der Wunsch, dass die Flussmittelreste keine Korrosion (No Clean Flux) hervorrufen dürfen. Diese Chemikalien sind jedoch weniger wirksam, was den Zusatz von Aktivatoren zur Beschleunigung der Reduktion erfordert. *Aktivatoren* beschleunigen die Reduktion der Oxide auf der Kupferoberfläche und verbessern das Benetzungsverhalten.

Die *Klassifizierung* der Flussmittel nach DIN EN ISO 9454-1 beschreibt deren Zusammensetzung in der Form NNNN.

Tabelle 7.1 Klassifizierung von Flussmitteln [DIN EN ISO 9454-1]

Flussmitteltyp	Flussmittelbasis	Aktivator	Halogenidanteil
1 Harz	**1** Kolophonium	**1** ohne Aktivator	
	2 Harz (modifiziertes Kolophonium oder synthetisch)	**2** mit Halogenen	
2 organisch	**1** wasserlöslich	**3** ohne Halogene	**1** < 0,01 %
	2 nicht wasserlöslich		**2** < 0,15 %
3 anorganisch	**1** Salze in wässriger Lösung	**1** mit Ammoniumchlorid	**3** 0,15 bis 2,0 %
	2 Salze in organischer Verbindung	**2** ohne Ammoniumchlorid	**4** > 2,0 %
	3 Säuren	**1** Phosphorsäure	
		2 andere Säuren	
	4 alkalisch	**1** Amine/Ammoniak	

Neben dieser genormten Klassifizierung gibt es weitere Bezeichnungen für Flussmittel, die ebenso häufig anzutreffen sind. In vielen Fällen werden die folgenden Bezeichnungen auf den Verpackungen angegeben sein.

- Alternativ beschreibt der IPC-Standard J-STD-004B das Flussmittel mit jeweils einer Kodierung für

Flussmittelbasis	RO(sin) / RE(sin) / OR(ganic) / IN(organic),
Wirksamkeit	L(ow) / M(edium) / H(igh) und
Halogenidanteil < 0,05 %	0 (Ja) / 1 (Nein).

- Die veraltete DIN 8511-2 kennzeichnet das Flussmittel in der Form F-SW*nn* mit folgender Bedeutung:

F - Flussmittel
S - für Schwermetalle
W - für Weichlöten
n - Korrosivität
n - Bestandteilkodierung

- Eine weitere Methodik (Federal Specification QQ-S-571F) beschreibt den Grad der Aktivierung:

R	rosin non activated	ohne Aktivator
RMA	rosin mildly activated	schwach aktiviert
RA	rosin activated	aktiviert
RSA	rosin super activated	stark aktiviert

Lotpaste

Für das Reflowlöten (Abschnitt 7.2.3) wird Lotpaste benötigt, die noch vor der Bauteilbestückung mittels Schablonendruck oder Dispensen auf die Lötflächen aufgebracht wird. Nach dem Bestücken der Bauteile wird die gesamte Baugruppe erwärmt, das Lot aufgeschmolzen und damit die Lötverbindung ausgeführt.

Lotpaste ist die Kombination von Lotgranulat und Flussmittel.

Zur Bezeichnung der Lotlegierung und der Klassifizierung des Flussmittels kommen noch weitere Eigenschaften hinzu:

- Das Mischungsverhältnis zwischen Lot und Flussmittel wird als *Metallgehalt* angegeben. Er beträgt ca. 90 % für den Schablonendruck und ca. 85 % für den Dispenser.
- Die *Korngröße* des Granulates richtet sich nach dem Auftragsverfahren und der Strukturfeinheit der Bauteilanschlüsse. Sie liegt zwischen 5 und 15 µm für die Aperturbreite 175 µm (Schablonendruck) oder Nadelgröße 200 µm (Dispensen) und 25 bis 45 µm für die Aperturbreite 250 µm (Schablonendruck) oder Nadelgröße 400 µm (Dispensen).
- Die *Viskosität* ist vom Auftragsverfahren abhängig und reicht von 200 Pa · s (Dispensen) bis 800 Pa · s (Schablonendruck).

7.2.2 Wellenlöten

Wellenlötverfahren waren ursprünglich in der Serienfertigung dominierend. Ihre Bedeutung ist jedoch rückläufig, da viele aktuelle Baugruppen wegen zu kleiner Anschlussraster nicht mehr mit diesem Verfahren gelötet werden können. Damit ist das Wellenlöten in vielen Fällen vom Reflowlöten (Abschnitt 7.2.3) abgelöst worden, hat seine Bedeutung aber noch nicht ganz verloren.

Das Wellenlöten (Bild 7.9) ist gleichermaßen für bedrahtete Bauelemente und für Surface Mounted Devices (SMD) geeignet, ist noch in mehreren Anwendungsfällen anzutreffen und ist besonders bei Mischbestückungen und für die Leistungselektronik vorteilhaft.

Mittels Pumpe wird aus flüssigem Lot eine Welle erzeugt, über die die Baugruppe transportiert wird. Die Anschlussdrähte der Bauteile in Durchsteckmontage werden auf der Lötseite der Leiterplatte mit Lot umspült und gelötet. Die SMD dagegen tauchen „kopfüber“ in die Lötwelle ein, und das gesamte Bauteil wird vom Lot umflossen. Deshalb müssen die SMD vor dem Lötprozess angeklebt werden. Das Lötverfahren ist nicht für hohe oder offene Bauteile geeignet. Wegen zu starker Lotbrückenbildung können Bauteile mit kleinem Anschlussraster nicht gelötet werden.

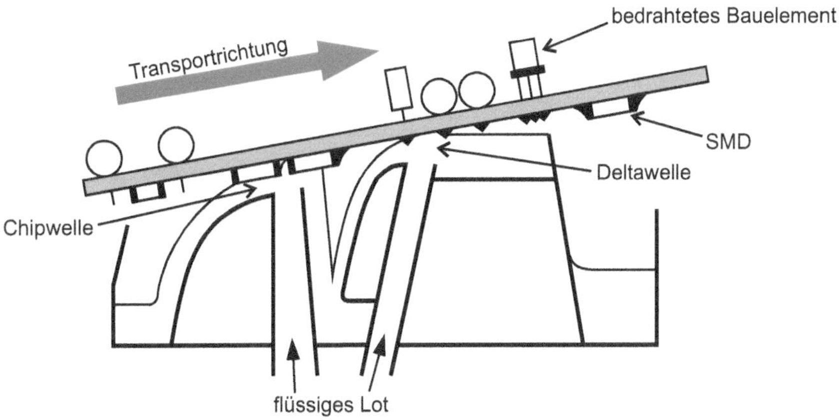

Bild 7.9 Wellenlöten (Doppelwellenlötanlage)

Flussmittelauftrag

Der Prozess beginnt mit dem Flussmittelauftrag. Zur Verfügung stehen Schaumfluxer[3] und Sprühfluxer.

- Im *Schaumfluxer* befindet sich ein poröses Rohr innerhalb des Flussmittelvorrates. In das Rohr wird Druckluft geleitet, welche zum Schäumen im Flussmittelvorrat führt. Der Schaum steigt in dem länglich geformten Trichter nach oben und bildet an der Trichteröffnung eine Schaumkrone. Über die Schaumkrone wird die Leiterplatte transportiert, wobei an der Unterseite Schaum haften bleibt.

  Zur Begrenzung der Schaummenge ist wenige Zentimeter nach dem Fluxer ein *Luftmesser* platziert, das in spitzem Winkel gegen die Transportrichtung bläst und so überflüssigen Schaum entfernt.

  Im Flussmittel ist Lösungsmittel enthalten, welches während des Vorganges verdunstet und mit einer *Dichteregelung* nachgeführt werden muss.

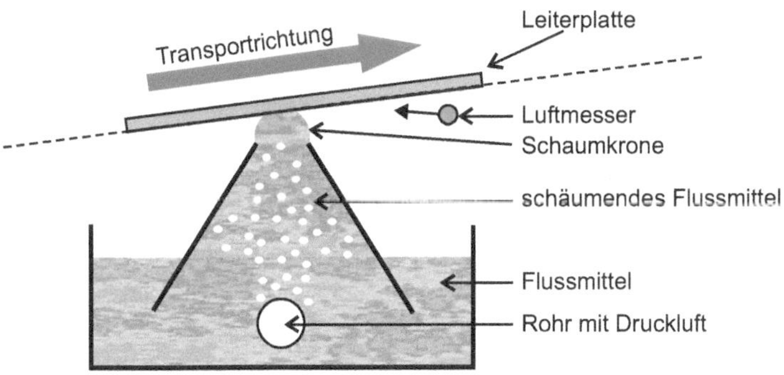

Bild 7.10 Schaumfluxer

---

[3] Flux (lat.) – Fluss

- Der *Sprühfluxer* benetzt die Leiterplatte mit Sprühdüsen von unten. Der Flussmittelauftrag ist hier besser dosierbar, was zu geringerem Verbrauch führt. Deshalb wird der Sprühfluxer, trotz des Wartungsaufwandes für die mechanisch bewegten Teile, häufiger eingesetzt.

Vorheizung

Es folgt die Vorheizung mit den Komponenten Konvektionsheizung, Strahlerheizung (Infrarot) und Oberheizung. Sie sollen die Leiterplatte auf ca. 130 °C erwärmen.

- Die *Konvektionsheizung* folgt unmittelbar auf den Fluxer und soll primär das im Flussmittel enthaltene Lösungsmittel verdunsten und die Leiterplatte trocknen.
- Die Kernfunktion der Vorheizung übernimmt die *Strahlerheizung*. In ihrem Wirkungsbereich wird das Flussmittel, das erst über 100 °C wirksam ist, aktiviert. Gleichzeitig werden thermische Spannungen reduziert und eine kürzere Lötzeit ist möglich.
- Damit das Lot in Durchkontaktierungen und an den Anschlüssen bedrahteter Bauelemente die Oberseite der Leiterplatte erreicht, muss sie auch von oben ausreichend vorgewärmt werden. Diese Aufgabe übernimmt die *Oberheizung*.

Lötwelle

Damit ist der eigentliche Lötvorgang vorbereitet und die Leiterplattenunterseite kommt im *Lötmodul* (Bild 7.9) mit einer oder zwei Lötwellen in Kontakt. Das Transportband hat dabei einen Anstellwinkel von ca. 7 °, was in den meisten Anwendungsfällen vorteilhaft für die Menge des übertragenen Lotes ist. Für die Lötwelle wird mit einer Pumpe flüssiges Lot nach oben und durch einen Spalt (Chip- und Deltawelle) oder durch mehrere Löcher (Wörthmannwelle [WOER96]) gefördert.

- Bei der Doppelwellenlötanlage hat die erste Lötwelle, die mit hohem Druck gefördert wird, die Aufgabe, alle - auch schlecht erreichbare - Stellen der Leiterplatte mit Lot zu umspülen.
- Die zweite und laminar fließende Lötwelle soll für gleichmäßige Lotbenetzung sorgen und zu viel anhaftendes Lot abspülen.

Zur Vermeidung thermischer Spannungen erfolgt die *Abkühlung* mit begrenzter Geschwindigkeit.

Aus dem Prozessablauf resultiert die Zeit-Temperatur-Kurve (Bild 7.11), die *Lötprofil* genannt wird. Im Bereich der Vorheizung soll das Flussmittel, das erst bei Temperaturen über 100 °C wirksam ist, aktiviert werden. Die Temperatur muss deshalb die Aktivierungstemperatur des Flussmittels überschreiten. Die Lottemperatur der Lötwelle liegt mindestens 30 K über dessen Liquidustemperatur. In einer Doppelwellenlötanlage hat die Lötstelle zweimal mit dem Lot Kontakt.

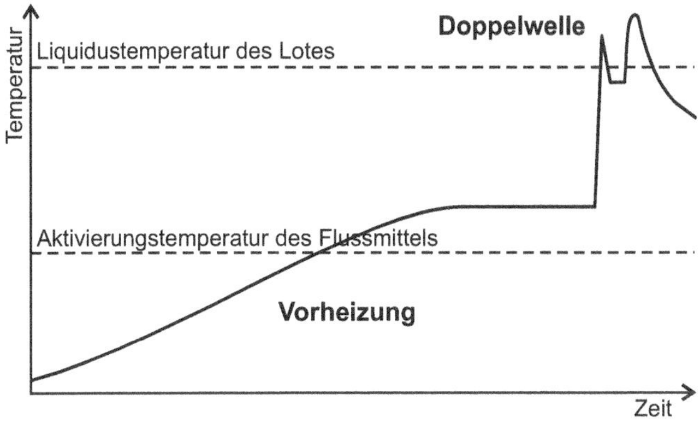

Bild 7.11 Lötprofil einer Doppelwellenlötanlage

Schutzgas (Stickstoff, N_2) vermindert die Oxidation, das Lot bleibt sauberer und es wird weniger Flussmittel benötigt. Der Prozess wird sicherer und weniger Nacharbeit ist notwendig. Für die Verarbeitung bleifreier Lote, die höheren Zinnanteil haben und höhere Löttemperaturen erfordern, hat sich das Löten unter Schutzgas durchgesetzt. Die Lötmaschinen müssen dafür gekapselt sein und über Schleusen verfügen.

Selektivlöten

Wie eingangs geschildert, wird das Wellenlöten zunehmend vom Reflowlöten abgelöst. Jedoch sind bedrahtete Bauteilformen, Steckverbinder und viele Bauteile der Leistungselektronik nicht für das Reflowlöten geeignet und müssen auch weiterhin in der Lötwelle gelötet werden. Für diese Bauteile bietet sich das Selektivlöten mit einer *Miniwelle* an.

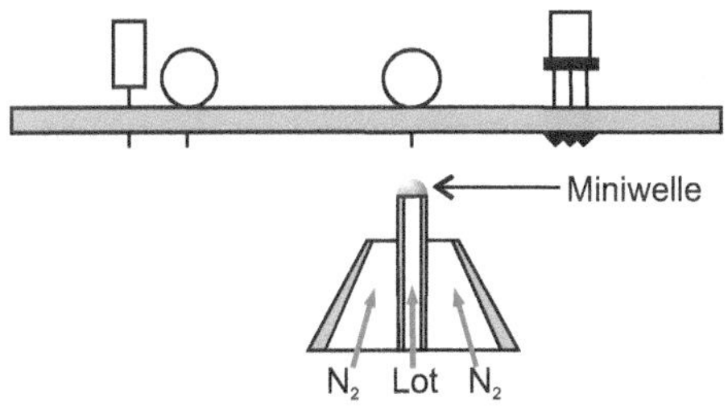

Bild 7.12 Miniwelle (Selectwave)

In der Selektivlötanlage wird nicht die gesamte Unterseite der Leiterplatte mit Lot benetzt, sondern nur eine einzelne Lötstelle (Selectwave) oder mehrere Lötstellen (Multiwave).

- In einer Selectwave-Anlage wird die Leiterplatte mit den Lötstellen passend auf die Miniwelle abgesenkt oder bei einer Reihe von Lötstellen entlang dieser Reihe transportiert.
- Die Multiwave-Anlage verfügt über mehrere Minilötwellen, mit denen mehrere Lötstellen gleichzeitig vom Lot umspült werden.

Anforderungen an das Layout

Der Lötprozess, der auf dem Umspülen der Bauteile (SMD) mit flüssigem Lot beruht, kann zu fehlerhaften Lötstellen

- durch Lotbrücken und
- den Schatteneffekt

führen. Mit einem Layout, das dies berücksichtigt, können diese Lötfehler jedoch vermieden werden. Zwar lassen sich die Lötfehler auch durch geänderte Lötparameter oder mit einer anderen Lötwelle - zum Beispiel mit der Wörthmannwelle [WOER96] - vermeiden, jedoch sollen hier layoutspezifische Lösungen im Mittelpunkt stehen.

An Bauteilanschlüssen in engem Raster können sich *Lotbrücken* bilden. Diese entstehen bevorzugt zwischen dem vorletzten und dem letzten Anschluss, da das Lot von Anschluss zu Anschluss mitgezogen wird und wegen des Abreißverhaltens des Lotes in der Lötwelle zwischen den letzten beiden Anschlüssen hängen bleibt.

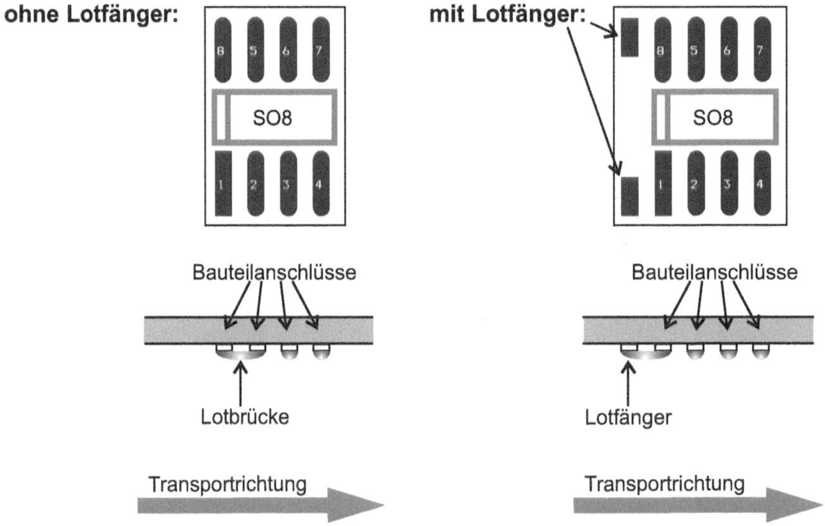

Bild 7.13 Lotfänger zur Vermeidung von Lotbrücken

Um diesen Fehler zu vermeiden, wird eine weitere Lötfläche nach dem zuletzt aus der Lötwelle auftauchenden Anschluss platziert. Diese Fläche fängt das überflüssige Lot auf und wird deshalb *Lotfänger* genannt. Der Lotfänger kann jedoch seine Aufgabe nur erfüllen, wenn er im Footprint korrekt definiert wurde und das Bauteil bei der Platzierung im Layout so gedreht wurde, dass der Lotfänger als letzte Lötfläche die Lötwelle verlässt. Für Position und Größe der Lotfänger gibt es Empfehlungen in den Datenblättern der Bauelementehersteller.

Ein weiterer Lötfehler kann entstehen, wenn das Lot aufgrund seiner Fließrichtung in der Lötwelle im *Schatten* des Bauteilgehäuses liegende Anschlüsse nicht erreicht (Bild 7.14) und diese nicht gelötet werden.

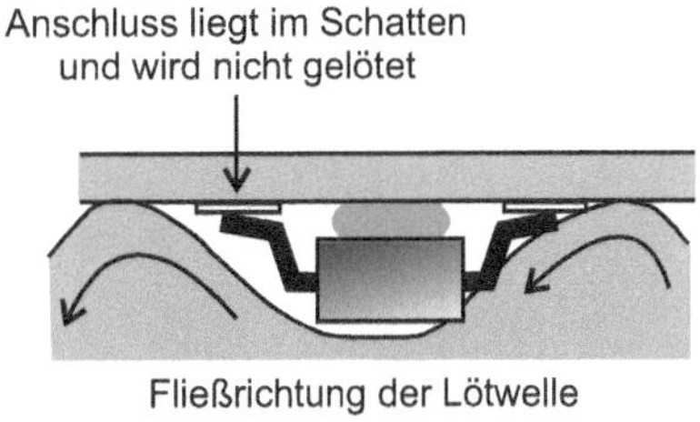

Bild 7.14 Schatteneffekt

Dieser Effekt lässt sich mit längeren Lötflächen oder einer Bauteilausrichtung, bei der keine Anschlüsse im Schatten liegen, vermeiden.

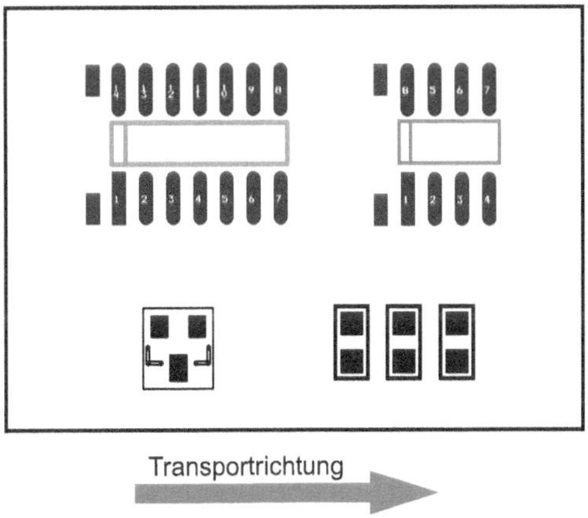

Bild 7.15 Bauteilausrichtung zur Vermeidung des Schatteneffektes

Der Entwickler des Layouts muss das Lötverfahren und die Transportrichtung der Leiterplatte kennen oder vorgeben. Darauf angepasst, müssen im Footprint Lotfänger vorgesehen werden und die Bauteile müssen entsprechend der Transportrichtung gedreht platziert werden.

7.2.3 Reflowlöten

Für Surface Mounted Devices (SMD) wird das Reflowlöten bevorzugt, da geringere Abstände der Anschlüsse möglich sind und der Prozess kostengünstiger ist.

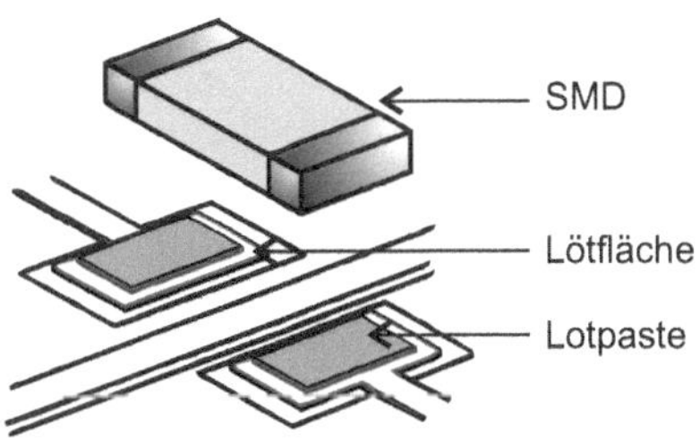

Bild 7.16 Reflow-Lötstelle

Lot wird in Pastenform vor dem Bestücken der Bauteile aufgebracht. Nach dem Bestücken erfolgt das Löten durch Erhitzen der Lötstellen oder der gesamten Baugruppe mit Infrarot, durch Nutzung heißer Gase (Luft, Stickstoff) oder in der Dampfphase.

Lotpastenauftrag

Der Gesamtprozess beginnt mit dem *Lotpastenauftrag*. Häufig eingesetzte Technologien für den Pastenauftrag sind Siebdruck, Schablonendruck und das Dispensen.

Schablonendruck

Dispenser

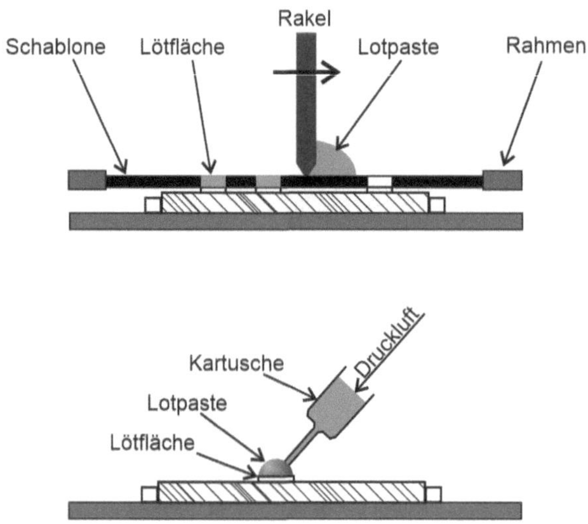

Bild 7.17 Lotpastenauftrag

Ergänzend zu diesen klassischen Technologien wurde ein Konzept entwickelt, welches auf der *Inkjettechnologie* basiert. Dieses Verfahren ist sehr flexibel, präzise und erlaubt unterschiedliche Lotpastenvolumen.

> **!** Der Konstrukteur muss während des Layoutentwurfes auch die notwendigen Daten für den Lotpastenauftrag bereitstellen. ■

Bestücken der Bauteile

Nach dem Pastenauftrag folgt das *Bestücken* (Abschnitt 7.1). Das Ankleben der Bauteile ist bei besonderen Anforderungen möglich, jedoch nicht zwingend notwendig, da die Lotpaste leicht klebrig ist und das Bauteil bis zum Lötvorgang hält.

Für den eigentlichen *Lötvorgang* wird die Baugruppe erhitzt, wofür mehrere Möglichkeiten genutzt werden können. In der Serienfertigung kommen dafür Durchlauflötstrecken zum Einsatz.

Löten mit Infrarot und Konvektion

Die Erwärmung mit *Infrarot* ist sauber, kostengünstig und erfolgt kontaktfrei. Die Heizleistung ist leicht regelbar. Jedoch werden die schwarzen Gehäuseoberflächen stärker aufgeheizt als die glänzenden Lötstellen, womit die Gefahr des Überhitzens besteht. Lötstellen, die sich abgeschattet unter dem Bauteil befinden, können mit Infrarot nicht zuverlässig gelötet werden. Damit ist das Verfahren für Ball Grid Array (BGA) ungeeignet.

Mit *Konvektion* gibt es geringere Temperaturunterschiede und auch Bereiche unter den Bauelementen können gezielt erwärmt werden. Für BGA ist das Verfahren geeignet, wenn der Spalt unter dem Bauteil ausreichend groß ist. Häufig wird die Konvektion in Kombination mit Infrarot als Umluft für den Temperaturausgleich eingesetzt.

Die Infrarot- oder Konvektions-Lötanlage ist in Zonen mit unterschiedlichen Aufgaben eingeteilt:

- In der *Vorheizzone* wird die Baugruppe auf eine Temperatur oberhalb der Aktivierungstemperatur des Flussmittels erwärmt. Sie hat die Aufgabe, die Oberflächenfeuchtigkeit zu beseitigen, das Lösungsmittel im Flussmittel zu verdunsten und thermische Spannungen abzubauen.
- In der *Haltezone* erfolgt bei nahezu gleichbleibender Temperatur der weitere Temperaturausgleich, das Flussmittel ist aktiviert und arbeitet.
- Der Lötvorgang vollzieht sich in der *Peakzone*. Die Lötstellen der Baugruppe werden auf eine Temperatur von ca. 30 K über der Liquidustemperatur des Lotes aufgeheizt. Dabei darf die Zerstörungstemperatur der Bauteile oder der Leiterplatte nicht erreicht werden.
- Nach dem Löten gelangt die Baugruppe in die *Abkühlzone*.

In der Zeit-Temperatur-Kurve (Lötprofil) sind die Zonen der Lötanlage erkennbar.

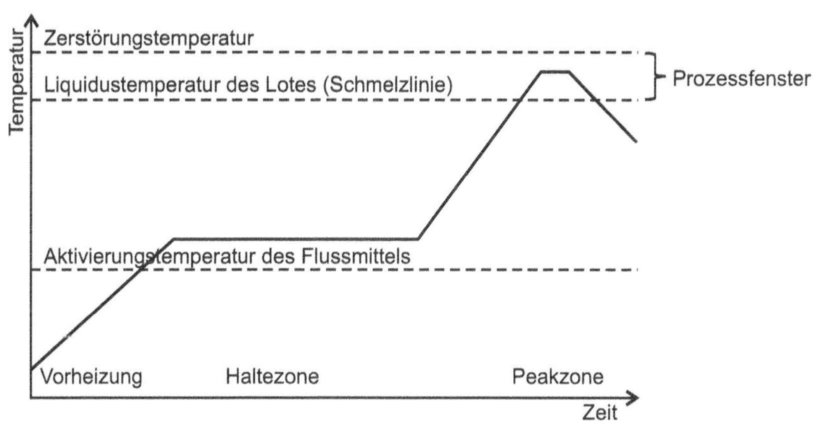

Bild 7.18 Temperaturprofil einer Reflow-Lötanlage

Der Einsatz von *Schutzgas* (Stickstoff) hat sich auch beim Reflowlöten durchgesetzt. Besonders für bleifreie Lote, die bei höheren Temperaturen aufschmelzen, und für Lotpasten mit feiner Körnung kann das Schutzgas die erhöhte Oxidationsneigung mindern und die bessere Benetzung der Lötstellen ermöglichen.

Löten in der Dampfphase

In der *Dampfphasen-Lötanlage* erfolgt die Wärmeübertragung durch Kondensation eines gesättigten Dampfes an der Baugruppe. Im Behälter innerhalb der Lötanlage wird eine Flüssigkeit, deren Siedetemperatur im Bereich der Löttemperatur liegt, erhitzt. Es bildet sich Dampf, der schwerer als Luft ist. In diesen Dampf wird die Baugruppe abgesenkt. Der Dampf kondensiert an der Oberfläche und überträgt seine Wärme auf die Baugruppe. Der Dampf wirkt dabei gleichzeitig wie ein Schutzgas und verhindert die Oxidation. Die Baugruppe erwärmt sich auf die Temperatur des Dampfes.

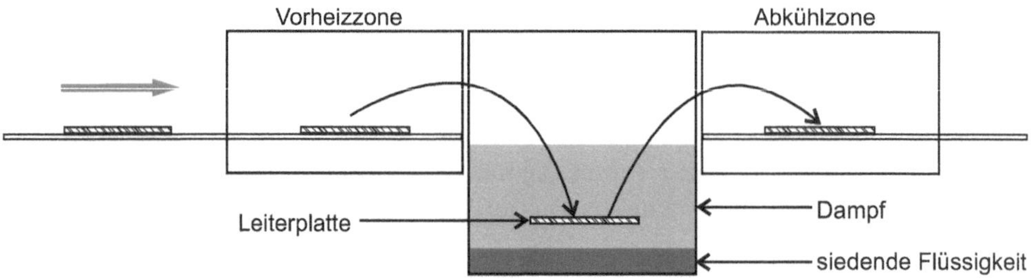

Bild 7.19 Dampfphasen-Lötanlage

Dies ermöglicht die präzise Einhaltung der Löttemperatur auch an schlecht erreichbaren Bereichen der Leiterplatte, zum Beispiel unter dem Ball Grid Array. Die Gefahr der Überhitzung anderer Bereiche besteht dabei nicht. Es ist allerdings aufwändig, diesen diskontinuierlichen Vorgang in den In-Line-Betrieb der Serienfertigung einzubinden. Zur Vermeidung von zu großem Temperaturstress müssen die Vorheiz- und Abkühlzonen (Infrarot oder Konvektion) ergänzt werden.

Anforderungen an das Layout

Auch beim Reflowlöten sind Lötfehler möglich, die sich mit einem geeigneten Layout vermeiden lassen. Diese sind hauptsächlich

- der Grabsteineffekt[4] und
- Fehlplatzierungen durch das Aufschwimmen der Bauelemente.

Die Fehler treten besonders bei leichten Bauteilen mit zwei Anschlüssen (Widerstände, Kondensatoren) auf. Zur Vermeidung beider Fehler können die Bauelemente selbstverständlich auch angeklebt werden, was aber mit Klebstoffauftrag und Aushärten zusätzliche Fertigungsschritte und damit zusätzliche Kosten verursacht.

Eine Ursache für den *Grabsteineffekt* (Bild 7.20) ist die ungleiche thermische Eigenschaft der beiden Lötflächen eines Bauteiles. Die Lötstellen erwärmen sich aufgrund ungleicher Wärmekapazitäten unterschiedlich schnell. Während eine Lötstelle bereits aufgeschmolzen ist und mit der Oberflächenspannung des flüssigen Lotes am Bauelement zieht, ist die Schmelztemperatur am anderen Anschluss noch nicht erreicht und lediglich die Klebrigkeit der Lotpaste hält das Bauteil. Dies führt zum Aufrichten. Ungleiche Wärmekapazitä-

[4] Auch: Tombstoning, Billboarding, Manhattan-Effekt

ten der Anschlüsse resultieren aus der unterschiedlichen Größe, aus verschieden breiten Leitern und aus Durchkontaktierungen innerhalb der Lötfläche.

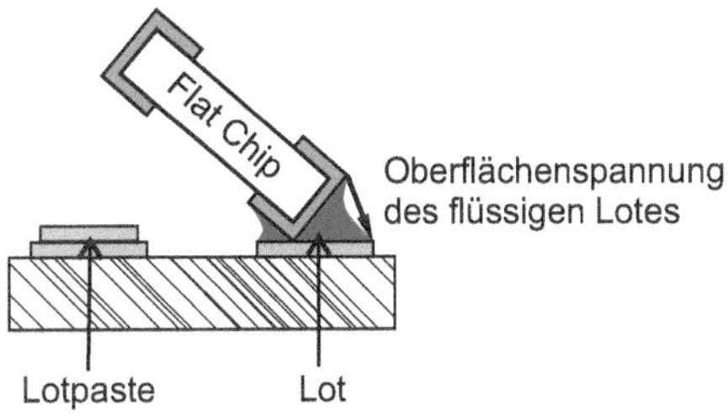

Bild 7.20 Grabsteineffekt

Eine weitere Ursache liegt in ungleichen Lotmengen an beiden Anschlüssen, möglicherweise wegen deren ungleicher Größe, wodurch die Seite mit mehr Lot auf einer größeren Lötfläche eine höhere Oberflächenspannung hat als die andere Seite, was selbst bei gleichzeitig aufschmelzenden Lötflächen zum Aufrichten des Bauteiles führt.

Beim *Aufschwimmen* werden unter dem Einfluss der Oberflächenspannung des flüssigen Lotes die Bauelemente in eine schwimmende Lage gebracht, mit ihren Anschlüssen in die Mitte des Lotes gezogen und dabei möglicherweise verdreht oder verschoben.

Bei geometrisch gleich geformten Lötstellen eines Bauteils wirkt dieser Effekt sogar positiv, denn er führt zum Einschwimmen unpräzise bestückter Bauteile in die richtige Position (Selbstzentrierung).

Wenn die Lötflächen jedoch ungleiche geometrische Eigenschaften haben, führt der gleiche Effekt zur Fehlplatzierung.

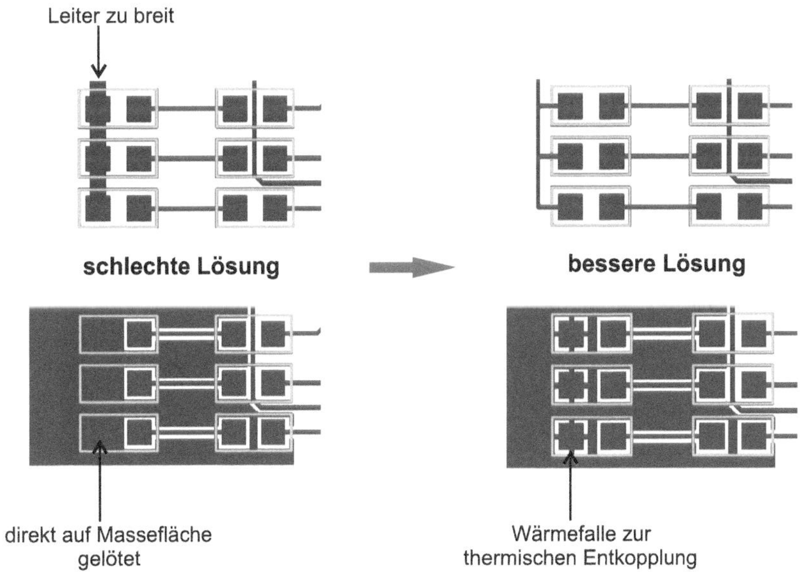

Bild 7.21 Vermeidung von Lötfehlern

> Zur Vermeidung beider Lötfehler müssen die Lötstellen eines zweipoligen Bauteiles geometrisch und thermisch gleiche Eigenschaften haben.

Das bedeutet für die Gestaltung des Layouts:

- gleich große Lötflächen und gleich breite Leiterzuführungen,
- keine Durchkontaktierungen in der Lötfläche (sofern möglich),
- Lötflächen von anderen Flächen (Testpunkt, Massefläche) thermisch entkoppeln.

Das *Beispiel Lauflicht*, dessen Entwurf und Fertigung vom Stromlaufplan bis zur Leiterplatte beschrieben wurde, ist nach dem Lotpastenauftrag im Schablonendruck und dem Bestücken der Bauteile im Reflowverfahren (Infrarot mit Umluft) gelötet worden.

Bild 7.22 Gelötete Leiterplatte (Beispiel Lauflicht)

Besonderheiten bei BGA

Als Anschlüsse an Multi Chip Modulen (MCM) und Chip Scale Packages (CSP) werden bevorzugt Ball Grid Arrays (BGA) genutzt (siehe Abschnitt 3.3.2). Diese Anschlussform nutzt Lotkugeln unter der gesamten Fläche des Gehäuses, was das Löten unter dem Bauteil – mit einigen Besonderheiten – erfordert.

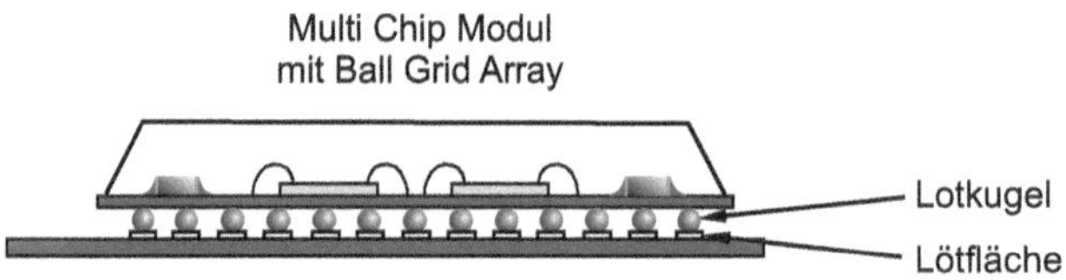

Bild 7.23 Bauteil mit BGA

Für Bauteile mit vielen Anschlüssen bei begrenzter Gehäusegröße werden häufig BGA eingesetzt, da sie zahlreiche *Vorteile* bieten:

- BGA ermöglichen hohe Anschlusszahlen bei beherrschbarem Raster.

- Es werden robuste Lotkugeln statt empfindlicher Anschlüsse genutzt.
- BGA sind kompatibel zur Surface Mounted Technology; die gleichen Maschinen sind oft verwendbar.
- Die Positioniertoleranz ist hoch, da sich das Bauelement beim Löten selbst zentriert.
- Die Anschlüsse haben eine kleine Impedanz.
- Die Wärmeableitung zur Leiterplatte ist mit thermischen Durchkontaktierungen leicht möglich.

Aus der Notwendigkeit, unter dem Bauteilgehäuse löten zu müssen, ergeben sich jedoch auch einige *Probleme* oder *Nachteile*:

- Die zahlreichen und eng beieinander liegenden Anschlussflächen, die mit Leitern kontaktiert werden müssen, erfordern ein aufwändigeres Layout.
- Das Löten unter dem Gehäuse erfordert, die Wärme bis an diese Stelle zu führen, was nur mit dem Dampfphasenlöten, bedingt mit Konvektion, möglich ist. Es kann passieren, dass nur die Anschlüsse im Randbereich korrekt gelötet sind, während die Lotkugeln in der Mitte unter dem Gehäuse nicht aufgeschmolzen sind.
- Die Lötverbindungen unter dem Gehäuse sind schwer prüfbar, was meist nur mittels Röntgen möglich ist.
- Die Inbetriebnahme, Messungen und Reparaturen sind erschwert, da die Anschlüsse schwer zugänglich sind.

Der Lötvorgang ist vom Aufschmelzen und der damit verbundenen Umformung der Lotkugeln geprägt. Es lassen sich drei Phasen unterscheiden.

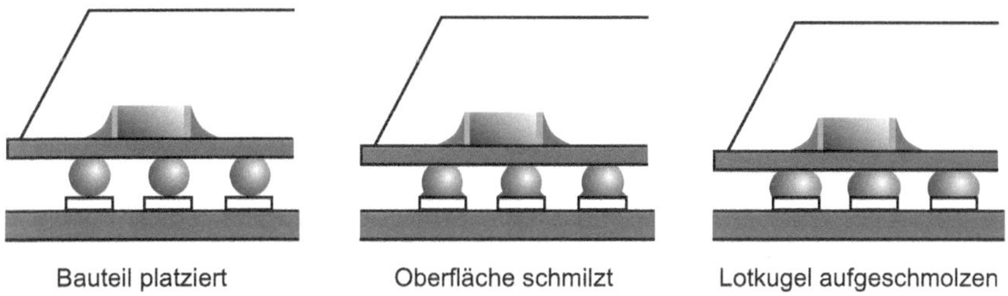

Bild 7.24 Löten von BGA

1. In der ersten Phase sind die Lotkugeln noch nicht aufgeschmolzen, ihre Oberflächen tangieren die Lötflächen.
2. Mit Erreichen der Liquidustemperatur des Lotes schmilzt die Oberfläche der Lotkugeln auf und benetzt die Lötfläche. Wegen der Verformung der Lotkugeln sinkt das Bauteil etwas ein.
3. Wenn die Löttemperatur erreicht ist und die Lotkugeln vollständig aufgeschmolzen sind, verformen sie sich erneut, was zu einem weiteren Einsinken des Bauteiles führt.

Das zweimalige Einsinken kann beobachtet und zur visuellen Kontrolle des Lötvorganges genutzt werden.

7.3 Leitkleben

Das Leitkleben mit metallgefüllten Klebstoffen bietet sich als Alternative zum Löten an, kann das Löten aber in den meisten Fällen nicht ersetzen, da es mehrere *Nachteile* hat:

- Wegen des Metallgehaltes hat die Klebestelle eine geringe Festigkeit. Wegen der Feuchteaufnahme nimmt die Festigkeit im Verlauf der Nutzung ab.
- Der Klebstoff benetzt nicht wie Lot die metallischen Oberflächen und sammelt sich deshalb nicht am Anschluss.
- Es sind lange Aushärtezeiten notwendig.
- Nacharbeit und Reparatur sind schwierig und das Leitkleben verursacht höhere Materialkosten.

Dennoch ist das Leitkleben für temperaturempfindliche Komponenten und nicht lötfähige Anschlüsse sinnvoll. Benutzt werden metallgefüllte Klebstoffe, deren Metallteilchen in Form von Plättchen, Stäben oder Kugeln als grobdisperse Phase beigegeben sind.

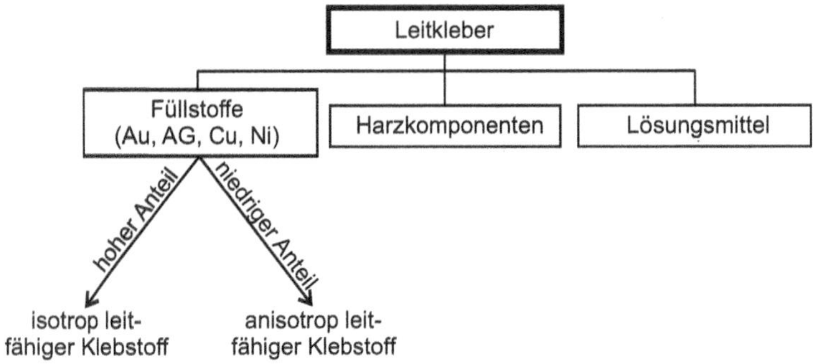

Bild 7.25 Bestandteile des Leitklebers

Isotrop leitfähiger Klebstoff

Dieser Klebstoff hat einen sehr hohen Anteil elektrisch leitfähiger Partikel. Damit ist er bereits im Auslieferungszustand in jede Richtung *(isotrop)* leitfähig.

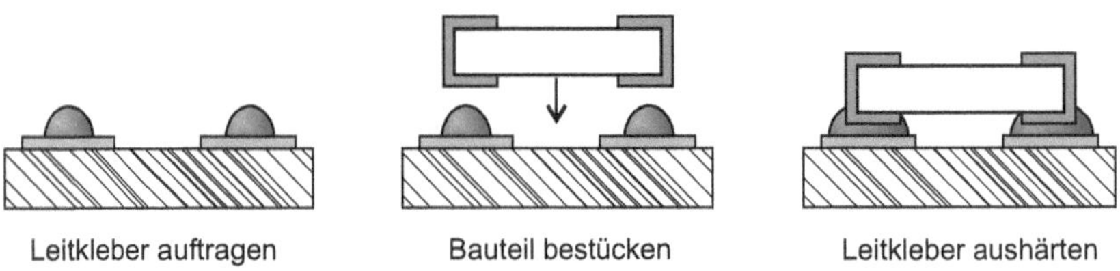

Bild 7.26 Isotrop leitfähiger Klebstoff

Zur Herstellung einer leitfähigen Klebeverbindung wird er analog zur Lotpaste auf die Kontaktflächen aufgetragen. Danach wird das Bauteil platziert und der Klebstoff im Ofen ausgehärtet.

Anisotrop leitfähiger Klebstoff

Dieser Klebstoff, der einen geringeren Metallgehalt hat, wird als Film auf die gesamte Bauteilfläche ohne Berücksichtigung der Anschlüsse aufgebracht. Das Bauteil wird platziert und angepresst, wodurch der Klebstoff zwischen Bauteilanschluss und Anschlussfläche verdichtet wird. Die Metallpartikel stellen an dieser Stelle die elektrische Verbindung her, während zwischen den Bauteilanschlüssen keine Verbindung besteht.

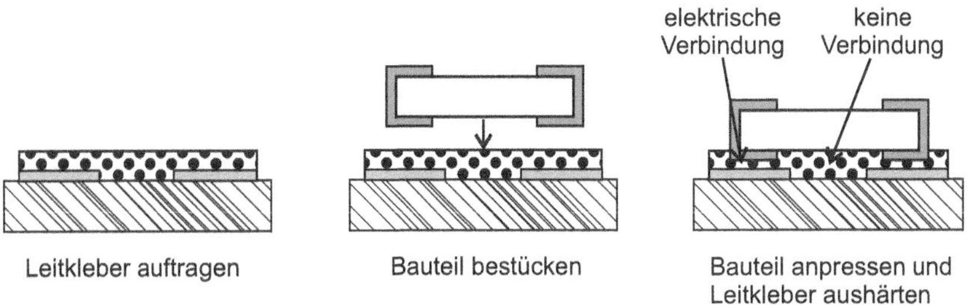

Bild 7.27 Anisotrop leitfähiger Klebstoff

7.4 Gehäuse

Die Baugruppen eines Gerätes müssen nicht nur elektrisch, sondern auch mechanisch zu einem Ganzen zusammengefasst werden. Die äußere Bauform dieser Zusammenfassung kann sehr vielgestaltig sein. Gemeinsam sind für die unterschiedlichen Konzepte die Anforderungen, die an sie gestellt werden.

7.4.1 Aufgaben des Gehäuses

Das Gehäuse repräsentiert das Gerät gegenüber dem Nutzer und sollte auch unter dem Aspekt der äußeren Erscheinung gestaltet sein. Es hat auch werbenden Charakter und beeinflusst die Kaufentscheidung. Hier sollen aber die technischen Gesichtspunkte im Mittelpunkt stehen. Die wichtigsten technischen Forderungen an ein Gehäuse sind:

- einheitliches Raster zur Bestimmung der Abmessungen,
- flächen- und raumsparende Bauweise,
- erweiterungsfähig und austauschbar,
- wirtschaftliche Fertigung der Komponenten,
- hoher Standardisierungsgrad und
- Funktionserfüllung.

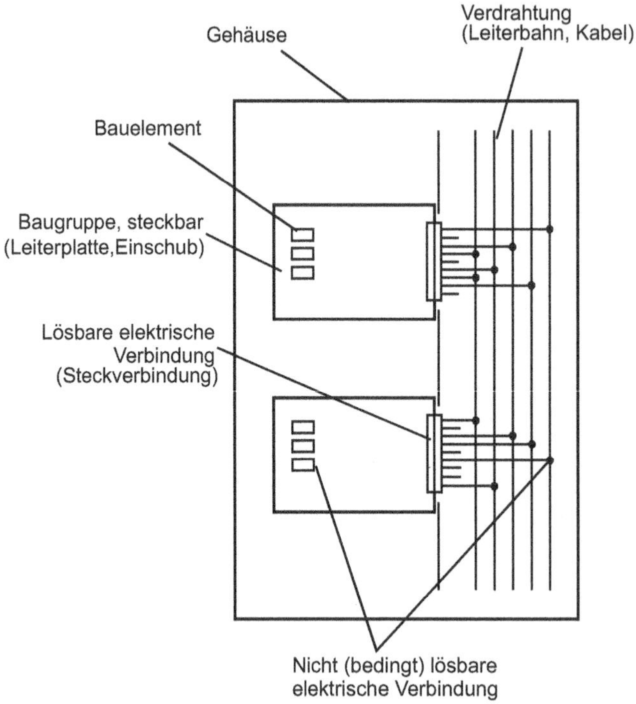

Bild 7.28 Baugruppen im Gehäuse

Die zu Unrecht zuletzt genannte Forderung nach Funktionserfüllung betrifft:

- Aufnahme elektronischer Baugruppen und deren Zusatzkomponenten,
- Herstellung der elektrischen und mechanischen Verbindungen,
- Schutz der eingebauten Baugruppen vor äußeren Einflüssen,
- Schutz von Personen vor Gefährdungen und
- Wärmeabführung.

Je nach Anwendungsbereich haben sich unterschiedliche Gehäusesysteme durchgesetzt, von denen das wichtigste System, das 19-Zoll-Aufbausystem, vorgestellt werden soll.

7.4.2 Gehäuse aus dem 19-Zoll-Aufbausystem

Das *19-Zoll-Aufbausystem* (DIN 41494 und DIN EN 60297) stellt die Summe von mechanischen und elektromechanischen miteinander kombinierbaren Bauteilen dar, mit denen elektrische Geräte und Anlagen in modularer Bauweise zusammengesetzt werden können.

Die Bezeichnung „19-Zoll-Aufbausystem“ wurde von der Breite der Gerätefrontplatte aus der weltweit angewandten amerikanischen Norm ASA C 83.9[5] abgeleitet. Als erstes ge-

[5] American Standards Association: ehemaliger Name des ANSI (American National Standards Institute)

normtes Maß des Aufbausystems hat es ihm auch seinen Namen verliehen. In der (metrischen) DIN-Norm wird dieses System jedoch mit *482,6-mm-Bauweise* bezeichnet.

Modularität

Die *Modularität* des Systems bei einem hohen Standardisierungsgrad erlaubt die Erweiterung einer Anlage und den Austausch von Baugruppen zur Wartung oder Aufrüstung. Die Normenreihen beschreiben die Komponenten des Systems in vier Ebenen und legen wichtige Maße für die Passfähigkeit fest.

Tabelle 7.2 Modulebenen im 19-Zoll-Aufbausystem

Ebene	Komponenten	Genormte Elemente
4	Gehäuse, Gestelle, Schränke	Einbaumaße, Gehäusestapelung, Schrankabmessungen
3	Baugruppenträger	Höhenteilungsmaße, Befestigungsmaße, Einbaumaße, Maße für Frontplatten
2	Baugruppen	Maße für Steckplatten und Kassetten
1	Bauteile, Bauelemente	Leiterplatten, Bauelemente an Frontplatten, Steckverbinder, Verbindungselemente

Hinsichtlich des Gefäßsystems können 19-Zoll-Komponenten unterschiedlicher Hersteller kombiniert oder gegenseitig ausgetauscht werden.

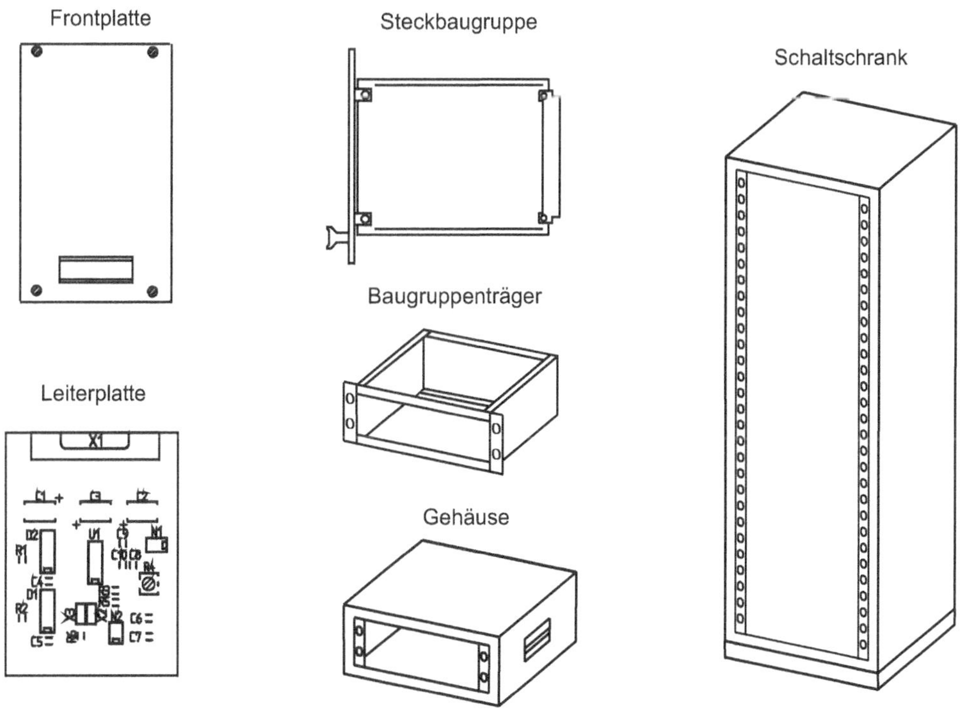

Bild 7.29 Komponenten im 19-Zoll-System

Schränke und Gehäuse (Ebene 4) nehmen Baugruppenträger auf und dienen der mechanischen Zusammenfassung sowie der elektrischen Verbindung zwischen den Baugruppenträgern und nach außen. Zusätzlich übernehmen sie den Schutz vor klimatischen und elektromagnetischen Einflüssen, schützen den Bediener und tragen zur Wärmeabführung bei. Für umfangreiche Anlagen können mehrere Schränke kombiniert werden.

Gehäuse sind die kleineren Gefäße der Ebene 4 und nehmen meist nur einen Baugruppenträger auf oder verzichten auf dieses Element der Ebene 3. In diesem Fall werden die Baugruppen (Ebene 2) direkt in das Gehäuse montiert.

Baugruppenträger (Ebene 3) fassen mehrere Baugruppen mechanisch und elektrisch zusammen. Sie bestehen aus Rahmenkonstruktionen, in der die Baugruppen und die Verdrahtung zwischen den Baugruppen befestigt werden.

Baugruppen (Ebene 2) werden aus den Elementen der Ebene 1 gebildet und als Steckplatte oder Kassette eingesetzt.

Eine Steckplatte besteht aus der Leiterplatte, einer Frontplatte, die auch der Aufnahme von Bedien- und Anzeigeelementen dient, und einem Steckverbinder für den elektrischen Anschluss der Baugruppe. Kassetten sind durch ihre Umhüllung mechanisch stabiler und bieten bereits auf dieser Ebene den Schutz vor äußeren Einflüssen und gewähren den Berührungsschutz.

Leiterplatten, Steckverbinder und Frontplatten (Ebene 1) bilden die unterste Ebene des 19-Zoll-Aufbausystems. Leiterplatten beinhalten die elektrische oder elektronische Funktion, Steckverbinder ermöglichen die elektrische Verbindung und Frontplatten bilden den frontseitigen Abschluss. Für Bedienung und Anzeige können Frontplattenelemente eingesetzt werden, die ebenfalls in dem Aufbausystem genormt sind.

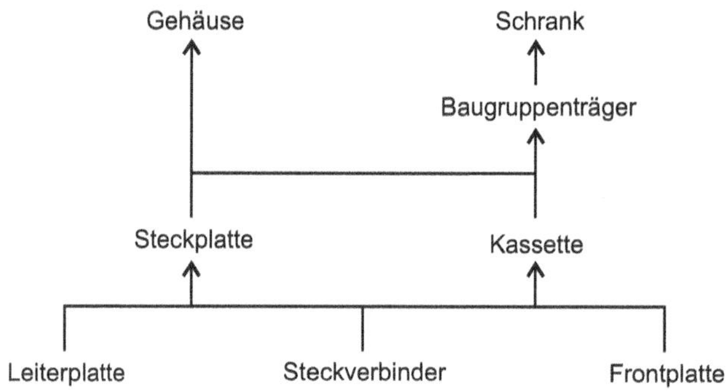

Bild 7.30 Kombination der Modulebenen

Abmessungen

Die *Abmessungen im 19-Zoll-Aufbausystem* beruhen sowohl auf der Basis des Zolls als auch auf metrischen Maßen, wobei die Passfähigkeit zwischen diesen Maßsystemen gewährleistet wird. Sie sind in DIN und IEC in mm, in ANSI/IEEE zusätzlich auch in Zoll angegeben.

Aus dem Maß 19 Zoll = 482,6 mm für die Breite von Frontplatten und Baugruppenträgern wurden keine weiteren Maße für das Aufbausystem abgeleitet.

Für Breite und Höhe von Frontplatten, Baugruppenträgern und Gehäusen haben sich zwei spezielle Maßeinheiten durchgesetzt, die gleichzeitig als Größenraster genutzt werden. Beide beruhen auf dem zolligen Maßsystem.

Breite: 1 TE[6] = 0,2" = 5,08 mm
Höhe: 1 HE[7] = 1,75" = 44,45 mm

Auch für das Raster und für Maßangaben auf Leiterplatten wird eine vergleichbare Maßeinheit benutzt.

1 mil = 1/1000" = 0,0254 mm

Die Angabe von Teilungseinheiten oder Höheneinheiten beschreibt nicht das äußere Maß, sondern den nutzbaren Einbauraum. Gleichzeitig bilden die Teilungseinheiten ein Raster, in dem Baugruppen innerhalb eines Baugruppenträgers oder Gehäuses angeordnet werden können.

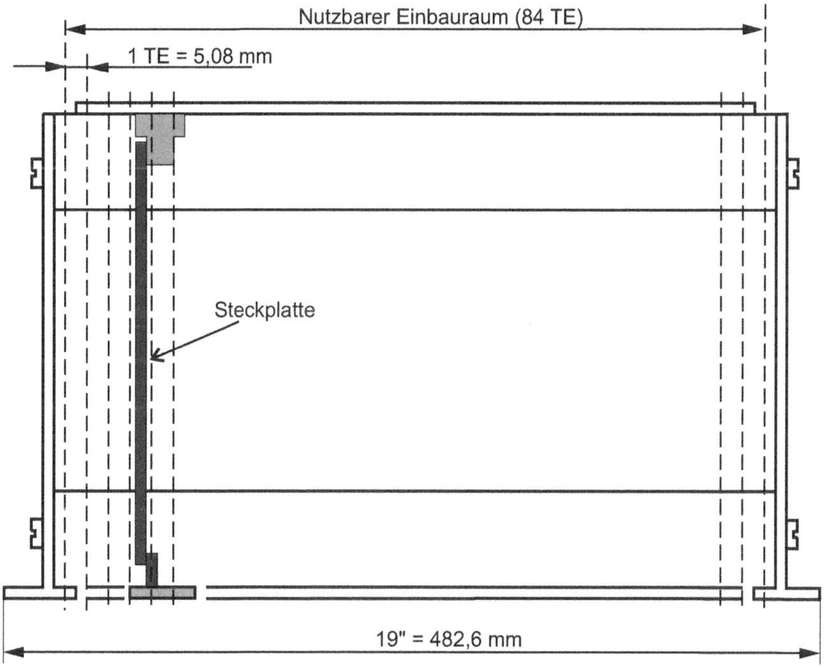

Bild 7.31 Baugruppenträger 19 Zoll (48 TE)

[6] Teilungseinheit
[7] Höheneinheit

Für die *Breite von Frontplatten, Baugruppenträgern und Gehäusen* in Abhängigkeit vom Einbauraum ergeben sich folgende Zusammenhänge:

Tabelle 7.3 Breite und nutzbarer Einbauraum

Breite	Nutzbarer Einbauraum
19"	84 TE
3/4 19"	63 TE
1/2 19"	42 TE
1/4 19"	21 TE

Die *Höhe* beträgt, den üblichen Leiterplatten-Abmessungen folgend, häufig 3 HE oder auch 6 HE.

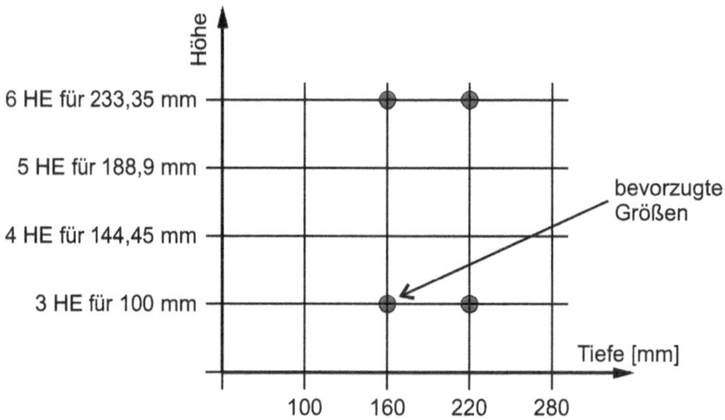

Bild 7.32 Frontplattenhöhe und Leiterplattengröße

Es ist also möglich, zur Gestaltung einer Baugruppe eine Leiterplatte 100 mm × 160 mm, häufig als „Europakarte“ bezeichnet, hochkant hinter einer Frontplatte der Höhe 3 HE anzuordnen. In gleicher Weise würde eine „Doppel-Europakarte“ (233,35 mm × 160 mm) zu einer Frontplatte mit einer Höhe von 6 HE passen.

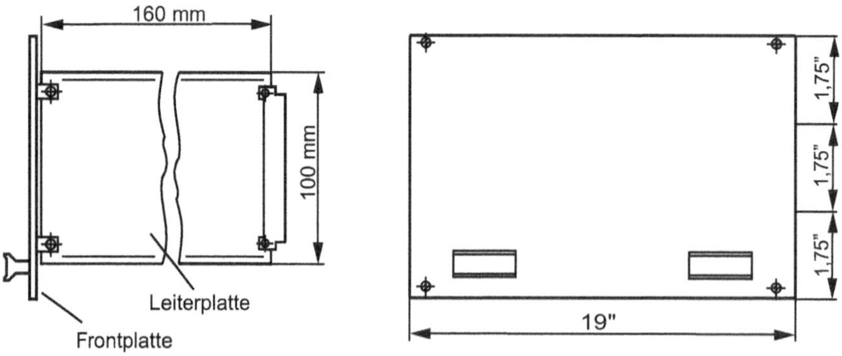

Bild 7.33 Frontplatte 19 Zoll × 3 HE mit Leiterplatte 100 mm × 160 mm

Für die *Baugruppentiefe* werden vorzugsweise 160 mm oder 220 mm genutzt, was auch von der Art, wie die Baugruppen untereinander verbunden sind (Rückverdrahtung), abhängt.

Die *Außenmaße für Gehäuse* können unter Berücksichtigung der einzubauenden Baugruppen oder Baugruppenträger frei gewählt werden. Je nach Aufgabenbereich werden die Gehäuse in Tisch-, Pult- oder Wandanbauform genutzt.

Die *Bestückung* der Bauteile kann manuell, halbautomatisch oder mit einem Automat ausgeführt werden. Es gibt Bedingungen, unter denen die Bauteile angeklebt werden müssen, was insbesondere für das anschließende Wellenlöten gilt. Der Leiterplattenentwickler muss die dafür nötigen Daten bereitstellen. Der *Klebstoffauftrag* kann mit Sieb- oder Schablonendruck, dem Stempelverfahren oder mit dem Dispenser ausgeführt werden.

Löten ist in der Elektronik die bevorzugte Verbindungstechnologie. Sie wird mittels Wärmezufuhr unter Verwendung eines Zusatzwerkstoffes (Lot) hergestellt, wobei die Verbindungspartner nicht angeschmolzen werden.

Viele *Lote* sind Legierungen mit begrenzter Löslichkeit der Legierungspartner. Ihr Verhalten wird durch das Zustandsdiagramm beschrieben. *Flussmittel* haben primär die Aufgabe, vor dem Löten die Oxidschicht abzubauen. *Lotpaste* wird für das Reflowlöten eingesetzt und ist die Kombination aus Lotgranulat und Flussmittel.

Das *Wellenlöten* ist für bedrahtete Bauteile und für oberflächenmontierte Bauteile (SMD) geeignet. SMD müssen vor dem Lötprozess angeklebt werden. Zur Beseitigung der Oxidschicht wird Flussmittel aufgetragen, die Leiterplatte wird vorgewärmt und mit der Lötseite über eine oder zwei Lötwellen transportiert. Zur Vermeidung von Lötfehlern sind Lotfänger und eine günstige Bauteilausrichtung geeignet.

Für das *Reflowlöten* wird vor dem Bestücken Lotpaste mittels Siebdruck, Schablonendruck oder Dispenser aufgetragen. Nach dem Bestücken wird die Baugruppe schrittweise durch Infrarotstrahlung, Konvektion oder in der Dampfphase erwärmt. Das Lötprofil enthält die Vorwärmzone, den Haltebereich und die Peakphase. Lötfehler sind durch gleiche geometrische und thermische Eigenschaften der Lötflächen vermeidbar.

Ball Grid Arrays bieten zahlreiche Vorteile, haben aber auch besondere Anforderungen hinsichtlich des Lötens, der Prüfung der Lötverbindung und der Reparatur.

Leitkleben ist mit isotropem und anisotropem Klebstoff möglich und ergänzt die Lötverfahren in Sonderfällen.

Eine wichtige *Gehäuseform* stammt aus dem 19-Zoll-Aufbausystem. Dieses System ist in vier Ebenen modular aufgebaut und erlaubt zahlreiche Kombinationen. ■

Damit wurde die Leiterplatte gefertigt, mit Bauteilen bestückt und gelötet sowie mit einem Gehäuse versehen. Nun folgen noch einige Kontrollaufgaben.

Aufgabe 7.1

Unter welchen Bedingungen ist es sinnvoll, SMD auf der Leiterplatte anzukleben? ■

Aufgabe 7.2

Skizzieren Sie in vereinfachter Form das Zustandsdiagramm für ein Lot mit begrenzter Mischbarkeit der Legierungspartner im festen Zustand. Bezeichnen Sie wichtige Trennlinien und wesentliche Punkte. Weshalb werden eutektische Lote für Lötprozesse bevorzugt? ■

Aufgabe 7.3

Nennen Sie alle Bestandteile einer Lotpaste und erläutern Sie kurz die Aufgaben dieser Komponenten. ■

Aufgabe 7.4

Wodurch unterscheiden sich die beiden Wellen einer Doppelwellenlötanlage? Worin besteht ihre Funktion beim SMD-Löten? ■

Aufgabe 7.5

Welche layoutbezogenen Lötfehler können beim SMD-Wellenlöten und beim Reflowlöten auftreten? Welche Gegenmaßnahmen im Layout sind jeweils möglich? ■

Aufgabe 7.6

Skizzieren Sie je ein typisches Lötprofil für das Wellenlöten und das Reflowlöten. Erläutern Sie die Notwendigkeit einer Vorheizphase. ■

Aufgabe 7.7

Welche Vorteile bietet das Dampfphasenlöten gegenüber anderen Lötverfahren? ■

Aufgabe 7.8

Welche Vorteile und welche Probleme ergeben sich bei der Anwendung von Ball Grid Arrays? ■

Aufgabe 7.9

Warum ist das Leitkleben nicht geeignet, als universeller Ersatz für das Löten eingesetzt zu werden?

Aufgabe 7.10

Welche wesentlichen Aufgaben muss ein Gehäuse erfüllen?

8 Lösungen

Zu Aufgabe 1.1

Eine technische Zeichnung ist die bildliche Darstellung eines technischen Erzeugnisses einschließlich ergänzender textlicher Angaben in der für technische Zwecke erforderlichen Art und Vollständigkeit, was das Einhalten von Darstellungsregeln erfordert.

Die technische Zeichnung ist ein wichtiger Informationsträger in den technischen Abteilungen eines Unternehmens.

Zu Aufgabe 1.2

Die Hauptkomponenten des Konstruktionsprozesses sind:

- Klären der Aufgabenstellung und Formulieren der Soll-Gesamtfunktion,
- Auflösen der Gesamtfunktion in ein Netz von Teilfunktionen,
- Erarbeitung der Wirkprinzipien für jede Teilfunktion,
- Gestaltung unter Berücksichtigung von Randbedingungen,
- Detaillierung und Erstellung der Dokumentation.

Dabei müssen die folgenden Restriktionen beachtet werden:

- Vorschriften und Normen,
- Umgebungs- und Einbaubedingungen,
- wirtschaftliche Gesichtspunkte,
- verfügbare Bauteile.

Zu Aufgabe 1.3

Der Auftraggeber erstellt das Lastenheft als Ausschreibungsgrundlage mit einer Zusammenstellung aller Anforderungen an das Konstruktionsergebnis.

Als Grundlage für die Realisierung erarbeitet der Auftragnehmer nach Auftragserteilung das Pflichtenheft, in dem er die Umsetzung der Forderungen aus der Aufgabenstellung beschreibt.

Zu Aufgabe 1.4

Normen sind das Ergebnis der durchgeführten Vereinheitlichung von materiellen und immateriellen Gegenständen zum Nutzen der Allgemeinheit. Die Norm wird von einem

Dokument geprägt, das im Wesentlichen im Konsens erstellt und von einer anerkannten Körperschaft angenommen worden ist. Sie legt entsprechende Regeln, Anleitungen oder Kenndaten für Tätigkeiten oder deren Ergebnisse für allgemeine und wiederkehrende Anwendungen fest.

Vorteile:

- Die Normen bieten Lösungen für wiederkehrende Aufgaben.
- Der Einsatz von Normteilen verringert die Typenvielfalt und erlaubt die kostengünstige Herstellung in großen Stückzahlen. Gleichzeitig wird die Lagerhaltung vereinfacht und die Austauschbarkeit ermöglicht.
- Vereinheitlichte Darstellungsmittel machen die Verständigung zwischen unterschiedlichen Fachgebieten möglich. Genormte Mess- und Prüfverfahren machen die Ergebnisse vergleichbar.
- Durch genormte Qualitätsanforderungen werden Mindestvorgaben durchgesetzt und Qualitätsangaben vergleichbar gemacht.
- Genormte Sicherheitsanforderungen schützen vor Unfällen und Havarien, bieten Lösungen für diese Anforderungen und machen Sicherheitsangaben vergleichbar.

Von Normen darf abgewichen werden, wenn die gleiche Sicherheit nachweislich gewährleistet ist.

Zu Aufgabe 2.1

Formatsystem:

- Die Fläche des Ausgangsformates (A0) beträgt 1 m^2.
- Die Ableitung weiterer Formate erfolgt durch Halbieren.
- Die Formate sind geometrisch ähnlich, sie haben das gleiche Seitenverhältnis.
- Das Seitenverhältnis beträgt eins zu Wurzel aus zwei.

Zu Aufgabe 2.2

Die grundlegende Form des Symbols für ein binäres oder analoges Element ist ein Rechteck. Im Rechteck wird die Funktion angegeben, links sind die Eingänge, rechts sind die Ausgänge.

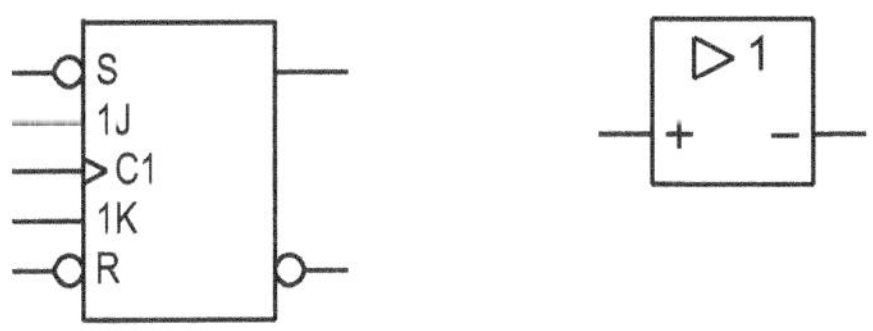

Bild 8.1 Lösung 2.2

Zu Aufgabe 2.3

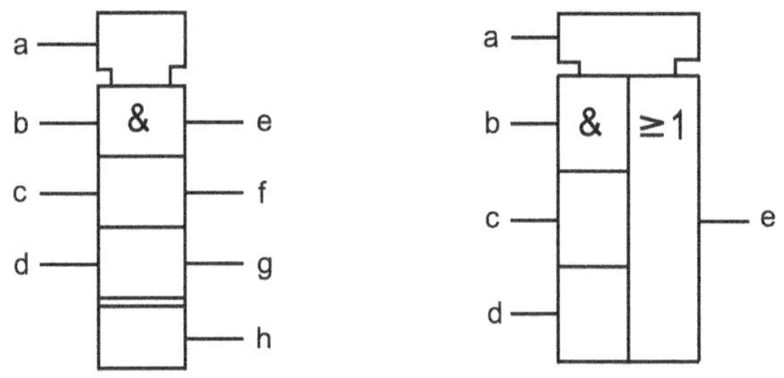

Bild 8.2 Lösung 2.3

Diese Kombinationen sind nur für komplexe und in dieser Form handelsübliche Schaltkreise möglich.

Zu Aufgabe 2.4

- 1-Signal an Pin 5:

  Die mit der Kennzahl 2 bezeichnete Mode-Abhängigkeit (M2) aktiviert das Rückwärtszählen an Pin 14. Über M3 wird das Vorwärtszählen deaktiviert.

  Bei Zählerstand 0 wird an Pin 12 der Übertrag ausgegeben und zusätzlich über die Verbindungsabhängigkeit (Z6) an Pin 13 übergeben.
- 0-Signal an Pin 5:

  Die mit der Kennzahl 3 bezeichnete Mode-Abhängigkeit (M3) aktiviert das Vorwärtszählen an Pin 14. Über M2 wird das Rückwärtszählen deaktiviert.

  Bei Zählerstand 9 wird an Pin 12 der Übertrag ausgegeben und zusätzlich über die Verbindungsabhängigkeit (Z6) an Pin 13 übergeben.

Zu Aufgabe 2.5

Es werden folgende Bibliotheken benötigt:

- Symbolbibliothek für die Gestaltung des Stromlaufplanes,
- Footprintbibliothek für das Anfertigen des Layouts und
- Typbibliothek für den Zusammenhang zwischen Symbol und Footprint.

Diese Einteilung ermöglicht die redundanzfreie Datenspeicherung.

Zu Aufgabe 2.6

Die verteilte Darstellung wird für Stromlaufpläne bevorzugt benutzt, da sie übersichtlicher ist und die Funktion besser erkennen lässt. In der verteilten Darstellung werden die Teile eines aus mehreren Symbolen bestehenden Bauteils ohne Rücksicht auf mechanische Zusammenhänge so platziert, dass eine klare und übersichtliche Anordnung der Stromkreise erreicht werden kann.

Die Zusammengehörigkeit der Symbole wird durch die gemeinsame Referenzkennzeichnung gewährleistet.

Zu Aufgabe 2.7

Die Referenzkennzeichnung soll die funktionsbezogene, produktbezogene und ortsbezogene Kennzeichnung und Strukturierung von Geräten, Anlagen und Bauteilen ermöglichen. Sie stellt die Beziehungen zwischen Bauteilen im Gerät und in den Dokumenten her.

Zu Aufgabe 3.1

Eine starrflexible Leiterplatte besteht aus zwei oder mehr starren Leiterplatten, die miteinander flexibel verbunden sind. Für diese flexible Verbindung wird eine Polyimidfolie mit ein oder zweilagigem Leiterbild auf die Anordnung laminiert.

Zu Aufgabe 3.2

- Das Verlagern der Verbindungen für die Spannungsversorgung in die Innenlagen eines Multilayers schafft mehr Platz auf den Außenlagen und erleichtert das Legen der Signalverbindungen.
- Zusätzlich bilden zwei flächig ausgeführte Versorgungslagen eine Kapazität, die Störeinkopplungen in die Spannungsversorgung vermindert.
- Die Masselage schirmt die beiden Außenlagen voneinander ab.
- Die flächig ausgeführten Innenlagen wirken als Wärmesenke und verbessern die Wärmeabführung.

Zu Aufgabe 3.3

Anforderungen an ein Footprint:

- Die Footprint-Komponenten müssen vollständig sein. Dies ist abhängig vom Aufbau der Leiterplatte sowie von den benötigten Fertigungsdaten.
- Die Komponenten müssen korrekt den Leiterplatten- und Entwurfslayern zugeordnet sein.
- Die Abmessungen, insbesondere die Lage der Anschlüsse, müssen präzise dem einzusetzenden Bauteil entsprechen.
- Die Anschlussbezeichnungen müssen mit dem Bauteil und mit dem Symbol im Stromlaufplan übereinstimmen.
- Im Padstack müssen die notwendigen Paddefinitionen vollständig sein. Form und Größe der Pads müssen die nachfolgende Fertigung berücksichtigen.

Zu Aufgabe 3.4

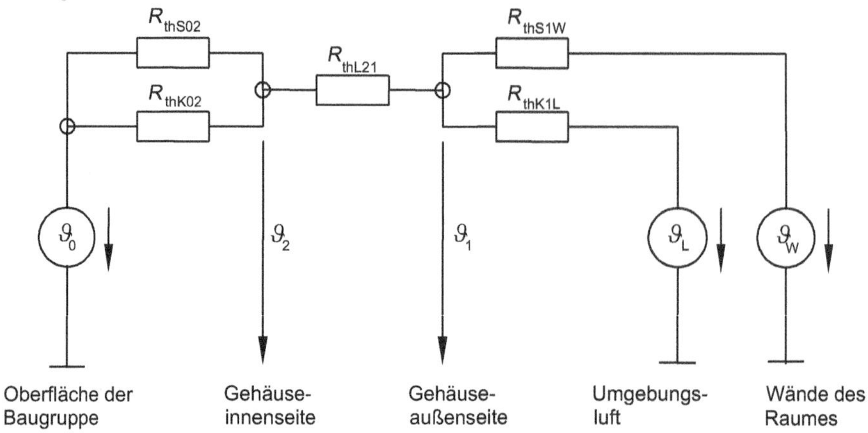

Bild 8.3 Ersatzschaltbild zu Aufgabe 3.4

Zu Aufgabe 4.1

Informationen, die vor Beginn des Leiterbildentwurfes vorliegen müssen:

- Netzliste aus dem Stromlaufplan,
- Bauteilliste mit Typenbezeichnung und Footprint,
- Strombelastungen und Potenzialdifferenzen,
- geometrische Einbaubedingungen,
- Verlustleistungen der Bauteile und
- vorgesehene Technologien.

Zu Aufgabe 4.2

Leiterbreite:

- Stromstärke auf dem betreffenden Leiter,
- Technologie der Leiterbildstrukturierung,
- Schichtdicke des Kupfers,
- zulässiger Spannungsfall und Impedanz.

Leiterabstand:

- Potenzialdifferenz zwischen benachbarten Kupferflächen,
- Technologie der Leiterbildstrukturierung,
- Vorschriften gegen Gefährdungen durch Berühren spannungsführender Teile.

Zu Aufgabe 4.3

Beim Platzieren von Bauteilen ist zu beachten:

- gleichmäßige Dichte der Bauelemente und Verbindungen,
- wenig Kreuzungen der Airlines und kurze Verbindungen,

- Störbeeinflussung und thermische Wechselwirkungen,
- technologische Restriktionen.

Zu den Übungsaufgaben zum Layout

Für jede Layoutaufgabe existieren mehrere gute Lösungen. Die folgenden Lösungen stellen deshalb nur eine von mehreren Möglichkeiten für das Leiterbild dar.

Für das Legen der Leiter wurden T-Stücke genutzt, und Leiter wurden auch im 45°-Winkel verlegt. An runden Anschlüssen kann der Leiter in jeder Richtung angeschlossen werden.

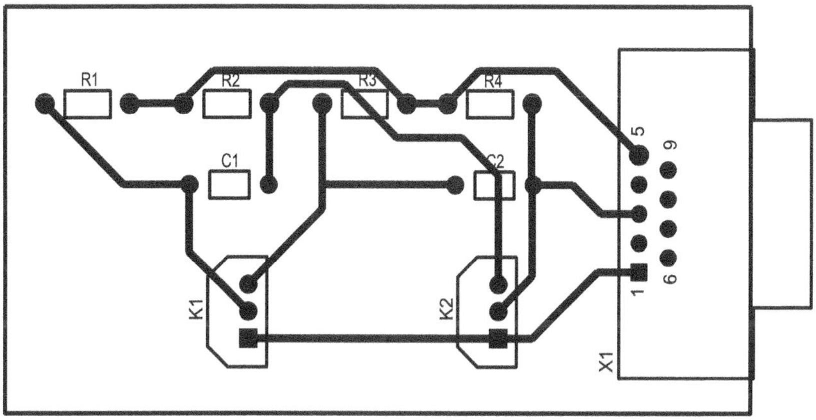

Bild 8.4 Lösung 1

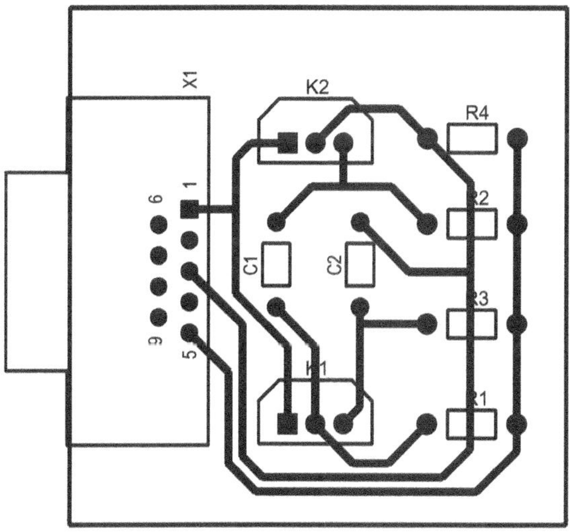

Bild 8.5 Lösung 2

SMD haben rechteckige Lötflächen. Damit spitze Winkel vermieden werden, müssen die Leiter rechtwinklig angeschlossen werden.

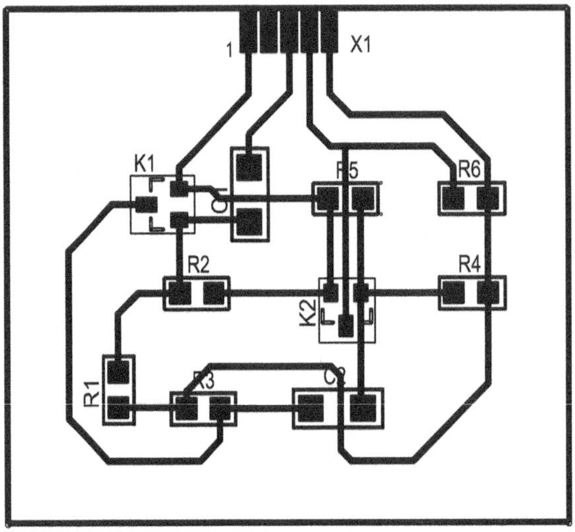

Bild 8.6 Lösung 3

In der Lösung 4 ist erkennbar, dass der Leiter für die Spannungsversorgung (GND) zum Pin 7 des Schaltkreises später als andere Verbindungen gelegt wurde. Damit war kein niederimpedanter Anschluss mehr möglich, was nachteilig für die stabile Funktion sein kann. Dieses Problem könnte behoben werden, wenn eine an GND angeschlossene Massefläche definiert wird.

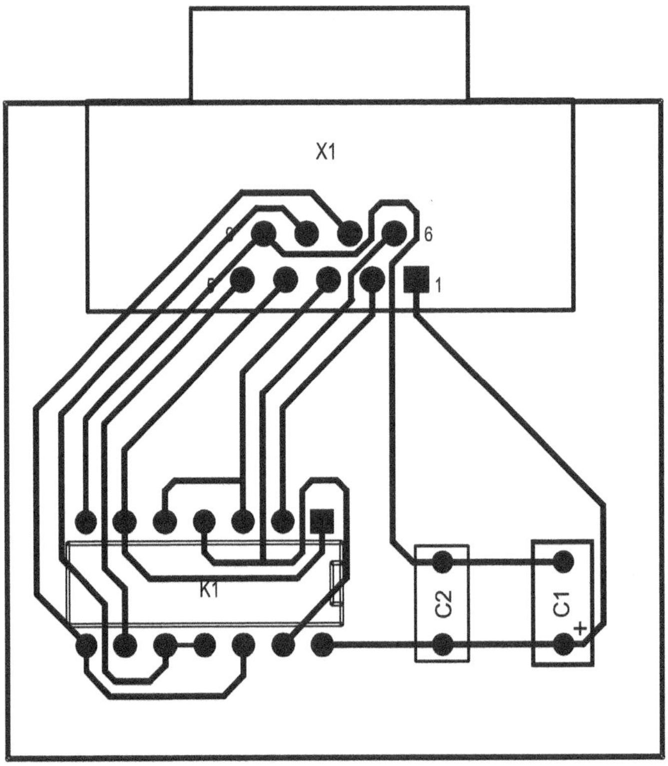

Bild 8.7 Lösung 4

Zu Aufgabe 5.1

Zusätzlich zu den Koordinaten werden die Blendentabelle und die Formatinformationen Unit, Resolution, Values und Zeros benötigt.

Wenn die Objekte um den Faktor 10 zu groß dargestellt werden, ist Resolution (m.n) falsch eingestellt.

Wenn einzelne Objekte falsch platziert sind, ist Zeros falsch eingestellt. Diese Einstellung wirkt sich nur bei den Koordinaten aus, bei denen Nullen aufgefüllt werden müssen.

Zu Aufgabe 6.1

Die subtraktive Leiterbildstrukturierung ist im Postitiv- oder Negativ-Verfahren mittels Siebdruck oder Fotodruck möglich. Damit kann zwischen vier Technologien gewählt werden.

Zu Aufgabe 6.2

Verdeckte Durchkontaktierungen (*buried via*) verbinden zwei Innenlagen miteinander. Ein Vier-Lagen-Multilayer hat nur die beiden Innenlagen IN1 und IN2. Bei einem innenliegenden Kern ist die verdeckte Durchkontaktierung zwischen diesen Lagen möglich.

Zu Aufgabe 7.1

Es ist sinnvoll oder sogar notwendig, SMD anzukleben, wenn

- mit einer Wellenlötanlage gearbeitet werden soll,
- die mechanische Stabilität erhöht werden soll,
- Lageveränderungen während technologischer Transporte verhindert werden sollen oder
- Lötfehler wie das Aufschwimmen oder der Grabsteineffekt unterbunden werden sollen.

Zu Aufgabe 7.2

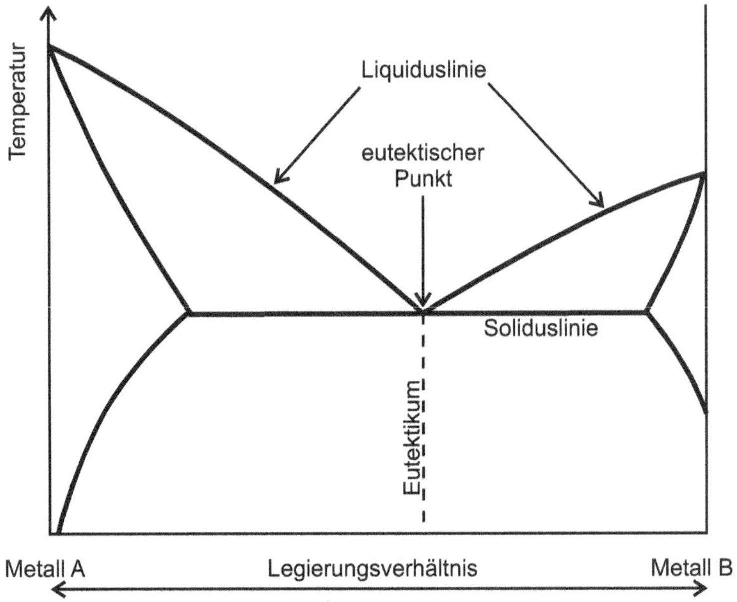

Bild 8.8 Lot mit begrenzter Mischbarkeit der Legierungspartner

Eutektische Legierungen werden für das Löten in der Elektronik bevorzugt, weil

- eine feinkristalline und feste Verbindung entsteht,
- die Liquiduslinie ihr Minimum hat und
- die Schmelze ohne teigigen Zwischenzustand erstarrt.

Zu Aufgabe 7.3

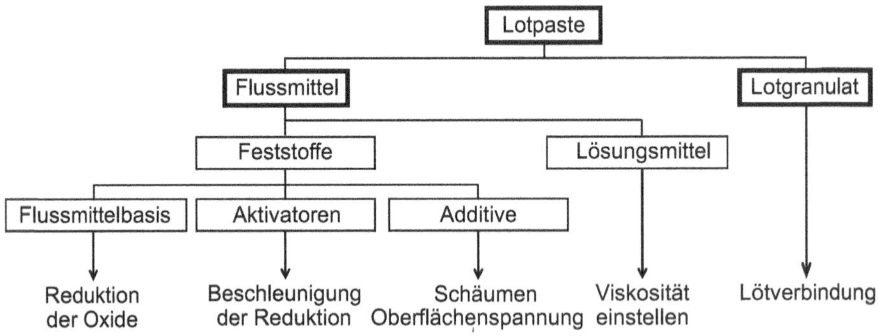

Bild 8.9 Bestandteile einer Lotpaste

Zu Aufgabe 7.4

Die erste Lötwelle, die mit hohem Druck gefördert wird, hat die Aufgabe, auch schlecht erreichbare Stellen der Leiterplatte mit Lot zu umspülen.

Die zweite und laminar fließende Lötwelle soll für gleichmäßige Lotbenetzung sorgen und zu viel anhaftendes Lot abspülen.

Zu Aufgabe 7.5

Mögliche Lötfehler und layoutbezogene Gegenmaßnahmen beim Wellenlöten:

- Lotbrücken → Lotfänger,
- Schatteneffekt → verlängerte Lötflächen und geeignete Ausrichtung.

Mögliche Lötfehler und layoutbezogene Gegenmaßnahmen beim Reflowlöten:

- Grabsteineffekt → Lötflächen, die gleich groß sind und gleiche thermische Eigenschaften haben,
- Aufschwimmen → abgegrenzte Lötflächen mit gleichen geometrischen Eigenschaften.

Zu Aufgabe 7.6

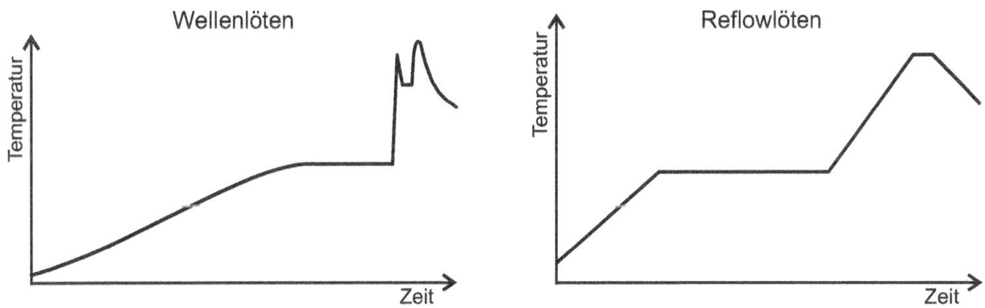

Bild 8.10 Lötprofile für Wellenlöten und Reflowlöten

Während der Vorheizphase:

- wird das Flussmittel aktiviert und die Oxidschicht wird abgebaut,
- verdunstet das Lösungsmittel im Flussmittel und die Leiterplatte trocknet,
- erfolgt ein Temperaturausgleich zur Vermeidung thermischer Spannungen.

Zu Aufgabe 7.7

Beim Dampfphasenlöten werden alle Stellen der Leiterplatte auf einheitliche Temperatur erwärmt, ohne einzelne Bauteile zu überhitzen. Damit ist dieses Lötverfahren ideal für Ball Grid Arrays geeignet.

Zu Aufgabe 7.8

Vorteile der Ball Grid Arrays:

- Sie ermöglichen hohe Anschlusszahlen bei beherrschbarem Raster.
- Es werden robuste Lotkugeln statt empfindlicher Anschlüsse genutzt.
- Sie sind kompatibel zur Surface Mount Technology; die gleichen Maschinen sind oft verwendbar.
- Die Positioniertoleranz ist hoch, da sich das Bauteil beim Löten selbst zentriert.
- Die Anschlüsse haben eine kleine Impedanz.
- Die Wärmeableitung zur Leiterplatte ist mit thermischen Durchkontaktierungen leicht möglich.

Probleme beim Einsatz von Ball Grid Arrays:

- Die zahlreichen und eng beieinander liegenden Anschlussflächen, die mit Leitern kontaktiert werden müssen, erfordern ein aufwändigeres Layout.
- Das Löten unter dem Gehäuse erfordert, die Wärme bis an diese Stelle zu führen, was nur mit dem Dampfphasenlöten, bedingt mit Konvektion, möglich ist.
- Die Lötverbindungen unter dem Gehäuse sind schwer prüfbar, was meist nur mit Röntgen möglich ist.
- Die Inbetriebnahme, Messungen und Reparaturen sind erschwert, da die Anschlüsse schwer zugänglich sind.

Zu Aufgabe 7.9

Das Leitkleben hat mehrere Nachteile, die die Anwendbarkeit begrenzen:

- Wegen des Metallgehaltes hat die Klebestelle eine geringe Festigkeit.
- Wegen der Feuchteaufnahme nimmt die Festigkeit im Verlauf der Nutzung ab.
- Der Klebstoff benetzt nicht wie Lot die metallischen Oberflächen und sammelt sich deshalb nicht am Anschluss.
- Es sind lange Aushärtezeiten notwendig.
- Nacharbeit und Reparatur sind schwierig und das Leitkleben verursacht höhere Materialkosten.

Zu Aufgabe 7.10

Aufgaben eines Gehäuses:

- Aufnahme elektronischer Baugruppen und deren Zusatzkomponenten,
- Herstellung der elektrischen und mechanischen Verbindungen,
- Schutz der eingebauten Baugruppen vor äußeren Einflüssen,
- Schutz von Personen vor Gefährdungen und
- Wärmeabführung.

Formelzeichen

Wärmeableitung

ϑ_1 - Temperatur 1
ϑ_2 - Temperatur 2
ϑ_O - Temperatur an der Oberfläche
ϑ_U - Temperatur der umgebenden Luft
$\Delta\vartheta$ - Temperaturdifferenz
ϕ - Wärmestrom, allgemein
ϕ_L - Wärmestrom bei Wärmeleitung
ϕ_K - Wärmestrom bei Konvektion
ϕ_S - Wärmestrom bei Wärmestrahlung
R_{th} - thermischer Widerstand, allgemein
R_{thL} - thermischer Widerstand für Wärmeleitung
R_{thK} - thermischer Widerstand für Konvektion
R_{thS} - thermischer Widerstand für Wärmestrahlung
λ - Wärmeleitfähigkeit
a_K - Wärmeübergangskoeffizient für Konvektion
a_S - Wärmeübergangskoeffizient für Wärmestrahlung
C - Strahlungsaustauschkonstante
ε - halbräumliche Emissionsgrade der Flächen
A - Oberfläche
d - Dicke der Wand bei Wärmeleitung
h - Höhe der senkrechten Wand bei Konvektion

Impedanzdefinierte Leiterplatte

H - Materialstärke im Lagenaufbau

H_1 - Materialstärke im Lagenaufbau

H_2 - Materialstärke im Lagenaufbau

H_3 - Materialstärke im Lagenaufbau

T - Kupferstärke

W - Leiterbreite

ε_r - relative Permittivität des Laminates

ε_{eff} - effektive relative Permittivität

C - Kapazität zwischen Leiter und Referenzpotenzial

L - Induktivität des Leiters

Z_0 - Impedanz

Glossar

Airline

Grafische Darstellung einer (ungerouteten) Verbindung

ANSI (American National Standards Institute)

Wichtigster Träger der Normung in den USA

Autoplacer

Automatische Platzierung von Bauteilen auf der Leiterplatte

Autorouter

Automatisches Verlegen von Leitern auf der Leiterplatte

Backannotation

Rückübertragung von Änderungen vom Layout zum Stromlaufplan

BGA (Ball Grid Array)

Anschlüsse als Lotkugeln in flächiger Anordnung

Blind-Via

Blinde Durchkontaktierung, die eine Außenlage mit einer Innenlage verbindet

Bump

Löthöcker, Anschluss an einem Flip Chip

Buried-Via

Verdeckte Durchkontaktierung, die zwei Innenlagen miteinander verbindet

CAD (Computer Aided Design)

Rechnerunterstützte Konstruktion

CAE (Computer Aided Engineering)

Computeranwendungen in den ingenieurtechnischen Arbeitsbereichen

CAM (Computer Aided Manufacturing)

Rechentechnische Unterstützung bei Steuerung und Überwachung des Fertigungsprozesses

CAP (Computer Aided Planning)

Rechnerunterstützung in der Fertigungsvorbereitung

Capture

Erfassung (des Stromlaufplanes)

CAQ (Computer Aided Quality Assurance)

Rechnerunterstützte Planung und Durchführung der Qualitätssicherung

CEN (Comité Européen de Normalisation)

Europäisches Komitee für Normung

Chip & Wire

Der Halbleiterchip wird direkt auf die Leiterplatte geklebt und mittels Drahtbonden elektrisch angeschlossen.

CIM (Computer Integrated Manufacturing)

Integrierter Einsatz von Rechentechnik in allen Betriebsbereichen eines Unternehmens

Coated Microstrip

Die Signalebene liegt über dem Referenzpotenzial auf einer Außenlage und ist mit einer Lötmaske abgedeckt.

COB (Chip on Board)

Nacktchipmontage auf der Leiterplatte oder auf einem anderen Schaltungsträger

Coplanar Impedance

Die Impedanz ergibt sich durch einen Leiter, der in eine Potenzialfläche eingebettet ist, mit Referenz zu einem oder zu zwei Bezugspotenzialen.

Controlled Impedance PCB

Impedanzdefinierte Leiterplatte

CSP (Chip Scale Package)

Bauteil, maximal 1,2-mal größer als der nackte Halbleiterchip

Design Entry

Eingabe des Stromlaufplanes

Differential Impedance

Die Impedanz ergibt sich durch zusammengehörige (differenzielle) Signale in zwei parallel zueinander verlaufenden Leitern, die in Referenz zu Bezugspotenzialen stehen.

Differential-Coplanar Impedance

Die Impedanz ergibt sich durch zusammengehörige (differenzielle) Signale in zwei parallel verlaufenden Leitern, die in Potenzialflächen eingebettet sind, mit Referenz zu einer oder zu zwei Bezugspotenzialen.

DIN (Deutsches Institut für Normung)

Träger der Normung in Deutschland

DKE (Deutsche Kommission Elektrotechnik Elektronik Informationstechnik)

Normungsorganisation für Sicherheitsbestimmungen auf den Gebieten Elektrotechnik, Elektronik und Informationstechnik

DRC (Design Rule Check)

Prüfung geometrischer Vorgaben

Dual Stripline

Zwei Signalleiter befinden sich zwischen zwei Potenzialebenen. Die Leiter liegen in den Signalebenen orthogonal zueinander oder sind räumlich voneinander getrennt.

ECC (Electrical Connectivity Check)

Vergleich der Layoutdaten mit der Netzliste aus dem Stromlaufplan

EIA (Electronic Industries Alliance)

Amerikanischer Industrieverband, der zahlreiche Normen entwickelt hat

Embedded Microstrip

Die Signalebene liegt innerhalb eines Multilayers mit Referenz zu einem Bezugspotenzial.

EMV (Elektromagnetische Verträglichkeit)

Elektromagnetische Störungen werden nicht verursacht, und der Betrieb wird nicht durch elektromagnetische Störungen beeinträchtigt.

ERP (Enterprise Resource Planning)

Unterschiedliche Funktionen, Aufgaben und Daten werden in eine gemeinsame Datenhaltung integriert.

Eutektikum

Feinkristalline und feste Verbindung, die wegen der niedrigen Liquidustemperatur für Lote bevorzugt wird

FED (Fachverband Elektronik-Design)

Interessenverband von Unternehmen der Elektronikindustrie

Flat Chip

SMD-Bauform für Widerstände und Kondensatoren in Form eines Quaders

Flip Chip

Der Halbleiterchip erhält Löthöcker und wird mit der Oberseite nach unten auf die passende Anschlussstruktur der Leiterplatte montiert und dort aufgelötet.

Footprint

Gesamtheit der Informationen über die Abmessungen des Bauteils sowie über die Anordnung, Größe und Form der Bauteilanschlüsse, um das Bauteil im Layoutsystem darstellen zu können.

Gate-Swapping

Tausch gleichwertiger Gatter

Gull-Wing

Anschluss für SMD-Bauformen

HAL (Hot Air Leveling)

Beschichtung von Lötflächen mit aufgeschmolzenem Zinn

Hybrid-Schaltkreis

Realisierung einer elektronischen Schaltung auf einem Trägersubstrat, auf das Leiterbahnen und passive Funktionselemente in Schichttechnik aufgebracht werden und das mit diskreten Bauelementen und/oder integrierten Bausteinen bestückt ist

IC (Integrated Circuit)

Integrierter Schaltkreis

IEC (International Electrotechnical Commission)

Internationale Normungsorganisation für Normen im Bereich der Elektrotechnik und Elektronik

IEEE (Institute of Electrical and Electronics Engineers)

Berufsverband von Ingenieuren aus den Bereichen Elektrotechnik, Elektronik und Informationstechnik

IPC (Institute for Printed Circuits)

Association Connecting Electronics Industries, weltweiter Fachverband der Leiterplatten- und Elektronikindustrie

ISO (International Organization for Standardization)

Internationale Vereinigung von Normungsorganisationen

J-Lead

Anschluss in J-Form für SMD-Bauform

Konvektion

Lageveränderung stofflicher Teilchen, wodurch deren Wärmeinhalt transportiert wird

Layer

Leiterplattenlage oder Entwurfslage innerhalb des Lagenaufbaus einer Leiterplatte

Layout

Ergebnis des Leiterplattenentwurfs mit allen Komponenten auf allen Lagen

Leiterbild

Leiter, Lötflächen und andere Komponenten einer Leiterplattenlage

LGA (Land Grid Array)

Metallisierte Kontaktflächen unter dem gesamten Bereich des Gehäuses

Liquidustemperatur

Grenztemperatur, oberhalb der nur Schmelze vorliegt

Mapping

Zuordnung (Abbildung) der Symbolanschlüsse zu den Bauteilanschlüssen

MCM (Multi Chip Modul)

Struktur, die mehrere Halbleiterchips über einen gemeinsamen Schaltungsträger miteinander und mit der Umgebung verbindet

MELF (Metal Electrode Face Bonded)

SMD-Bauform für Dioden, Widerstände und Kondensatoren in zylindrischer Form

Microstrip

Der Signalleiter ist über einem Potenzial angeordnet.

MID (Molded Interconnect Devices)

Mittels Spritzgießen hergestellter Schaltungsträger, meist dreidimensional

Mil

Längenmaß für Strukturen auf Leiterplatten, 1/1000 Zoll

Multilayer

Mehrlagen-Leiterplatte mit mehr als zwei Lagen

NEMA (National Electrical Manufacturers Association)

Amerikanischer Fachverband der Elektroindustrie

Netzliste

Zusammenstellung aller Verbindungsnetze des Stromlaufplanes unter Verwendung eines Namens, des Netznamens

Packaging

Zuordnung mehrerer Bauteilfunktionen (Gatter) zu einem Bauteil

Pad

Lötfläche für einen Bauteilanschluss

Padstack

Repräsentation von Lötflächen auf den Entwurfslagen eines Leiterplattenlayouts

PCB (Printed Circuit Board)

Leiterplatte

PDM (Produktdatenmanagement)

Daten und Dokumente der Produktentwicklung werden gespeichert, verwaltet und an nachgelagerte Phasen übergeben.

Pin

Anschluss an einem Bauteil

Pin-Swapping

Tausch gleichwertiger Anschlüsse

Pitch

Rastermaß für Bauteilanschlüsse

PLCC (Plastic Leaded Chip Carrier)

SMD-Bauform für Schaltkreise, die Anschlüsse in J-Form (J-Lead) an vier Seiten hat

PLM (Product Lifecycle Management)

Ganzheitliche unternehmensweite Verwaltung und Steuerung aller Produktdaten und Prozesse

PPS (Produktionsplanung und -steuerung)

Organisatorische Planung, Steuerung und Überwachung der Produktionsabläufe

Prepreg

Preimpregnated fibres - vorimprägnierte Fasern

PWB (Printed Wiring Board)

Leiterplatte

QFP (Quad Flat Pack)

SMD-Bauform für Schaltkreise mit Anschlüssen an vier Seiten des Gehäuses in der Form Gull-Wing

RoHS (Restriction of Hazardous Substances)

EU-Richtlinie zur Beschränkung gefährlicher Stoffe

Routing

Legen eines Leiters im Layout

Single Ended Impedance

Die Impedanz ergibt sich durch die Anordnung eines einzelnen Leiters über einem oder zwischen zwei Bezugspotenzialen.

Single Stripline asymmetrisch

Eine Signalebene liegt im Multilayer asymmetrisch zwischen zwei Potenzialebenen.

Single Stripline symmetrisch

Der Signalleiter liegt im Multilayer mittig zwischen zwei Referenzebenen.

SMD (Surface Mounted Devices)

Bauteile für Oberflächenmontage

SMT (Surface Mounted Technology)

Technologie zur Oberflächenmontage von Bauteilen

SO-IC (Small Outline-IC)

SMD-Bauform für Schaltkreise mit Anschlüssen an zwei Seiten des Gehäuses, überwiegend in der Form Gull-Wing

Solder Ball

Lotkugel, Anschluss innerhalb eines Ball Grid Array

Solidustemperatur

Grenztemperatur, unterhalb der keine Schmelze vorliegt

SOT (Small Outline Transistor)

SMD-Bauform für Transistoren

Surface Microstrip

Der Signalleiter liegt über dem Referenzpotenzial auf einer Außenlage der Leiterplatte ohne Abdeckung durch Lötstopplack.

Stripline

Der Signalleiter ist zwischen zwei Potenzialen angeordnet.

Thermischer Widerstand

Widerstand, der dem Wärmestrom entgegengesetzt ist

Through-Hole-Via

Durchgehende Kontaktierung

THT (Through Hole Technology)

Durchsteckmontage

VDE (Verband der Elektrotechnik Elektronik Informationstechnik)

Technisch-wissenschaftlicher Verband auf den Gebieten Elektrotechnik, Elektronik und Informationstechnik

VDI (Verein Deutscher Ingenieure)

Technisch-wissenschaftliche Vereinigung von Ingenieuren und Naturwissenschaftlern in Deutschland

Wärmefalle

Thermische Entkopplung der Durchkontaktierung von der Kupferfläche

Wärmeleitung

Wärmeübertragung zwischen unmittelbar benachbarten stofflichen Teilchen

Wärmestrahlung

Wärmeübertragung durch elektromagnetische Wellen ohne Beteiligung eines stofflichen Mediums

Literatur und Normen

[CIAN88] Cianchi, M.: Die Maschinen des Leonardo da Vinci. Edizioni Becocci. Florence: 1988

[FRA13] Franke, J.: Räumliche, elektronische Baugruppen (3D-MID) – Werkstoffe, Herstellung, Montage und Anwendungen für spritzgegossene Schaltungsträger. München: Hanser, 2013

[FRAN14] Frankemölle, R.: Beispiele zum Praktikum. Zwickau: Westsächsische Hochschule, 2014

[HOFM13] Hofmann, H., Spindler, J., Fischer, H. [Begr.]: Werkstoffe in der Elektrotechnik: Grundlagen – Struktur – Eigenschaften – Prüfung – Anwendung – Technologie. 7. Aufl. München: Hanser, 2013

[KLEIN08] Klein, M.: Einführung in die DIN-Normen. 14. Aufl. Stuttgart: Teubner, 2008

[MONT00] Montrose, M.: Printed Circuit Board Design Techniques for EMC Compliance. Hoboken NJ: John Wiley & Sons, 2000

[SACHS24] Sachs, E.: Elektrischer Lötkolben. Patentschrift DE399555 (C), 1924-08-06

[SCHW11] Schwab, A. J., Kürner, W.: Elektromagnetische Verträglichkeit. 6. Aufl. Berlin: Springer, 2011

[WOER96] Wörthmann, R.: Lötdüse für eine Lötwelle zum Löten von Werkstücken. Patentschrift DE4329000 C2, 1996-12-05

[WUTZ91] Wutz, M.: Wärmeabfuhr in der Elektronik. Vieweg, 1991

[ZICK22] Zickert, G.: Elektrokonstruktion – Gestaltung, Schaltpläne und Engineering mit EPLAN. 6. Aufl. München: Hanser, 2022

Firmenschriften

[GENC97] GenCAD Specification. Portland, Oregon: Mitron Corporation, 1997

[GERB93] Gerber Format – Plot Data Format Reference Book. South Windsor CT: Gerber Systems Corporation, 1993

[ILFA05] Leiterplatten Handbuch, Ausgabe 8.0, Hannover: ILFA Feinstleitertechnik GmbH, 2005

[UCAM13] The Gerber File Format Specification. Gent, Belgium: Ucamco NV, 2013

Richtlinien und Gesetze

ElektroG	Gesetz über das Inverkehrbringen, die Rücknahme und die umweltverträgliche Entsorgung von Elektro- und Elektronikgeräten (Elektro- und Elektronikgerätegesetz) vom 20. Oktober 2015, zuletzt geändert am 8. Dezember 2022
ElektroStoffV	Verordnung zur Beschränkung der Verwendung gefährlicher Stoffe in Elektro- und Elektronikgeräten (Elektro- und Elektronikgeräte-Stoff-Verordnung) vom 19. April 2013, zuletzt geändert am 10. August 2021
RoHS	RICHTLINIE 2002/95/EG DES EUROPÄISCHEN PARLAMENTS UND DES RATES vom 27. Januar 2003 zur Beschränkung der Verwendung bestimmter gefährlicher Stoffe in Elektro- und Elektronikgeräten
RoHS-2	RICHTLINIE 2011/65/EU DES EUROPÄISCHEN PARLAMENTS UND DES RATES vom 8. Juni 2011 zur Beschränkung der Verwendung bestimmter gefährlicher Stoffe in Elektro- und Elektronikgeräten (Neufassung)

Normen

ANSI C83.9	Panel Mounting Racks, Panels and Associated Equipment, 1956-11-12
DIN 1341	Wärmeübertragung; Begriffe, Kenngrößen, 1986-10-00
DIN 199-1	Technische Produktdokumentation – CAD-Modelle, Zeichnungen und Stücklisten – Teil 1: Begriffe, 2002-03-00, zurückgezogen 2015-01-00
DIN 40719-2	Schaltungsunterlagen – Kennzeichnung von elektrischen Betriebsmitteln, 1978-06-00, zurückgezogen 2000-12-00
DIN 41494 Beiblatt 1	Bauweisen für elektronische Einrichtungen; 482,6-mm-Bauweise; Leitfaden für die Anwendung, 1992-12-00
DIN 41494-3	Bauweise für elektronische Einrichtungen; Gerätestapelung, Maße, 1972-01-00
DIN 41494-8	Bauweisen für elektronische Einrichtungen; 482,6-mm-Bauweise; Bauelemente an Frontplatten; Einbaubedingungen, Maße, 1986-12-00
DIN 820-1	Normungsarbeit; Grundsätze, 2022-12-00
DIN 820-3	Normungsarbeit; Begriffe, 2021-02-00
DIN 8511-2	Flußmittel zum Löten metallischer Werkstoffe; Flußmittel zum Weichlöten, 1988-05-00, zurückgezogen 1994-02-00
DIN EN 60297-3-100	Bauweisen für elektronische Einrichtungen – Maße der 482,6-mm-(19-Zoll-)Bauweise – Teil 3-100: Hauptmaße von Frontplatten, Baugruppenträgern, Einschüben, Gestellen und Schränken, 2009-09-00
DIN EN 60617-2	Graphische Symbole für Schaltpläne – Teil 2: Symbolelemente, Kennzeichen und andere Schaltzeichen für allgemeine Anwendungen, 1997-08-00
DIN EN 60617-3	Graphische Symbole für Schaltpläne – Teil 3: Schaltzeichen für Leiter und Verbinder, 1997-08-00
DIN EN 60617-4	Graphische Symbole für Schaltpläne – Teil 4: Schaltzeichen für passive Bauelemente, 1997-08-00
DIN EN 60617-5	Graphische Symbole für Schaltpläne – Teil 5: Schaltzeichen für Halbleiter und Elektronenröhren, 1997-08-00
DIN EN 60617-6	Graphische Symbole für Schaltpläne – Teil 6: Schaltzeichen für die Erzeugung und Umwandlung elektrischer Energie, 1997-08-00
DIN EN 60617-7	Graphische Symbole für Schaltpläne – Teil 7: Schaltzeichen für Schalt- und Schutzeinrichtungen, 1997-08-00

DIN EN 60617-8 Graphische Symbole für Schaltpläne - Teil 8: Schaltzeichen für Meß-, Melde und Signaleinrichtungen, 1997-08-00

DIN EN 60617-9 Graphische Symbole für Schaltpläne - Teil 9: Schaltzeichen für die Nachrichtentechnik; Vermittlungs- und Endeinrichtungen, 1997-08-00

DIN EN 60617-10 Graphische Symbole für Schaltpläne - Teil 10: Schaltzeichen für die Nachrichtentechnik; Übertragungseinrichtungen, 1997-08-00

DIN EN 60617-11 Graphische Symbole für Schaltpläne - Teil 11: Gebäudebezogene und topographische Installationspläne und Schaltpläne, 1997-08-00

DIN EN 60617-12 Graphische Symbole für Schaltpläne - Teil 12: Binäre Elemente, 1999-04-00

DIN EN 60617-13 Graphische Symbole für Schaltungsunterlagen - Teil 13: Analoge Elemente, 1994-01-00

DIN EN 61082-1 Dokumente der Elektrotechnik - Teil 1: Regeln, 2015-10-00

DIN EN 61190-1-1 Verbindungsmaterialien für Baugruppen der Elektronik - Teil 1-1: Anforderungen an Weichlöt-Flussmittel für hochwertige Verbindungen in der Elektronikmontage, 2003-01-00

DIN EN 61666 Industrielle Systeme, Anlagen und Ausrüstungen und Industrieprodukte - Identifikation von Anschlüssen in Systemen, 2011-07-00

DIN EN 62368-1 Einrichtungen für Audio/Video-, Informations- und Kommunikationstechnik - Teil 1: Sicherheitsanforderungen, 2021-05-00

DIN EN 81346-1 Industrielle Systeme, Anlagen und Ausrüstungen und Industrieprodukte - Strukturierungsprinzipien und Referenzkennzeichnung - Teil 1: Allgemeine Regeln, 2010-05-00

DIN EN IEC 81346-2 Industrielle Systeme, Anlagen und Ausrüstungen und Industrieprodukte - Strukturierungsprinzipien und Referenzkennzeichnung - Teil 2: Klassifizierung von Objekten und Kennbuchstaben von Klassen, 2020-10-00

DIN EN ISO 216 Schreibpapier und bestimmte Gruppen von Drucksachen - Endformate - A- und B-Reihen und Kennzeichnung der Maschinenlaufrichtung, 2007-12-00

DIN EN ISO 5457 Technische Produktdokumentation - Formate und Gestaltung von Zeichnungsvordrucken, 2017-10-00

DIN EN ISO 7200 Technische Produktdokumentation - Datenfelder in Schriftfeldern und Dokumentenstammdaten, 2004-05-00

DIN EN ISO 9454-1 Flussmittel zum Weichlöten - Einteilung und Anforderungen - Teil 1: Einteilung, Kennzeichnung und Verpackung, 2016-07-00

DIN EN ISO 10209 Technische Produktdokumentation - Vokabular - Begriffe für technische Zeichnungen, Produktdefinition und verwandte Dokumentation, 2012-11-00

DIN ISO 857-2 Schweißen und verwandte Prozesse - Begriffe - Teil 2: Weichlöten, Hartlöten und verwandte Begriffe, 2007-03-00

EIA RS-274-D Interchangeable Variable Block Data Format for Positioning, Contouring, and Contouring/Positioning Numerically Controlled Machines, 1979-02-00

IPC-2141A Design Guide for High-Speed Controlled Impedance Circuit Boards, 2004-03-00

IPC-2152 Standard for Determining Current Carrying Capacity in Printed Board Design, 2009-08-00

IPC-2221A Generic Standard on Printed Board Design, 2003-05-00

IPC-2222A Sectional Design Standard for Rigid Organic Printed Boards, 2010-12-00

IPC-4101C Specification for Base Materials for Rigid and Multilayer Printed Boards, 2009-08-00

IPC-D-317A Design Guidelines for Electronic Packaging Utilizing High-Speed Techniques, 1995-01-00

IPC-J-STD-004B Requirements for Soldering Fluxes, 1996-04-01

IPC-NC-349 Computer Numerical Control Formatting for Drillers and Routers, 1985-08-00

ISO 7573 Technische Produktdokumentation – Stücklisten, 2008-11-00

QQ-S-571E SOLDER, ELECTRONIC (96 TO 485 °C), Federal Specification, 1995-05-18

VDI 2221 Entwicklung technischer Produkte und Systeme, 2019-11-00

VDI/VDE 3694 Lastenheft/Pflichtenheft für den Einsatz von Automatisierungssystemen, 2014-04-00

Index